Erich Röth

Bäuerliches Leben um 1900

Band III

Bäuerliche Tätigkeiten in Scheune,
Stall, Haus und Hof

Aus dem Nachlass herausgegeben
von Diether Röth

Erich Röth

Bäuerliche Tätigkeiten

in Scheune, Stall, Haus und Hof

Sprach- und volkskundliche Berichte

Verlag Rockstuhl

1. Auflage 2018

Dieses Buch wurde in die Deutsche Nationalbiographie in der Deutschen Bibliothek aufgenommen. http//dnb.ddb.de
ISBN 978-3-95966-347-2
Digitalisierung: Gitta Igel, Anja Fellmann
Verlag Rockstuhl, Bad Langensalza
www.verlag-rockstuhl.de

Inhalt

Vorbemerkung

Wenn von bäuerlichen Tätigkeiten die Rede ist, dann denkt man wohl vor allem zuerst an die weithin sichtbaren in Feld und Flur, an das Pflügen, das Säen und an das Ernten, wie sie eindrucksvoll in des Verfassers Band »Der Bauer als Ackermann« beschrieben worden sind. Aber damit ist ja längst nicht alles getan, denn dann muß das draußen Gewonnene noch gedroschen, gehäckselt, gewelkt oder sonstwie für den Winter genutzt und haltbar gemacht werden. Und dann kommen noch die vielfältigen Arbeiten in Stall und Hof, das Füttern, das Misten und Melken, das Schlachten, das Wasserholen, Heizen und anderes hinzu. All das gehört zu einer umfassenden bäuerlichen Alltagskultur, von der heute vieles unwiederbringlich vergessen ist. Das Meiste reicht bis in frühe Zeiten zurück, so daß der Urgeschichtswissenschaftler Gustav Schwantes schon 1952 schreiben konnte: »Man kann nicht nur mit einem gewissen Recht behaupten, daß die steinzeitliche Wirtschaftsweise etwa bis zu Goethes Zeiten gedauert habe, sondern man darf sogar hinzufügen, daß auch der Artenumfang der von den steinzeitlichen Bauern gezüchteten Haustiere und Getreide im großen und ganzen dem heutigen entspricht.« Sie ist nur gradmäßig von der gegenwärtigen verschieden.

Was hier von den Sachen und Tätigkeiten gesagt worden ist, daß muß noch eindringlicher von ihren Benennungen gelten. Der Sprachforscher Erich Röth hat ihnen jeweils die mundartlichen Ausdrücke beigestellt, wie sie um 1965 in seinem Heimatdorf Flarchheim im südlichen Landkreis Mühlhausen in Thüringen üblich waren. Mehr als viertausend Mundartbelege hat er dort zusammengetragen und bereits damals feststellen müssen, daß manche Mundartwörter nur noch in wenigen Familien gesprochen wurden – heute bereits von keiner mehr. Dabei ging es ihm weniger darum, eine möglichst große Zahl gerade noch gekannten Wortguts vor dem endgültigen Vergessen zu bewahren, vielmehr war es ihm ein verläßlicher Schlüssel, um Einblicke in ehemalige Verhältnisse und Vorstellungen zu gewinnen, damit Fundstücken vergleichbar, welche der Grabungsforscher zum Erkennen vergangener Zeiten erhält. Schon die Tatsache, daß sein Mundartmaterial (und darüber hinaus das westthüringische) von den germanischen Lautgesetzen unberührt geblieben ist, beweist sein hohes Altertum. Wie ist das zu verstehen? Das älteste germanische Grab in Nordwestthüringen ist um 250 vZtr. belegt. Erst um diese Zeit rückten landsuchende Germanen aus dem Osten und Nordosten in diesen Landschaftsraum ein, unterwarfen die hier lebende nichtgermanische indoeuropäische Vorbevölkerung und stützten sich weitgehend auf deren landwirtschaftliche Produktion. Die von ihnen zu Knechten und Mägden Gemachten hatten dafür natürlich ihr eigenes Vokabular. Nach ihrer allmählichen Emanzipierung in alt–, mittel- und vielfach auch erst in neuhochdeutscher Zeit sind Teile von ihm in das Gemeindeutsche »aufgestiegen« und gehören jetzt zu unserem heutigen Wortgebrauch. Sind die mitteldeutschen Mundarten von den germanischen Lautgesetzen weitgehend unberührt geblieben und damit älter, dann müssen sie als »Grundsprachen« verstanden werden.

Von den Mundartbelegen seines Heimatdorfes hat Erich Röth nach gründlicher Untersuchung der sie bezeichnenden Sachen und Gegebenheiten einige Hundert etymologisiert und ist dabei immer wieder auf bisher unerkannte Lautgesetze gestoßen. Das hatte Rudolf Mehringer bereits 1909 vermutet als er schrieb: »Ich halte es für möglich …daß die Sachwissenschaft uns neue Lautgesetze lehren wird.« Diese (indogermanischen) Lautgesetze müssen vor der Landnahme germanischer Stämme entwickelt worden und damit älter als die germanischen sein. Da zudem laut- und sinngleiche Entsprechungen der westthüringischen Belege mit altgriechischen wie baltischen bestehen, obwohl in geschichtlicher Zeit keine Berührungen zu diesen entfernten Gegenden bestanden haben, reichen sie vermutlich bis in die Zeit der Wurzelperiode der Sprachgeschichte vor mehr als viertausend Jahren zurück. Die angeführte Menge schließt jeden Zufall aus. Er hat damit bereits 1965 einige Hundert vorgermanische Wörter entdeckt, während die gleichzeitige Sprachwissenschaft kaum welche kannte. Das kann freilich in einer im Umfang beschränkten und auch Mißverständnissen ausgesetzten Einleitung nur angedeutet werden. In seinen beiden im Anhang genannten Büchern geht Erich Röth ausführlich auf die Gesamtproblematik ein.

Die allgemeine Sprachwissenschaft zieht beim Etymologisieren Mundartbelege nur fallweise heran. Da sie bisher nur die Germanischen Lautgesetze kennt und bei ihrer rein »sprachgesetzlichen Vorgehensweise« diese auch bei Untersuchungen an Dialektmaterial ohne vorausgehende Sachabklärung benutzt, bleiben Fehlinterpretationen zwangsläufig nicht aus. Etymologie sollte daher nur als Feldforschung in enger Zusammenarbeit mit der Sachkunde und abseits vom Schreibtisch betrieben werden.

Als Maxime galt dem Verfasser die grundsätzliche Beschränkung auf den kleinsten sprachlichen Raum, da nur ein solcher zuverlässig und bis in seine Tiefen ausgelotet werden kann. Bewußt ging er von seinem Heimatort Flarchheim aus, da er nicht nur die dortige Mundart sprach, sie bis in die kleinsten Verästelungen beherrschte und die aus der Mundart ersichtlichen Hinweise sachlich zu deuten und einzuordnen verstand. Von einer sprachlichen Besonderheit der Flarchheimer Mundart kann man selbstverständlich nicht sprechen. Flarchheim steht hier nur beispielhaft für den gesamten westthüringischen Landschaftsraum, der vom Eichsfeld bis zum Thüringer Wald und von der Werra bis zum Kyffhäuser reicht.

Ohne allem Heimatlichem verpflichtete Helfer hätte das hier Vorgelegte nicht gelingen können. Sie haben manche nicht mehr üblichen Mundartwörter beigetragen, jedes einzelne, dazu jeden Brauch, jede ländliche Verrichtung genau überprüft und mit dem Verfasser bis ins letzte Detail abgeklärt. Hier seien vor allem der Flarchheimer Dorfchronist Gustav Polack, Gerhard Mey aus Kammerforst und Hermann Herwig aus Oberdorla genannt, Lotungen wie hier hat Erich Röth sich an vielen weiteren Stellen des deutschen Sprachgebiets gewünscht. Fast überall ist es dazu inzwischen zu spät.

Zu den Mundartbelegen schreibt Erich Röth: »Um die wirkliche Aussprache im Volksmunde wiedergeben zu können, bedarf es einiger zusätzlicher phonetischer Zeichen. Wir benutzen bekanntlich verschiedene a–, e–, i–, o–, u- Laute, stellen sie aber im Schriftbild nicht dar.

Die Mundartforschung verwendet verschiedene, die lautgerechte Aussprache kennzeichnende phonetische Zeichen, die den einfachen ländlichen Mitarbeitern jedoch zumeist unverständlich bleiben. Ich versuche deshalb, mit einer geringen Anzahl von Sonderzeichen auszukommen, die sich unmittelbar an die allgemein gebräuchlichen Buchstaben anschließen und trotzdem die lautgetreue Aussprache ermöglichen. Es werden verwendet:

a

helles kurzes a - a (wie in Kasten, Rast, hastig)
helles langes a - ā (wie in Saal, Mahl, Tal)
o-ähnliches a - å

e

helles kurzes e - e (wie in jetzt, Religion, Spelunke)
helles langes e - ē (wie in See, mehr, erstes e in Rede)
offenes e - ë (wie in Weg, fertig, Pferd)
unbetontes e - ə (wie in haben, laufen)

i
helles kurzes i - i (wie in gib, ist, Ricke)
helles langes i - ī (wie in Biest, siegen, wiegen)
dunkles kurzes i - ıͤ (wie in Kiste, List, friß!)

o
kurzes o - o (wie in oft, Roß, kosten)
langes o - ō (wie in Moos, Ofen, Hose)

u
helles kurzes u - u (wie in Suff, Muff, knuffen)
helles langes u - ū (wie in Ruhm, Kufe, rufen)
dunkles kurzes u - ů (wie in Luft, brummen, Kunst)

Doppelselbstlaute sind grundsätzlich wie zwei nebeneinander stehende Selbstlaute zu lesen, also au = a/u , ai = a/i, ei = e/i. Die beiden letzteren werden im Druck als aï und eï wiedergegeben, doch dürfen sie nicht abgehackt gelesen werden, sondern ineinanderfließend wie unser gemeinsprachiges Kaiser, Maister, Waib. Die schriftsprachigen Doppelselbstlaute äu, eu erscheinen in grundsprachigen Texten sinngemäß lautgetreu als åi. Daneben gibt es ea = gelesen e/a, iu = gelesen i/u, oa= o/a, oi = o/i, ou = o/u, ůi = ů/i. Außerdem sind zu beachten:

š = sch (wie im Ober- und Mitteldeutschen Stein, Sprache)
ch = Zahn-Reibelaut ch (wie in ich, Michel, Brüche)
x = Rachen-Reibelaut (wie in lachen, Sache, kochen) entsprechend dem gleichwertigen russischen X, x

Die Erfahrung und Zuschriften aus den verschiedensten Gegenden des deutschen Sprachgebietes haben gelehrt, daß diese leichtverständlichen diakritischen Zeichen vollauf zur lautgetreuen Wiedergabe grundsprachiger Texte genügen – ja daß sie selbst dem einfachen bäuerlichen Mitarbeiter ermöglichen, die Grundsprache seines Dorfes lautrichtig niederzuschreiben. Ferner sind zu beachten:
+ vor Beleg (etwa +sar) = sprachwissenschaftlich erschlossen
> zwischen Konsonanten (etwa bh>f, k>h) = lautverschoben.«

Einige seltenere (vor allem baltische) diakritische Zeichen waren leider nicht zu beschaffen oder mußten durch ähnliche ersetzt werden. Auch standen dem Verfasser in der damaligen DDR nur die ihm erreichbaren etymologischen Handbücher zur Verfügung, der Zugang zu westlichen Neuerscheinungen wurde ihm ausdrücklich verwehrt. Dafür wird Verständnis erbeten.

Obgleich die Feldarbeit in Verbindung mit Viehzucht die Grundlage der bäuerlichen Wirtschaftsweise seit Urzeiten ist, darf doch die Tätigkeit des Bauern in Scheune und Stall, in Haus und Hof nicht geringer angesetzt werden. Viele dieser Arbeiten, das Aufbereiten von Getreide und Stroh, von Feld- oder Gartenfrüchten, das Schlachten, das Federschleißen und anderes mehr sind Tätigkeiten vornehmlich zur Herbst- oder auch zur Winterzeit mit ihren jeweiligen bestimmten Abläufen. Daneben müssen unabhängig von der jeweiligen Jahreszeit die mannigfachen täglichen Verrichtungen wie die Versorgung der Tiere, was Wasserholen, das Heizen und auch die fallweise zu erledigenden Handwerksarbeiten in die Betrachtung eingefügt werden – denn um die Zeit der Jahrhundertwende von 1900, von der hier berichtet wird, waren die technischen Erleichterungen, wie wir sie heute für selbstverständlich erachten, noch weitgehend unbekannt. Das heißt aber auch: von der überaus schweren jahreszeitlich wie die alltäglich zu leistenden Arbeit des bäuerlichen Menschen soll sachgerecht und ohne unzulässige Verklärung berichtet oder doch wenigstens ein Einblick gegeben werden.

An die Spitze unserer Untersuchungen wollen wir das Dreschen mit dem Dreschflegel stellen, weil es sich über den ganzen Winter vom Spätherbst bis zum Nisteltag (22. Februar) hinzog, an welchem Tage »abgedroschen« sein sollte. Danach sollen diejenigen Arbeiten folgen, die durchweg nur nebenher und dies vielfach abends, zu leisten waren.

Außer den geschilderten Tätigkeiten, die meist im nur geringfügig erweiterten Familienkreis oder als Nachbarschaftshilfe durchgeführt wurden – denn Gutshöfe mit zahlreichem Gesinde gab es bei uns nicht – müssen natürlich auch die dabei verwendeten Gerätschaften, die Dreschflegel, die Gabeln, die Rechen, die Schiebekarren, die Pökelfässer und anderes angeführt und sachgerecht beschrieben werden, wie sie teilweise täglich genutzt und oft auf dem bäuerlichen Hof selbst angefertigt wurden – denn eigentliche Handwerkerarbeiten müssen hier ausgeschlossen bleiben. Vieles ist bereits in Vergessenheit geraten oder war städtischen Menschen weitgehend unbekannt.

Das Dreschen

Als mein Vater Adolf Röth zusammen mit Pastor Kögel 1898 eine örtliche Genossenschaft des Raiffeisenvereins gründete, da setzte auch für Flarchheim das allmähliche Erlöschen des viele Jahrhunderte üblichen Ausdrusches mit dem Dreschflegel ein, weil eine Dreschmaschine aufgestellt wurde. Mit dem Flegel wurde teilweise noch bis gegen 1920 »gedroschen«, wenn auch nur ein Teil der Getreideernte. Wenn wir uns fragen, wie wohl vor Erfindung des Dreschflegels die Getreideähren entkörnt worden sind, dann gibt vielleicht das Auskneifeln der Erbsenschoten die Antwort. Das Wort »schleeren« läßt das urzeitliche »Ernten« erkennen: das Getreidefeld wurde nicht mit der Sense gemäht – sondern schleerenderweise wurden mit der Sichel nur die Ähren abgeschnitten und in einem Tontopf oder auch einem Korb gesammelt. Diese Ähren mögen zuerst mit den Händen ausgekörnt worden sein. Die aus dem Germanischen stammenden Lehnwörter ital. trescare (trampeln, tanzen), prov. trescar, drescar, afrz. treschier (tanzen), afrz. tresche (Springtanz), span. port. triscare (mit den Füßen lärmen) verweisen auf die spätere Entkörnung durch Austreten der Ähren mit den Füßen

Es scheint außerordentlich fraglich, ob auch im heutigen Mitteldeutschland auf die gleiche Weise die Entkörnung vorgenommen worden ist. Denn das Paischen, sowie das Klippern beweisen klar das Entkörnen mit Stöcken schon in der Jüngeren Steinzeit etwa gegen 2200 vZtr. Allerdings besteht auch die Möglichkeit, daß dieses Paischen und Klippern eine Erfindung in Mitteldeutschland war, die nicht bis zu den damals noch im Norden siedelnden Germanen oder deren Ahnen gedrungen ist, so daß diese bei ihrem Einbruch in die südeuropäischen Länder seit 375 noch immer die Ähren austrampelten oder auch von Tieren austreten ließen. Der Dreschflegel ist unmittelbar aus dem Paischen und Klippern entwickelt worden.

Unser gsp. schinnaern (Scheunen-Ern) verweist darauf, daß ursprünglich auf einem mit dem Pleuel festgeklopften Feldstück »gedroschen« wurde. Erst sehr viel später wurde eine Tenne in die Scheune verlegt, weshalb wir einen gsp. hußearn (Haus-Ern) haben, auf dem wohl ähnliche kleinere Arbeiten verrichtet wurden, und zusätzlich den gsp. schinnearn. Wir können sogar den Zeitpunkt dieses Verlegens in die Scheune vermuten, wenn wir dieses gsp. earn, das gleichzusetzen ist mit gsp. arn (Erde), zu dem ablautenden as. ërtha, ahd. ëro, ërda (Erde) stellen. Denn diese »vornehmere« Lautform hat anscheinend auf gsp. arn eingewirkt und dadurch die Lautform gsp. earn ergeben. An der Herstellung eines gsp. earns/Erns hat sich dadurch jedoch nichts geändert: mit »flåkkscheamən = Flachsschäben« und Rinderblut vermischter »laimən = Lehm (Löß)« wurde mit dem »plůiwəl = Pleuel« so lange »gəplůibt = gepleut«, also festgeschlagen, bis eine gleichmäßig glatte und harte Oberfläche entstanden war. Der »Lehm« mußte von vorn bis hinten gleichmäßig feucht gewesen sein, weil sonst beim Arbeiten auf der Tenne, so auch beim Dreschen, sich leicht ganze Flatschen abblaastern, was schon bald eine löcherige Tenne ergibt und jedes ordnungsgemäße Dreschen unmöglich macht.

Zeitweilig wurde auch noch zwischen den beiden Weltkriegen »wēntərsōmən = Wintersamen«, das ist Raps, und ebenso Gelber Klee oder fälschlich auch Lämmerklee genannt (Medicago lupulina L.) mit dem Dreschflegel oder auch nur mit Knütteln bei Sonnenschein auf einem ebenen Ackerstück gedroschen. Das mußte zuvor besonders glatt geschlagen und mit einem Klengtuch überdeckt worden sein. Beide Fruchtarten fallen leicht aus, so daß der Felddrusch den Verlust mindert.

Da Roggengarben für »sailəštruə = Seilestroh« benötigt wurden, begann für das Scheunendreschen die Vorbereitung bereits auf dem Felde; denn Garben derjenigen Ackerstücke, auf denen sich ein besonders hochgewachsener und unkrautfreier Bestand befand, wurden in der Scheune entweder in einer Bansenecke oder auf dem Krest für sich gelagert.

Das Paischen

ist eine noch immer urzeitliche Form des Ausdruschs. bei uns wurde Korn (Roggen) grundsätzlich gepaischt, das heißt, jede Garbe wurde vom Ablader mit den Ähren über das Fuder hinausgehalten, und eine andere Person schlug mit einem Knüppel leicht gegen sie. Danach wurde die Garbe vom Ablader in den (früher mit »dərnwallən = Dornenwellen« ausgelegten) Bansen gegabelt oder geworfen. War der Wagen bis zur Spannkette geleert, dann erfolgte das Paischen auch in der Weise, daß der Ablader jede einzelne Garbe mit den Ähren leicht gegen die Spannkette oder die Schoßkelle schlug. Die Körner des Roggens fallen leicht aus, besonders wenn er an heißen und trockenen Sommertagen eingefahren werden muß. Solange das neuzeitliche Einbansen noch nicht üblich war (bei dem die unterste der Garbenreihen fast aufrecht gestellt und alle folgenden schräg gegen sie gelehnt werden), rettete das Paischen große Körnermengen vor dem Verderb am stets feuchten Bansenboden, damit aber auch vor dem Mäusefraß. Vor allem ersetzte das Paischen frühzeitig das im Sommer zu Ende gehende vorjährige Mahlgut. Alle anderen Getreidearten wurden nur dann noch gepaischt, wenn der Körnerboden geleert war oder Weizen für Mehl und Kleie, Gerste und Hafer für Schrot zur Mühle gebracht werden mußten.

Das Klippern

Im Gegensatz zum Paischen mit einem Knüppel erfolgte das Klippern mit dem Dreschflegel, der ja eigentlich ein verbesserter Knüppel ist. Wie mit der Redensart »das Klippern gehört zum Handwerk« ausgesagt werden soll, ist das Klippern ein nichtzeitgerechtes und nichtordnungsgemäßes Dreschen und wird durchweg nur von einem einzelnen Menschen ausgeführt. Es erfolgte ähnlich dem Paischen bei eingetretenem Mangel an Mahlgut, um noch vor dem eigentlichen Dreschbeginn Brot- und Kuchenmehl, sowie Kleie und Schrot in der Mühle herstellen zu lassen.

Besonders Kleinbauern klipperten grundsätzlich ihre für Scheeten bestimmten Roggengarben, um frühzeitig Seilestroh zu gewinnen und in bereits jetzt eintretenden Arbeitspausen mit dem Anfertigen von Strohseilen beginnen zu können. Es mag wohl auch die Sorge mitgesprochen haben, daß beim Gemeinschaftsdrusch nicht sorgsam genug verfahren werden könnte. Über die Scheeten soll erst später ausführlicher gesprochen werden.

Das Dreschgerät

Das wichtigste Arbeitsgerät beim Handdrusch ist selbstverständlich der Dreschflegel. Seine anderthalb Meter lange »Handhabe = handhoabən« muß völlig glatt sein und darf auch keine Äste haben. An ihrem äußersten Ende ist eine »kåppən = Kappe« aufgesetzt, zu der besonders gern ein mit dem Hammer breitgeschlagener Ochsenziemer verwendet wird, weil er als geradezu unverwüstlich gilt, sonst nimmt man Weißgarleder oder auch ein Stück von alten Rindlederschuhen. Das zweite Teilstück des Dreschflegels ist der »kniͤpfəl = Klöpfel« oder auch Klöppel aus Hainbuche, Hasel oder

Salweide (Eschenholz glüht in der Hand). Er ist etwa 60 cm lang (soll bis zur Nasenspitze des Dreschers reichen), 6–7 cm breit und 3 cm dick. Auch an seinem Ende ist eine Kappe befestigt, die jedoch breiter als die der Handhabe sein muß und deshalb aus Speckschwarten von einer Sau oder einem möglichst alten Schlachtschwein gefertigt wird. Durch beide Kappen läuft das »m$\overset{e}{\mathring{\imath}}$ttəlbānd = Mittelband«, das den Klöppel mit der Handhabe verbindet. Es wird vom Drescher selbst angefertigt, während der Klöppel meist vom Tischler oder Stellmacher hergestellt wird.

Während des Dreschens wird die »schettəlgåwwəl = Schüttelgabel« aus Haselnuß benötigt, auch wenn man sie nicht überall kennt. Sie ist etwa zwei Meter lang und hat am Ende zwei aus der Handhabe herausgewachsene 25 cm lange Gabelungen. Sie besteht demnach aus einem Stück.

Zum Hinaufreichen der Strohbündel auf das Sparrenwerk unter dem Scheunendach wird die »raichgåwwəl= Reichgabel« benötigt, deren Stiel etwa zwei bis zweieinhalb Meter lang ist und am Ende eine zweizinkige Eisengabel trägt.

Der Rechen, anderwärts auch Harke genannt, hat einen etwa 1,60 bis 1,70 Meter langen Stiel, meist aus Haselnußholz; die aus vom gespaltenen Fichtenstangen sind die angenehmsten, solche aus Eschenholz die haltbarsten. Er hat vorn eine Gabelung aus ungefähr dreißig Zentimeter langen Armen, die durch Querbalken miteinander verbunden sind. Dieser meistens aus Hainbuchenholz gefertigte Querbalken ist mit etwa fünf oder sechs Zentimeter voneinander stehenden Löchern versehen, in die aus Eschenholz gefertigte Rechenzinken eingelassen werden. Neuerdings werden Rechen von Stellmachern aus Buchen- oder Fichtenholz angeboten, die jedoch sehr viel weniger haltbar sind als die selbstgefertigten aus Haselnuß. Mit dem Rechen werden nach dem Fortgabeln der Strohbündel die zerschlagenen Halme zusammengeharkt und zu »Wirrbündeln« gebunden. Zum Wort Rechen, siehe »Mit unserer Sprache« Seiten 153 f.

Der breite »Scheunenbesen = schinnbāsən« aus straffen jungen Birkenreisern, dessen Breite durch Einarbeiten eines »Hurenkindes« zu erreichen ist, wird anschließend an das Zusammenharken zum Zusammenfegen der Körner benötigt.

Die »Worfschaufel = worfschuffəl« besteht aus Linden- oder Pappelholz und ist aus einem Stück gearbeitet, so daß der Handgriff sich gleich an die eigentliche Schaufel ansetzt. Sie ist mit dem Stiel etwa dreißig Zentimeter lang und wird kniend mit der Hand benutzt.

Der »Flederfittich = fladərfiͤttch« ist ein etwa zwei Meter langer Stab aus Haselnuß mit auseinandergefächertem Gäseflügel (deshalb »Fittich«) an der Spitze. Mit ihm werden restliche Spreuteile und Staub von den flach ausgebreiteten Körnern abgefegt.

Die »Kornschaufel = kornschuffəl« ist eine etwa einen Meter lange Schaufel aus Lindenholz, die aus einem Stück gearbeitet worden ist. Die eigentliche Schaufel ist 40 cm lang und 25 cm breit. Mit ihr werden die Körner in die Kornrolle und anschließend in die Säcke geschaufelt.

Die »Kornrolle = kornrůllən« besteht mit Ausnahme des Drahtsiebs vollständig aus Holz, ist etwa zwei Meter lang und siebzig Zentimeter breit. Das Gerät hat im oberen Drittel einen Holzkasten zur Aufnahme des zu reinigenden Getreides, im unteren Zweidrittel ein flaches Sieb mit flachen Seitenwänden. Bei den älteren Kornrollen ist das Sieb fest eingebaut und nicht auswechselbar.

Die »Metze = matsən« wird zum Messen der gereinigten Körner benötigt. Es gab Metzen verschiedener Größe. Am Ostrande des Hainichs war am verbreitetsten die Mühlhäuser Metze zu vier Mäßchen im heutigen Gehalt von 10,082 Liter.

Die Dreschgeräte sind in der Reihenfolge des Gebrauchs aufgeführt.

Gedroschen wurden mit dem Dreschflegel selbstverständlich alle Arten des Getreides, nämlich korn (Korn = Roggen), waißən (Weizen), gārschtən (Gerste), håwwər (Hafer), gəmångkorn (Gemangkorn = Roggen+Weizen), mëngərliͤng (Mengerling = Gerste+Hafer, Wicken) – daneben aber auch kūtsbůnn oder kītsbůnn (Kutzbohnen = Pferdebohnen), arbsən (Erbsen), liͤnsən (Linsen), wiͤkkən (Wicken) – sōtkliə (Saatklee) – schliͤßmōn (Schließmohn) – drůschlīn (Dreschlein).

Die Lohndrescherei

Schon das Flurbuch von 1575 läßt deutlich werden, daß es in Flarchheim Güter im eigentlichen Sinne nicht gegeben hat; sie waren der Größe entsprechend nicht viel mehr als besonders große Bauernhöfe. Deshalb sind auch Dreschgemeinschaften nicht bekannt. Wohl aber fanden sich Jahr für Jahr besonders engbefreundete Drescher immer wieder zusammen, die entweder in den sogenannten Gutshöfen oder bei größeren Bauern stets gemeinsam die Arbeit annahmen. Sie wurden als Scheffeldrescher bezeichnet, weil sie außer

Verpflegung den vierzehnten oder fünfzehnten Scheffel der ausgedroschenen Körner, je nach Vereinbarung, als Lohn erhielten, jedoch kein Bargeld.

Der Ausdruck »ha friͤßt wī ënn schëffəldraschər = er frißt wie ein Scheffeldrescher« geht wohl auf die Zeit zurück, als der vierzehnte Scheffel als Lohn üblich war, weshalb die Arbeiter sich durch übermäßiges Essen schadlos zu halten versuchten. Mit dieser Gewohnheit machten sie auch dann keine Ausnahme, wenn sie bei Kleinbauern aushelfen mußten. So hatte Kåttərlīse (Katharine Elisabeth) zum Frühstück außer Brot auch Butter und Zwetschenmus auf den Tisch gebracht in der Hoffnung, die Drescher würden sich ihretwegen damit bescheiden. Aber diese Annahme trog, denn sie aßen nichts als Butterbrot und »hauten tüchtig rein«. Um die Drescher empfehlend auf ihr Zwetschenmus aufmerksam zu machen, erklärte Katterliese: »mīͤsjən schmëkkt əmōl gůt = Müschen schmeckt einmal gut!« Aber ungerührt wurde ihr geantwortet: »bīͤttərchən schmëkkt åi nīͤch schlācht = Bütterchen schmeckt auch nicht schlecht.« Und ein anderer erklärte ihr sogar: »vůn můst kritt mə schaiwə schůnə = von Mus kriegt man schiefe Schuhe«.

Überhaupt waren die Scheffeldrescher ein rauhes Völkchen, von denen noch heute allerlei Anekdoten im Schwange sind. So galt es bei ihnen als ungehörig, bei der Drescharbeit zu pfeifen. Vergaß sich trotzdem einmal ein jugendlicher Drescher, dann wurde ihm jedesmal zurechtweisend erklärt: »ënn draschər dar fīft nīͤch, dar lett ënn forts = ein Drescher der pfeift nicht, der läßt einen Furz!« Die ständige Bewegung lockert die Winde. Bei Kankasper (Johann Kaspar) geschah das aber bei jedem Flegelschlag. Als dann einmal eine Pause eintrat, sagte ein zusehendes Kind: »hei mann, schißt dåx!« Der antwortete: »du denkts wull, sə fallən mich us dn orsch?«

Wurde von der Entlohnung der Drescher gesprochen, dann hieß es: »sə draschən ins mōß = sie dreschen ins (ums) Maß«. Ihre Arbeit begannen sie möglichst im Frühherbst, denn am Nisteltage (22. Februar), dem alten Frühlingsanfangsfest, sollte »abgedroschen« sein. Am letzten Dreschtag fanden sie unter einer der letzten Garben die Bansenwurst, die zuzeiten der glückliche Finder behielt, sie aber wohl auch mit den übrigen Dreschern teilte. War auch Tag für Tag das Essen gut und reichlich, so mußte es am letzten Dreschtage einem Festessen gleichen. Bei guter Ernte »gët dr Waisən ins mōß – gibt der Weizen ins Maß«.

Da in Flarchheim durchweg mittlere und kleinere Bauernwirtschaften bestanden, half man sich gegenseitig beim Dreschen – das heißt die Verwandten, die »Freundschaft (Verwandtschaft)«, die Nachbarn begannen bei dem einen ihre Drescharbeit und beendeten sie beim anderen. Die Sitten und Bräuche waren die gleichen, und das Dreschverfahren entsprach dem beim Lohndrusch.

Das Dreschen begann durchweg des Morgens um 6.00 Uhr, und da es um diese Zeit noch dunkel war, wurde die »štormlåttər = Sturmlaterne« zu Hilfe genommen, aber nicht in der Scheune selbst, sondern am Mittelbalken des zur Hälfte geöffneten zweigeteilten Scheunentors aufgehängt. Diese Torhälfte blieb vorerst geschlossen, wie der »schinnschůts = Scheunenschutz« während der gesamten Dreschzeit, um den beim Aufschlagen herausspritzenden Körnern den Weg hinaus auf den Hof zu versperren. Ein besonderes Vergnügen war es, wenn sich einer der Drescher verspätet hatte, denn damit war Gelegenheit zum Hänseln gegeben: »dar schlefft jedən doag bis in də båxiͤttən = der schläft jeden Tag bis in die Bachitten!« Andere erklärten: »ha schlefft bis in də puppən = er schläft bis in die Puppen (bis in die Bewußtlosigkeit)!« Oder es wurde auch festgestellt, er schlafe sich noch »důmm ůn dāmliͤch = dumm und dämlich« oder auch »důmm ůn åləwərn = dumm und albern«.

Die Reihenfolge der zu dreschenden Körnerfrüchte ist nach dem vorhandenen Raum verschieden. Es wird dort begonnen, wo für das spätere Leerstroh am leichtesten Platz geschaffen werden kann. War in einem Jahr viel Getreide geerntet worden, daß Bansen, Krest und Runn die Menge nicht aufzunehmen vermochten, dann mußte vielfach das hintere zum Hof (Garten) führende Scheunentor geöffnet und auf der einen Seite eine (Getreide)Feime aufgeschichtet werden. Dabei wurden Bretter untergelegt, um die Erdfeuchtigkeit vom Getreide abzuhalten. Die Feime wurde dann meistens mit einem Klengtuch überdeckt, um sie vor Regen zu schützen… Regelmäßig begann die Drescharbeit mit einer derartigen Feime. Das anfallende Leerstroh wurde dann auf der entgegengesetzten Außenseite als Dieme aufgeschichtet, bis in der Scheune genügend Platz entstanden war, um es hereinzuholen.

Die Kunst beim Dreschen ist das Takthalten, das Anfänger oft erst nach vielfachem Üben erlernen. Um dies zu erleichtern, wird beispielsweise in Oberdorla das Dreschen

mit einem Flegel bezeichnet als *åx!/ach!*
mit zwei Flegeln *åx Gott!/ach Gott!*
mit drei Flegeln *åx Gott ůn.../ach Gott und ...*
mit vier Flegeln *åx Gott ůn hërr/ach Gott und Herr,*

wobei wohl entsprechend gestöhnt worden ist. In Flarchheim ist mir für den Ein- und Zweitakt kein Klangbild bekannt, obgleich es früher sicher auch vorhanden war; ganz allgemein ist zu sagen, daß allein oder zu zweit nicht gerne gedroschen wird, weil es zu langweilig ist.

Beim Dreitakt heißt es:

båkk krapfəl! *backe Kräpfel!*
beim Viertakt: *špakk ins d͛ipfən* *Speck ins Döpfen*
beim Fünftakt: *kēməl ån də worscht* *Kümmel an die Wurst*

Das wird natürlich immer wiederholt, um so das Taktgefühl im Anfänger entweder hervorzurufen oder zu stärken.

Wenn das »sailštruə = Seilestroh«, das ja aus Roggengarben gewonnen wurde, noch nicht durch das Klippern im Eintaktdrusch oder manchmal auch im Zweitaktdrusch hergerichtet worden war, wurde diese Arbeit meistens an den Anfang gestellt. Das Auslegen der etwa 12 Garben in einer Reihe erfolgte – wie übrigens auch bei allen anderen Getreidearten – mit den Ähren gegeneinander, so daß also der »ōrsch« beiderseits gegen die »tënnəwänd = Tennewand« gerichtet war. Das Dreschen erfolge im »forrschlåin = Vorschlagen«, das heißt es wurde nur bis zum Strohseil der noch unaufgebundenen Garbe gedroschen und gewendet. (Schafbesitzer wählten wohl auch nur diese Dreschart, um ihre Schafe noch körnergefüllte Ähren finden zu lassen; denn Kornstroh wird gern zur Schaffütterung genommen.) War diese Dreschart beendet, dann hieß es: »meï hån gəforrschlåint«. Nun wurde anschließend »rein gedroschen«, das heißt die aufgebundenen Garben wurden »angebreitet« und durchgedroschen, dann umgewendet und abermals durchgedroschen.

Roggenstroh wurde zur Gewinnung von Scheeten geschaibt. Aus dem reingedroschenen Roggenstroh hob man eine Doppelhandvoll unterhalb der Ähren hoch und schüttelte sie aus. Nun wurden die nach unten überstehenden Halme mit dem Fuß festgehalten, während die Doppelhandvoll nach oben gehoben wurde, so daß die überstehenden herausgezogen werden konnten. Anschließend preßte der Scheetemacher zur Verstärkung des Handdrucks diese Doppelhandvoll zwischen seine Knie, und eine zweite Person – eine Frau oder auch ein Kind – rechte mit der Harke diese Doppelhandvoll vom Scheetemacher zu sich hin. Dadurch wurden abermals überstehende Halme herausgezogen, auf die nun der Rechenrücken gepreßt wurde, um sie festzuhalten. Nun zog der Scheetenmacher seine Doppelhandvoll rückwärts, wodurch auch diese überstehenden Halme herausgezogen wurden. Danach drehte er seine Doppelhandvoll mit den Ähren zur rechenden Person hin, hielt sie unter einem Arm fest, und die Helferin harkte sie abermals durch. Nun wurde die Doppelhandvoll mit dem Orsch locker gegen die Tennewand gestoßen und auf ein Seil gelegt, bis die Scheete voll war. Damit die so zusammengekommenen Strohhalme unverrückbar aneinander festgepreßt blieben, wurden sie vielfach leicht mit Wasser besprengt. Nun erfolgte ein abermaliges Glätten mit dem Rechen, wobei noch immer überstehende Halme mit der Hand herausgezogen wurden, sowie das zweimalige Binden mit Strohseilen mittels eines »kneawəls = Knebels«. So entstand eine Scheete nach der andern, bis die benötigte Menge beisammen war. In der Ecke eines Wirtschaftsgebäudes standen sie, bis sie zum Seilemachen hervorgeholt werden mußten. Teils wurden sie auch an andere für Seile oder an Gärtner für Strohmatten verkauft.

Im übertragenen Sinne wird auch ein überaus kräftig gebauter Mann als »ënnə schētən« gekennzeichnet – und wenn Hermann Herwig davon spricht, daß sein Urgroßvater Steinbrecher ohne Hilfsmittel eine Scheete aufs Krest zu werfen vermochte, dann muß das früher doch nicht ein allzu seltenes Begebnis gewesen sein.

In ähnlicher Weise wie der Roggen wurden auch alle übrigen Getreidearten gedroschen. Sollte »ënn štruə = ein Stroh« gedroschen werden, dann wurden etwa 12 x 2 Garben in zwei Reihen mit den Ähren gegeneinander gelegt. Sie wurden gleich anfangs »oangəbraitət = angebreitet« oder nach dem erstmaligen Herumdrusch, das heißt die Strohseile wurden abgenommen. Es konnte auf zwei Weisen gedroschen werden. Nach der ersten wurde die linke (oder rechte) Garbenreihe von vorn bis hinten und anschließend die rechte (oder linke) von hinten bis vorn gedroschen … nach der zweiten wurde unter Ausdrusch gleich beider Garbenreihen an einer vorderen Ecke begonnen, und dann an der entgegengesetzten hinteren Ecke umgedreht und wieder nach vorn gedroschen. Ein »Stroh« wurde solange und sovielmal ausgedroschen, bis alle Körner ausgefallen waren. Dabei mußte nach jedem Ausdrusch die Unterseite der Garben mit den Händen, das angebreitete Getreide dagegen mit dem Rechen nach oben gewendet werden. Das Aufschütteln von angebreitetem Getreide erfolgte dagegen (nicht überall) mit der »schettəlgåwwəl = Schüttelgabel«. Beim Aufschütteln der Garbe wurden diese mit einer Hand am Seil gefaßt, gegen die Tennewand gedrückt und mit der anderen Hand ausgeschüttelt.

Beim Dreschen ist das Takthalten am wichtigsten. Deshalb werden Anfänger solange gehänselt, bis sie es gelernt haben. Der Zwischenraum zwischen den Dreschern muß unbedingt eingehalten werden, weil ein »grätschbittəl = Grätschbeutel« dem andern leicht ins Gehege käme. Das richtige Aufschlagen, das bei den Ähren leichter als beim »orsch« und demnach »mit Gefühl« geschehen soll, muß verstanden oder erlernt werden. Wer außer Takt bleibt oder auch ungeschickt aufschlägt, dem klopft ein anderer Drescher – vielfach natürlich absichtlich – auf dem »knipfəl – Klöpfel«, daß er entweder zerspringt oder dem Ungeschickten die Hände dermaßen gekrellt werden, daß der Dreschflegel zu Boden fällt. »Wer den Schaden hat, der braucht für den Spott nicht zu sorgen.« Kraftvolle Drescher tun sich hervor, indem sie besonders stark aufwemmen. Übrigens »flakkt s = fleckt es« besser, je mehr Drescher beteiligt sind; doch soll die Fünfzahl nicht überschritten werden.

War »ein Stroh« ausgedroschen, dann wurde »ůffgəbůngən = aufgebunden«, das heißt das nun körnerleere Stroh wurde mit Strohseilen zu Bündeln gebunden und in den Bansen geworfen oder mit der Reichgabel aufs Krest gegabelt. Hing das Strohbündel zu locker im Seil, dann wurde der betreffende Binder beschimpft, er habe »ënn gəforks = ein Geforks«, also eine liederliche Pfuscharbeit, geleistet. Ein weniger schlechtes aber immer noch nicht gut zugerichtetes Strohbund wurde zurückgewiesen mit der Frage »wås måxst an nuər ferr ënn gəbangs = was machst (du) denn für ein Gebangs«, eine schlechte Bindearbeit.

Nach Räumung der Tenne wurde das übriggebliebene Wirrstroh ausgerecht und »ůffgəbůngən = aufgebunden«, dann fortgeschafft. Und ein »wërrbingəl = Wirrbündel« ist zum Scheltwort für eine liederliche Frau geworden. Die bereits angefallene »ewwərkoar = Oberkar« aus zerschlagenen Halmen und Unkrautstengeln sowie -blättern wurde mit zwei Seilen über Kreuz gebunden oder auch im Spreukorb auf den Futterboden geschafft.

Zurück blieben Körner und Spreu, die vorerst mit dem Rücken eines Rechens an eine, an beide Tennewandseiten oder an die rückwärtige Schmalseite »gəkrikkt = gekrückt« wurden. Darauf wurden erneut Fruchtgarben für das nächste »Stroh« herabgeworfen und zum Dreschen ausgelegt.

Meldet sich der Hunger, dann fordert die Hausfrau auf, erst einmal ins Haus zu kommen, um »ënn fiddərchən« oder »ënn håppən« zu essen, zu dem beim Frühstück selbstverständlich auch ein Glas Schnaps gehört.

Wenn die Körnerwälle entlang der beiderseitigen Tennewände oder an der Schmalseite zu sehr anwachsen, was meistens nach drei »Stroh« der Fall war, dann muß der Scheunen-Ern erst vollständig geleert werden, bevor das Dreschen fortgesetzt wird. Je nach der gerade herrschenden Windrichtung wird alle ausgedroschene Körnerfrucht am Scheunenschutz oder an der entgegengesetzten Tennen-Schmalseite zusammengeschoben. Es geschieht dort, wo der geringste Luftzug festgestellt wurde.

Wenn der Scheunen-Ern mit dem breiten »schinnbasən = Scheunenbesen« ganz und gar staubfrei gekehrt worden ist, begibt sich der Worfer – meistens der Hausvater selbst – vor den Körnerhaufen und legt Rechen und Flederfittich kreuzweise darauf. Dann stellt er beide an eine Tennewand, ergreift die »worfschuffəl = Worfschaufel« und läßt sich auf das rechte Knie nieder. Nun wirft er eine Schaufelvoll nach der andern mit gefühligem Schwung halbkreisend nach dem entgegengesetzten Scheunen-Ern, an dem der eindringende Luftzug die niederfallenden Körner reinigen hilft. Vom Worfer aus fällt zuerst Staub zur Erde und anschließend die leichte Spreu. Ihr folgen Erdklümpchen mit Unkrautsamen, dann die kleinkörnige »Hinterfrucht« und schließlich die Körnerfrucht. So legt sich Schicht auf Schicht. Von Zeit zu Zeit »fladərt = fledert« der Worfer mit den »fladərfi̊ttch = Flederfittich« die bis zum entstehenden Körnerhaufen mitgerissenen Spreuteile, Unkrautsamen usw. ab und »fait = fegt« anschließend etwa zwei bis drei Zentimeter über ihn hinweg. Dadurch wird ein zusätzlicher Luftzug erzeugt, der nun auch noch die Staubteile vom Körnerhaufen wegführt.

Nachdem sämtliche ausgedroschenen Körner geworft worden sind, wird zuerst der dabei niederrieselnde Staub (der Dunst hieß) mit dem Besen zusammengekehrt und beiseitegeschafft; er wurde an feuchten Stellen der Hoferaite oder der Miste breitgestreut, um den Hühnern die erwünschte Scharrgelegenheit zu geben. Die vor dem Staub niedergefallene Spreu wird mit dem Spreukorb auf den Futterboden getragen. Die von Kühen wenig beliebten Gerstenhaime (-grannen) kommen meistens in eine besondere Ecke des Futterbodens, damit sie bei der Fütterung entsprechend untergemischt werden können. Selbst die vor dem Körnerhaufen niedergefallenen Unkrautsamen mit Strohstückchen und Erdklümpchen werden sorgsam aufgehoben; im Winter ergeben sie auf dem Schnee verteilt das wichtige Vogelfutter.

Solange die Kornrolle noch nicht erfunden war, wurde das Saatgetreide, anderseits Roggen und Weizen für das künftige Mehl mit dem »seab = Sieb« gefait. Dazu standen drei Siebe zur Verfügung, eines mit weiteren, eines mit engeren Maschen, und ein drittes aus Bast geflochten. Die Reihenfolge der Arbeitsgänge ist nicht mehr klar. Dagegen ist mir die Reinigung des Leinsamens noch gut in Erinnerung. Er wurde auf einem Klengtuch gefait, wenn ein nicht zu starker Wind wehte. Aus einer hoch über dem Kopf schiefgehaltenen Schüssel ließ man den Lein in eine untergestellte Mulde laufen und erklärte dann: »iͤch hån līn loß låif = ich habe Lein lassen laufen«. Der leichte Wind wehte Staub und Spreuteilchen davon, so daß sich der Lein einigermaßen sauber in der Mulde sammelte.

Die Kornrolle ist ein mit Ausnahme des Drahtsiebs vollständig aus Holz bestehendes Gerät. Bei der älteren Form war das Sieb fest eingelassen; es konnte nicht ausgewechselt werden. Je nach Größe der Körner mußte die Kornrolle steiler oder schräger mit der obersten Kante an eine Säule der Tennewand angelehnt werden. Mit der hölzernen Kornschaufel wurde die Frucht in den oben aufgesetzten Kasten geschaufelt und lief dann durch einen enger oder weiter zu stellenden Schlitz über das Drahtsieb. Dabei wurden Staub und andere Schmutzteile durch das Sieb gedrückt und fielen hinter der Kornrolle zur Erde. Sollten auch Unkrautsamen und kleinere Körner ausgeschieden werden, dann wurde die Kornrolle schräger gestellt, wodurch der Durchfallwinkel im Sieb größer wurde. Bei der neueren Kornrolle regelten drei auswechselbare Siebe den Grad der Reinigung.

Während des Rollens nahm der Bauer immer wieder einmal eine Gischpel der gereinigten Körner in die Hand, um durch Augenschein festzustellen, ob die Frucht für den vorgesehenen Zweck genügend sauber sei. Nebenher wurde das fertige Getreide bereits eingesackt. Das geschah entweder mit der Metze oder dem halben Scheffel, um von vornherein eine Übersicht über die verfügbare Menge der verschiedenen Getreidearten zu bekommen. Besonders kräftige Männer hoben die vollen Säcke auf die Schulter und trugen sie auf den Obersten Boden. Dabei wird ständig über Güte und Unwert der Körner als dem in diesem Zusammenhang wichtigsten Gesprächsstoff gesprochen. Es heißt nicht nur, diese oder jene Frucht sei »ënnə ūsgəzaichnəte sortən = eine ausgezeichnete Sorte«, sondern auch vom Weizen, er habe »krißliͤchə kernər = krißliche Körner«. Vielleicht wird von einem der Träger auch erklärt, »in diͤssən jōrə krist də ënn ganzən bråß gārschtən = in diesem Jahr kriegst du einen ganzen Braß Gerste«, also über Erwarten einen großen Haufen.

War die Tenne, der Scheunen-Ern geleert, dann wurde der Flegeldrusch fortgesetzt, bis alles in der Scheune aufgestapelte Getreide »ūsgədroschən

= ausgedroschen« war. Je länger um so öfter begannen die der Drescharbeit noch ungewohnten Anfänger zu anken und zu stöhnen, so daß sie von den älteren Dreschern angeregt wurden mit »hënn əmōl = hin einmal!« Erfolgte dann die Feststellung »miͤch sůmmərn də ōrmən ůn bainə = mir (mich!) summern die Arme und Beine« oder auch »iͤch hån s abər bāl diͤkk = ich habe es (ihn) aber bald dick«, dann hieß es wohl beschwichtigend: »bəgiͤnn diͤch nuər niͤch = beginne dich nur nicht!« übertreib nicht und tue nicht schlimmer als es in Wirklichkeit ist. Manchmal erklärte der eine oder andere Anfänger auch: »iͤch bënn bēt = ich bin beet« oder »iͤch bënn schůn ganz mårodə = ich bin schon ganz marode!« Und dann war vielfach die Entgegnung: »måx nuər kënnə bəgabənhait = mache nur keine Begebenheit!« »måx kënnə briͤ (mach keine Brühe)«. Natürlich kannten die alten und erfahrenen Drescher, die kleine Erleichterungen einzuschalten wußten, diesen Zustand der Erschöpfung aus eigener Erfahrung, aber sie wußten auch, daß nur durch Anstachelung des Ehrgeizes oder durch leichten Spott oder auch hilfreichen Zuspruch der Tiefpunkt im körperlichen Befinden zu überbrücken war.

Alles atmete auf, wenn die letzte Garbe im Bansen gehoben wurde und unter ihr die Bansenwurst zu sehen war. Das war meistens eine kleine runde Blutwurst, die dann abends gemeinsam verspachtelt wurde. Wo aber Lohndrescher arbeiteten, da war die Bansenwurst aus den größten ausgewählt; sie wurde in gleiche Teile an die Drescher verteilt und von ihnen mit nach Hause genommen.

War man mit der Arbeit raide (fertig), dann erklärten die völlig erschöpften Anfänger: »iͤch bënn rīf ůn raidə«. Aber die Arme konnten erst dann (in Gedanken) »in den Schoß gelegt« werden, wenn auch der Körnerhaufen der letzten »Strohe« bearbeitet worden war und sich im gereinigten Zustande auf dem Obersten Boden wiederfand.

Selbst jetzt hatte die mit dem Dreschen zusammenhängende Arbeit des Bauern noch kein Ende. Denn die verschiedenen auf dem Obersten Boden lagernden Körnerhaufen mußten ja luftig und trocken gehalten werden. Das machte ein mehrfaches Umschaufeln im Laufe des Jahres erforderlich. Denn die noch frischen Körner enthalten etwas Feuchtigkeit, die erst allmählich verdunstet. Kümmert sich der Bauer nicht um seine Körner, dann werden sie leicht muffig und »miͤchzj = michzig« oder auch »miͤchzəniͤng = michzening«. Auch muß der Bauer darauf achten, daß nicht der Kornkäfer, Calandra granaria L., in seine Vorräte kommt oder auch Mäuse die Körner zerschroten.

Schließlich führt der Bauer auf einer Schubkarre das für Mehl, für Kleie oder Schrot benötigte Getreide zur Wasser- oder zur Windmühle, um die verbrauchten Vorräte zu ergänzen. Im ersten Drittel des zwanzigsten Jahrhunderts bürgerte es sich immer mehr ein, daß die Müller der Umgegend mit Pferdefuhrwerken vorfuhren, um Getreide abzuholen. Nach einiger Zeit brachten sie das Mahlgut zurück. Statt der Entlohnung wurde vom Müller abgemetzt, nämlich vom Zentner Getreide ein Mäßchen, was später mit fünf Pfund gleichgesetzt wurde. Nach 1945 fordern die Müller für jeden gemahlenen Zentner 2 Mark und rechnen außerdem zwei bis drei Pfund Schwund.

Machte es sich erforderlich, daß wieder etwas Bargeld ins Haus kam, dann verkaufte der Bauer geringe Mengen seines Getreides an den Kieber. Das war der Aufkäufer von Kleinstmengen der verschiedensten Getreidesorten – und ist noch heute der Obstaufkäufer.

Vom Preisorakel, das mir nur dem Namen nach bekannt war, berichtete Gustav Polack, der es in seiner Jugend selbst mit befragt hatte. Man kann es am Ende des Ausdrusches, aber auch schon zwischendurch befragen, und dazu wird stets Korn (Roggen) verwendet. Es wurden vier Gefäße in eine Reihe gestellt, dann ein Nößelmaß mit der Worfschaufel gefüllt und überstehende Körner mit einem Streichbrett abgestrichen. In jedes Gefäß wurde ein solches Nößel gegossen. Die vier nebeneinanderstehenden Gefäße bedeuteten die vier Vierteljahre, das erste mit dem 1. Oktober beginnend. Nun wurden die Gefäße der Reihe nach mit der gleichen Sorgfalt wieder in das Nößelmaß zurückgeschüttet. Dabei ergab sich die dem Bauern verwunderliche Tatsache, daß an manchem Vierteljahr ein halber Zentimeter fehlte, an einem andern wieder ein Überstand war. Das Fehlen der Körner zeigte Knappheit, also ein Teurerwerden an – der Überstand dagegen eine Fülle, damit ein Billigerwerden des Brotgetreides. Da in den früheren Jahren die Volkswirtschaft noch weitgehend auf die Inlanderzeugung des Brotgetreides angewiesen war, stimmten diese Erfahrungstatsachen vielfach mit den Kornpreisen überein.

Eine andere Art des Preisorakels sah der Bauer in der Windrichtung am Michaelistag, dem 29. September. Kam der Wind aus Norden oder Osten (also kalter Wind), dann war eine Teuerung des Brotgetreides zu erwarten – kam er von Mittag (Süden) oder »von Eisenach« (Südwesten), war es also warmer Wind, dann war mit billigem Brotgetreide zu rechnen.

Es ist verständlich, daß die bereits am Ende des achtzehnten Jahrhunderts einsetzende technische Revolution auch die Drescharbeiten entsprechend beeinflussen mußte. Es kann hier jedoch nicht auf den gesamten Entwicklungsgang ankommen, da vom Volkskundlichen her überhaupt nur das Dreschflegel-Dreschen bedeutsam ist.

In Flarchheim begann die Neuerung mit einigen Hand-Dreschmaschinen, die von dem aufdringlichen dabei erzeugten Ton her als *Hummeln* bezeichnet wurden. Der menschliche Kraftaufwand war nicht geringer, denn am Kreckel mußten vier kräftige Männer anfassen, um die Dreschtrommel in Bewegung setzen zu können. Doch die Zeitersparnis war außerordentlich groß. An Göpeldreschmaschinen, die von Pferden in Bewegung gesetzt werden konnten, hat es nach meiner Erinnerung nur zwei oder vielleicht drei gegeben.

Fast gleichzeitig kamen Getreidereinigungsmaschinen auf, die Worfen, Abfledern und Faien in einem Arbeitsgang erledigten. Auch sie wurden zuerst nur mit Handantrieb geliefert. Mir ist die *Windfege* bekannt, die wohl eigentlich aus der Kornrolle entwickelt worden ist. Später folgte die sehr viel bessere *Plauder*, die ihren Namen wohl ebenfalls von dem geschwätzigen Ton erhalten hat, der bei den Umdrehungen des Räderwerks und dem Schütteln der Siebe erzeugt wird. Aber der Bauer plaudert nicht etwa, sonder er plaidert. Wenn gepleidert wurde, dann mußten die in der Scheune ausgebreiteten Körner mit dem Flederfittich abgefledert werden, bevor sie zu einem Haufen zusammengekrückt und von diesem in den Trichter der Plaider geschaufelt wurden.

Seit 1898 bestand in Flarchheim eine örtliche Genossenschaft des Raiffeisenvereins, die schon bald eine *Dreschmaschine* mit Dampflokomobile anschaffte. Während zuerst auf einem Ackerstück in Dorfnähe gedroschen wurde, stand seit 1907 eine Feldscheune zur Verfügung. Jetzt brockte der Getreidefruchtausstoß natürlich sehr viel besser als beim Flegeldrusch. Kleinere Bauern fuhren seitdem ihr Getreide – mit Ausnahme des Roggens – an die Maschine, aber selbst Mittelbauern waren dazu gezwungen, wenn die Einfahrt zu ihrem Gehöft dies erforderlich machte. Deshalb wurde 1921 eine kleinere Dreschmaschine mit elektrischem Antrieb hinzugekauft.

Heute wird diese Arbeit weitgehend mit *Mähdreschern* gleich auf den Feldern zusammen mit dem Mähen in einem Arbeitsgang erledigt.

Die jeweils nachgestellten Etymologien (Worterklärungen) von grundsprachigen Wörtern und auch solchen aus der Gemeinsprache dürften wegen der steten Hinweise auf die Sachkunde und der bisher unbekannten vorgermanischen Lautverschiebungen eine Voraussetzung für ein künftiges, grundlegend berichtigtes »Etymologisches Wörterbuch der deutschen Sprache« sein.

anbreiten (oanbraitən – Ztw.) = beim Flegeldrusch die beiden auf der Scheunentenne mit den Ähren gegenüberliegenden Garbenreihen aus den Seilen lösen und die Halme nach beiden Seiten so verteilen, daß ungefähr gleichstarke Schichten entstehen. Das Anbreiten erleichtert ganz wesentlich das Dreschen.

anken – stöhnen, siehe »Lebens- u. Jahresfeste« Seite 64

arbeiten (årəbaitən – Ztw.) = schaffen, etwas leisten, tun. – *Arbeit* (årəbait – w.) = Tätigkeit, Kraftanstrengung zu einem Zweck. – Es ist merkwürdig, daß in Mitteldeutschland ein Unterschied zwischen gsp. dů̂n, nhd. tun (mit Lust schaffen) und gsp. årəbaitən, nhd. arbeiten (gezwungen schaffen) gemacht wird. Diese Einstellung zum Schaffen spiegelt sich auch in dem Satz »bīn assən schwiͤts ůn bī dr årəbait friͤr: dås sin də gəsiͤngstən līt = beim Essen schwitzen und bei der Arbeit frieren: das sind die gesündesten Leute«. Das Wort ist belegt mhd. ar(e)beit, ahd. arabeit(ī), as. arabed(i) (Dienstbarmachung der Natur, Ackerbau) und im Germanischen an. erfidhi, ags. earfodh(e), gt. arbaiths (Not, Mühe, Bedrängnis). Die Etymologie schließt an ein ideur. +orbho, germ. +arb (verwaist) an und hält deshalb einen Zusammenhang mit aind. árbhah (klein, Kind) für möglich. Das Wort ist jedoch aus zwei Wurzelwörtern gebildet, nämlich ideur. +ar, +ara (ackern, Acker) und ideur. +bheidh (zwingen, Gewalt antun; drängen), im Germanischen an. beidha, ags. baedan, gt. baidjan (drängen, fordern). Der Sinn ist also »Nötigung zur Feldarbeit, notwendige und mühselige Feldtätigkeit.« Das Wort »arbeiten« steigt offensichtlich erst in althochdeutscher Zeit aus einer Grundsprache auf.

aufwemmen (ůffwëmmən – Ztw.) aufschlagen, einrammen, siehe »Sind wir Germanen?« Seite 106.

Bachitte (båx^{e}ittən – w.) – Verdummung, siehe »Sind wir Germanen?« Seite 220 f.

beet (bēt – E.) – erschöpft, siehe »Bauer als Ackermann« Seite 160.

Begebenheit (bəgabənhait – w.) –, siehe »Bauer als Ackermann« Seite 109.

beginnen, sich – sich aufspielen, siehe »Mit unserer Sprache« Seite 236.

Braß – eine Menge, siehe »Bauer als Ackermann« Seite 201

brocken (brokkən – Ztw.) = sich rasch vermehren. Beim Dreschen an der Dreschmaschine wird etwa erklärt: »dås brokkt abər hitt mëtt ůnsə garschtən = das brockt aber heute mit unserer Gerste!« – Es liegt nahe, daß dieses nirgends belegte Wort nicht mit nhd. Brocken (abgebrochenes Stück, Brösel) verglichen werden kann, da es ja das Gegenteil bedeutet. Zugrunde liegt ideur. +dhru (bröckeln), das im Lateinischen nach Lautverschiebung dh>f vorliegt in lat. fructus (Ertrag, Gewinn, Nutzung) und zahlreichem Zubehör, im Vorgermanisch-Indoeuropäischen nach Lautverschiebung dh>b unser gsp. brokkən (ertragreich). Im Kartenspiel heißt es oft »brokk ordnl^{e}ich nīn = brocke ordentlich hinein«, fülle den Stich mit »vielen Augen«.

Dieme – Strohhaufen, siehe »Bauer als Ackermann« Seite 179.

Dunst (důnst – m.) = beim Worfen des Getreides auf der Scheunentenne niederrieselnder feiner Staub. – Das Wort gehört zu einem ideur. +dheu, +dhu (atmen), dazu aind. dhvámsati (= zerstiebt, zerfällt), dhvásti (Zerstieben), dhūnoti (schüttelt »aus«), lett. dvans (Dunst, Dampf) und Zubehör. Im Germanischen ist diese nasalierte Lautform nicht belegt. Sie steigt erst aus einer Grundsprache auf zu ahd. dunst, dunist, tunist, daraus mhd. dunst (Hauch, feuchtet Dampf; Sturm).

faien (faiən – Ztw.) = die nach dem Ausdreschen der Fruchtgarben geworften und nach dem Abfledern mit dem Flederfittich von der gröbsten Unreinlichkeit befreiten Körner zusätzlich fegen. Es geschieht über dem Haufen, wodurch ein Luftzug entsteht und die letzten Staubteilchen abfliegen läßt. – Das offensichtlich eine Nebenform zur Grundbedeutung »fegen« bildende Wort läßt die vorgerm.-ideur. Lautverschiebungsreihe t>p>k>s>g deutlich werden und damit zugleich nhd. fegen erklären. Die Etymologie nimmt ein ideur. +pek, +pēk, +pok (hübsch machen) als Ausgangsbedeutung an, damit aber das Ergebnis des Fegens und nicht dieses selbst. Zugrunde liegt ideur. +pu (auf-blasen, anschwellen), daraus im Baltischen lit. pustýti (die Sense fegen, wetzen), und mit die Bedeutung änderndem Ablaut u>a auf ideur. +pas, +pag und germanischer Lautverschiebung p>f in Westthüringen die Verschleifung gsp. fagen/fajen/faien (fegen). So heißt es beispielsweise, »ha fajt më: dn ōrmən = er fegt mit den Armen«, bewegt sie fliegend oder gestikulierend. Daraus ergibt sich, daß nhd. fegen nicht niederdeutsch, sondern vorgerm.-ideur. ist. Es steigt erst aus einer Grundsprache auf zu an. foegja (reinigen, glänzend machen), daraus schwed. feja (polieren), dän. feie (kehren). Im Deutschen ist es nur belegt as. vëgon, mhd. vëgen (putzen, plätten), weist also nur eine Nebenbedeutung auf. Die sonst noch von der Etymologie genannten Belege gehören nicht in diesen Zusammenhang. Unser gsp. faiən entspricht nhd. pusten (Luftzug erzeugen).

faien (faiən – Ztw.) = reinigen mit dem Sieb. Mit dem Sieb gefait wurde vor allem die Hinterfrucht, die vorher durch einen Strich mit Flederwisch oder Rechen vom Brotgetreide und dieses abermals durch einen Strich vom vorherliegenden Samengetreide getrennt worden war. Der Ursprung des Wortes ist der gleiche, nur steht es näher zu lett. pùst (wehen, hauchen, blasen).

Feime – Getreidehaufen, siehe »Bauer als Ackermann« Seite 181.

flecken (flakkən – Ztw.) = rascher vonstatten gehen, etwas schneller erledigen. »wënn mə zåpt vert drᵉischt, flakkt as dåx miə = wenn man zapt vier drischt, fleckt es doch mehr«, kommt man rascher vorwärts mit dem Ausdrusch. – Die Bedeutung des Wortes ist »vom Fleck fort«, damit aber eine Neubildung. Dieses nur unsicher etymologisierte Wort Fleck ist gsp. flakk aus ideur. +plaq (breitschlagen), also ursprünglich der breitgeschlagene Raum im oder am Gehöft, auf dem gearbeitet werden kann. Die Unsicherheit entsteht dadurch, daß die Etymologie ein unmittelbar ein Wurzelwort fortsetzendes Wort (nur lautverschoben p>f) nicht für möglich hält. Das Wort muß deshalb als vorgerm.-ideur. gelten., siehe »Mit unserer Sprache« Seite 34.

fledern (fladərn – Ztw.) = laufen, daß Haare und Röcke im Winde fliegen, dabei mit den Armen vor- und rückwärts schlenkern. »do kůnst də abər gəsiə, wī sə gəfladərt ës = da konntest du aber sehen (gesehe!), wie sie gefledert ist!« – *fledern* (fladərn – Ztw.) = mit dem Gänsefittich während des Worfens von Körnerhaufen die Stroh- und Spelzenteile abfegen. »häst an schůn mët dn fladdərfiͤttj gəfladərt = hast (du) denn schon mit dem Flederfittich gefledert?« – *Flederfittich* (fladdərfiͤttj – m.) = auseinandergefächerter Gänsefittich, mit dem die Körner abgefledert werden. – *Flederwisch* (fladərwiͤsch – m.) = Gänseflügel und seltener -fittich als Handfeger. – *Flederwischgasse* (Fladərwiͤschgåssən – w.) = in Flarchheim, heute Feldgasse genannt. Der Name scheint alt zu sein, da sie zum Geländestück »Am Malstein«, etwa fünfzig Meter östlich der Unteren Kuhbrücke) führt, an dem die örtlichen Ding-Versammlungen stattfanden. »Flederwisch« ist auch eine Nebenform für Hexe, und auch Kobolde wurden mit diesem Namen bezeichnet. – Das erst in deutscher Zeit aus einer Grundsprache aufsteigende Wort entstammt ideur. +plad-d (fliegen, schwingen), daraus lit. plazdéti (flattern, mit äußerster Anstrengung mit den Flügel schlagen), lett. plezdinât (schwingen), pledenêt (sinnlos hin- und hergehen) und Zubehör, im Deutschen ahd. flēdarōn, mhd. vlēdern, spätmhd. flatern, frühhd. vladern (flattern). Aus den baltischen Belegen wird klar, daß »z« eigentlich »ts« lauten müßte.

forksen – liederlich arbeiten, siehe »Bauer als Ackermann« Seite 164.

Gebangs – Gebinde, siehe »Bauer als Ackermann« Seite 165.

Gischpel (gischpəl – w.) = urtümliches Hohlmaß: soviel man Körner in zwei aneinandergelegte eingehohlte Hände nehmen kann. – Das nirgends belegte Wort besteht aus der untrennbaren Vorsetzpartikel gi- mit dem Begriff des Zusammenhaltens, Abschließens und einem zweiten Wortteil, der in gr. spēlaiōdēs (= höhlenartig) wiederkehrt. Die Bedeutung ist also »eingehohlte Hände zum Zweck des Zusammenfassens«.

Handhabe (hāndhoabən – w.) = Stiel des Dreschflegels, der Schüttelgabel in der Bedeutung »Stiel zum Emporheben«, weshalb beispielsweise der Rechen keine Handhabe besitzt, sondern einen Stiel.

hin einmal! (hënn əmōl! – Aw.) = anspornender Zuruf in der Bedeutung »beeile dich! mache rasch! lasse nicht nach (beim Arbeiten)!« Es besteht aus dem fürwortartigen *hin*: gt. ahd. hina, mhd. hine mit zielweisender Aufforderung zum Inhalt – und dem aus dem Zahlwort »ein« mit dem Zeitwort gt. mēl, ahd. mhd. māl zusammengewachsenen *einmal*, die auf den Zeitpunkt des Geschehens hinweisen.

hummeln (hůmməln – Ztw.) = leise und unverständlich miteinander sprechen, wobei die Tonlage auf und ab schwillt, so daß die Sprecher nicht verstanden werden. – *hummeln* (hůmməln – Ztw.) = summen und brummen mit auf und ab schwellender Tonlage, wie es von der in Gang gesetzten Dreschmaschine gehört wird. – *Hummel* (hůmməl – w.) = mit er Hand betriebene Dreschmaschine, wie sie Ende des neunzehnten Jahrhunderts mehrfach in Benutzung war. – Das Wort ist zurückzuführen auf ideur. +ku (schwellen, anschwellen) entsprechend gr. kȳmaunō (etwas in wogende Bewegung versetzen, aufgeregt sein), kȳma (wogende Mege, Gewoge) und Zubehör. In dieser Bedeutung ist das Wort nur belegt mhd. hummen, hummlen. Das Doppel-n kann außer Betracht bleiben, weil sowohl Doppelungen als auch Dehnungen eine Eigenart des Mitteldeutschen sind. Das Wort ist germanisch, wie die Lautverschiebung k>h beweist, wenn auch nicht belegt.

kiebern (kībərn Ztw.) = in kleinen Mengen aufkaufen und an Großhändler weitergeben. – *Kieber* (kībər – m.) = Aufkäufer in kleinen Mengen. Eduard Görnandt aus Mühlverstedt hatte deshalb den Spitznamen »der Kieber«; er kaufte in kleinen Mengen das von den Kleinbauern nicht benötigte Getreide auf und lieferte es bei einem Großhändler oder auch in einer Stadtmühle ab, während die Pferdebesitzer ihr Getreide selbst in die Stadt zum Großhändler brachten. Brückmann aus Craula kieberte bis zum Ende des neunzehnten oder Beginn des zwanzigsten Jahrhunderts mit zwei Eseln, das heißt er kaufte Hülsenfrüchte in Flarchheim auf. Heute werden die Aufkäufer ganzer Straßenreihen von Kirschbäumen als »kërschkībər = Kirschenkieber« bezeichnet. – Das nirgends belegte Wort gehört zu gr. kībōtós (Kasten, Kiste), lit. kibìras (Eimer, Kübel), lett. ciba (rundes hölzernes Gefäß) und ist deshalb vorgerm.-ideur. Ursprünglich wurden diese kleinsten Mengen wohl in derartigen Gefäßen aufgekauft. Da engste sprachliche Beziehungen der mitteldeutschen Grundsprache mit dem Altgriechischen und den baltischen Sprachen nachgewiesen werden konnten, liegt es nahe, auch nhd. Kiepe (auf dem Rücken getragener Korb) als Erbwort zu erkennen, nicht jedoch Herkunft aus dem Niederdeutschen anzunehmen.

klippern – kleine Menge Garben dreschen, siehe »Bauer als Ackermann« Seite 195.

Klöpfel (klepfəl – m.) = Teil des Dreschflegels. – Wie nhd. klippern ist das Wort nicht lautmalend, sondern entstammt ideur. +quel, qlā (schlagen, brechen). In der Bedeutung »klopfen« steigt es erst in deutscher Zeit aus einer Grundsprache auf: ahd. chlopfōn, daraus mhd. klopfen. Dem lit. klẽpkas (Klappholz) kann entnommen werden, daß »ö« eine ungerechtfertigte »Verfeinerung« darstellt. In Flarchheim ist die Lautverschiebung l>n wirksam geworden: kniͤpfəl!

krellen (krëllən – Ztw.) = so stoßen, daß das Glied taub wird und nichts mehr halten kann. Wird mit dem Dreschflegel gedroschen und ein Drescher schlägt absichtlich oder versehentlich auf den Klöpfel eines anderen Dreschers, dann krellt diesem der Schlag in die Hände, daß er die Handhabe nicht mehr halten kann. Schlägt jemand ungeschickt mit Hammer, Axt, Holzschlegel schräg auf ein Klotz, einen Stein usw., dann wird ihm die Hand gekrellt, daß er das Gerät fallen lassen muß. »iͤch hån miͤch gəkrëllt ůn fiͤl nischt miə = ich habe mich gekrellt und fühle nichts mehr«, meine Hand ist taub geworden. *verkrellen* (verkrëllən) jemanden abstoßen, zurückstoßen.

Krest = die Gesamtheit des Sparrenwerks im Dach der Scheune. Vgl. »Sind wir Germanen?« Seite 216.

krißlich (krißliͤch – E.) = außerordentlich, hervorragend, ganz bedeutsam. »s ës ënnə krißliͤchə ārn = es ist eine krißliche, außerordentlich gute, vorzügliche Ernte.« – *krißlich* (krißliͤch – E.) = eingebildet. »sikk åch niͤch suə krißliͤch = sei doch nicht so krißlich«, so eingebildet! – Das nirgends belegte Wort ist vorgerm.-ideur. aus ideur. +(s)qri (sondern, scheiden), dazu gr. kritoś (vor anderen auserkoren, erlesen, ausgewählt). Es ist die vorgermanische Lautverschiebung t>s wirksam geworden, die gegen 1500 vZtr. anzusetzen ist.

krücken (kriͤkkən – Ztw.) = mit einer Krücke, dem Rücken des Rechens die Körner nach dem Dreschflegel-Ausdrusch zusammenscharren. Nach langanhaltendem Regenwetter wird auf dem nichtgepflasterten Dorfgassen mit einer Krücke der Schlamm zusammengekratzt. Der Bäcker krückt nach dem

Heizen des Backofens vor Beginn des Backvorgangs die Asche heraus. – *Krücke* (krikkən – w.) = quergestellter eiserner Schaber an langer Stange. – *Krücke* (krikkən – w.) = diesem Schaber nachgebildeter Stab mit Querholz zum Stützen, wie er von Lahmen und Beinbehinderten verwendet wird. – Das Wort ist belegt mhd. krücke, krucke, ahd. chruckia, krucka (Werkzeug zum Zusammenscharren oder Umwenden), im Germanischen ags. cricc, cryce (Krücke), dazu ablautend an. krōkr (Haken). Weiter rückwärts kommt die Etymologie nicht. Ich verweise auf lit. kruõpti (= zusammenscharren, anhäufen, sammeln) aus einem ideur. +krup (stoßen), nach Lautverschiebung (b>p)>k(>s) unser Wort nhd. krücken, und weiter verschoben zu ideur. +krus (stoßen), gr. kroŷsis (das Scharren, Stoßen, Klopfen, Stampfen). Das Schimpfwort Krücke zur Bezeichnung eines widerlichen, nichtswürdigen Menschen gehört nicht in diesen Zusammenhang.

Metze (matsən – w.) = Getreidemaß zum Messen der gereinigten Körner. Es gab Metzen verschiedener Größe. Am Ostrande des Hainichs war die Mühlhäuser Metze im heutigen Gehalt von 10.082 Liter am verbreitetsten. Die Metze enthält vier Mäßchen. Zwei Metzen sind ein Halber Scheffel, vier Metzen ein Scheffel. – *abmetzen* (obmatsən – Ztw.) = vom Wind- oder Wassermüller als Mahllohn abgenommenes Getreide. Er betrug vom Zentner Getreide ein Mäßchen, später dem Gewicht von fünf Pfund gleichgesetzt. Da der Müller das Abmetzen oft nicht sehr genau nahm, war das Rätsel unter den Bauern im Schwange: »wënn ënn millər, ënn schnīdər ůn ënn linnəwabər in ënn såkk gəštëkkt warən, ůn dān růllst də dn bārg nůngər … wënn ha ůngər zůr růiwə kimmt: war litt dn do uəmən = wenn ein Müller, ein Schneider und ein Leineweber in einen Sack gesteckt werden, und den rollst du den Berg hinunter – wenn er unten zur Ruhe kommt: wer liegt denn da oben?« Und die Antwort lautete: »immər ënn špitsbůwə = immer ein Spitzbube!« – Zugrunde liegt ideur. +med. (messen), daraus im Germanischen gt. mitan, ags. mëtan (abmessen, wofür halten, abschätzen), an. mëta (nach seinem Wert bestimmen, schätzen, abschätzen), und im Deutsche ahd. mëẓẓan (messen, abmessen, zumessen, wägen), mhd. mëẓẓen (zuteilen, überprüfen, messen, vergleichend betrachten) – gt. mitaths (Getreidemaß), ags. mitta (Trockenmaß), im Deutschen ahd. mëzzo, mhd. mëtze. Es muß darauf verwiesen weren, daß bereits gr. médimos (Scheffel, Getreidemaß), lat. modius (Scheffel) belegt sind, diese Körnermaße also anscheinend schon in vorgermanischer Zeit in Mitteldeutschland üblich waren.

michzig – wiederlich riechen, siehe »Sind wir Germanen?« Seite 102.

Oberkar – beim Dreschen abgeschlagene Ähren, siehe »Bauer als Ackermann« Seite 186.

Ochsenziemer (oksənzīmər – m.) = getrocknetes Zeugungslied des Ochsen, das früher als Klopfpeitsche und gleicherweise zum Verprügeln diente. Durch Breitpressen, was nur in der Hobelbank geschehen konnte, wurden Teile des Ochsenziemers als Kappen an der Handhabe des Dreschflegels verarbeitet; sie waren unverwüstlich. Die Etymologie erklärt den zweiten Wortteil richtig als Sehne, weiß sonst aber keinerlei Erklärungen anzugeben, da das Wort erst in neuhochdeutscher Zeit aus einer Grundsprache aufsteigt. Es ist zu vergleichen mit lit. tim̃pti (sich dehnen, recken), tìmpa (Sehne) und großem Zubehör zu lit. +temp (spannen, dehnen) aus ideur. +ten (dehnen).

paischen – aufschlagen, siehe »Bauer als Ackermann« Seite 186.

Puppen (puppən – w.) = Schlafzustand »bis in die Puppen«, von Küpper und anderen Etymologen gedeutet als die Länge der hintereinanderstehenden »Puppen«, das sind die Statuen am Großen Stern des Berliner Tiergartens, in Wirklichkeit aber bis zur Verpuppung der Schmetterlinge, also bis zur Bewußtlosigkeit. Das ergibt sich aus dem gleichwertigen »bis in die Bachitten = bis in die Verdummung«, schläft sich »dumm und albern« oder »schläft sich dumm und dämlich«.

raide – fertig,, siehe »Sind wir Germanen?« Seite 72.

Runn (runn – F.) = der obere Teil in größeren Wohnhäusern und Scheunen zwischen Dachfirst und Schierbalken. Siehe »Sind wir Germanen?« Seiten 214–220.

schaiben (schaibən – Ztw.) = die Scheete zum Seilstroh zurichten. Das nirgends belegte Wort kann nicht zu gsp. schaib = schief gestellt werden. Ebenso ist ein Vergleich mit nhd. Scheibe unmöglich.

Scheete (schētən – w.) = zu einer kompakten Masse in Bundform zusammengepreßtes Roggenstroh, das zu Strohseilen verarbeitet wird. – Das nirgends belegte Wort wird volksetymologisch als »Schütte« bezeichnet, weshalb auch Weigand erklärt: »Bündel ausgedroschenen, vorher zum Ausdreschen hingeschütteten langen Strohes, 1562 b. Mathesius Sar. 159a, in den Fastnachtsp. des 15. Jh. 346, 28 schütt F.« Eine ähnliche Erklärung gibt Hermann Paul. Aber eine Scheete ist ja gerade *nicht* das Hingeschüttete, sondern ein nach allen Regeln der Kunst festverschnürtes Bund gleichlanger unbeschädigter Roggenhalme. Es muß deshalb zu gr. schéto, schétō (das Standhaltende, Festigkeit und Haltbarkeit) gestellt werden.

Scheffel (schëffəl – m.) = Hohlmaß für Getreide zu vier Metzen, in den verschiedenen Landschaften ungleichmäßig groß. Am Ostrande des Hainichs war der Mühlhäuser Scheffel üblich, der nach heutigem Dezimalsystem 40,328 Liter faßt, gewichtmäßig bei Roggen etwa 80 Pfund. – Oft werden Schaff und Scheffel durcheinandergewürfelt, die allerdings beide ein Hohlmaß darstellen. Nhd. Schaff ist germanisch zu mhd. schaf, ahd. scaf und im Germanischen as. skap, an. skeppa (ein Maß) aus ideur. +skab (schnitzend gestalten). Dagegen ist nhd. Scheffel belegt mhd. scheffel, ahd. sceffil und als solches erst in dieser Zeit aus einer Grundsprache aufgestiegen entsprechend gr. skáphos (Scheffel; ausgehöhlter Körper, Wanne, Trog, Mulde; Napf, Becken) aus ideur. +skabh (schaben, kratzen). Das auslautende -bh wurde nur im Vorgerm.-Ideur. zu »f«, nicht aber im Germanischen.

Schmachtkorn (schmå$_x$tkorn – s.) = nichtausgewachsenes, zu kleines Korn, das zur »Hinterfrucht« gehört und verfüttert wird. Die Mehrzahl ist »Schmachtkörner = schmå$_x$tkernər«.

Stroh (štruə – s.) = leere Halme des Getreides und anderer Feldfrüchte. – *ein Stroh* (ënn štruə – s.) = Gesamtheit der auf der Tenne ausgelegten in einem Arbeitsgang zum Dreschen mit dem Flegel bestimmten Getreidegarben. – Die Meinung der Sprachwissenschaft, es handele sich um ein gemeingermanisches Wort, ist unrichtig. Es ist vielmehr vorgerm.-ideur. aus ideur. +ster, +stor, +strō (= ausbreiten, streuen) entsprechend gr. strōma (Ausgebreitetes, Lagerstätte, Lager) und Zubehör. Im Germanischen entspricht dem Wort ags. strēaw, an. strā und im Deutschen ahd. mhd. strō. Im Gotischen ist das Wort nicht belegt, so daß Aufstieg des Wortes aus einer Grundsprache in althochdeutscher Zeit angenommen werden darf.

summern (sůmmərn – Ztw.) = in den Armen oder Beinen schwach werden, wie es nach große Anstrengungen geschieht. – Das nirgends belegte Wort ist nur belegt lit. sumplas (dünn, mager) in der Nebenbedeutung »schwach, kraftlos werden«. Möglichereweise spielt ideur. +sum in der Bedeutung »gemeinsam, zusammen« hinein, weil niemals nur ein Arm oder ein Bein summert, sondern stets beide zusammen.

verspachteln – siehe »Lebens- und Jahresbräuche« Seite 84.

vorschlagen (forrschlåin – Ztw.) = besondere Art des Dreschens mit dem Dreschflegel bis zum Strohseil der noch nicht aufgebundenen Garben. Erst anschließend wird das Strohseil abgenommen, dann »angebreitet« und schließlich »reingedroschen«. – Dieses der Fachsprache der Drescher zugehörige Wort ist nirgends belegt. Ich finde es erstmalig im Lexikon von G. Th. Fechner 1853 unter »Vordreschen« oder Überdreschen, von dem gesagt wird, es würde beim Herausdreschen der Samenfrucht verwendet, da bei dieser Dreschart »nur die vollkommensten und reifsten Körner aus den Ähren gehen«. Welcher Zeit das Wort entstammt, ist nicht ersichtlich, obgleich es heute +vērschlåin lauten würde.

wemmen – dröhnend einschlagen, siehe »Sind wir Germanen?« Seite 106 f.

worfen (worfən – Ztw.) = die ausgedroschenen Getreidekörner von der vorderen zur hinteren Schmalwand oder umgekehrt (immer zum stärkeren Luftzug hin) werfen. Während des Worfens wird der Haufen des geworfen Getreides mehrfach mit dem Flederfittich zuerst gefledert und dann anschließend gefait. – *Worfel* (worfəl – w.) = hölzerne Worfschaufel – *Worfer* (worfər – m.) = der das Worfen besorgende Drescher. – Dem Wort liegt ideur. +ũerp (drehen, knüpfen) zugrunde, im Baltischen beispielsweise lett. vērpt (hin und her drehen, spinnen), vērpete (Wasserwirbel, -strudel), lit. verpẽtas (Wirbelwind, Strudel), im Germanischen gt. waírpan, ags. weorpan, an. vërpa und im Deutschen ahd. wërfan, mhd. wërfen (werfen) ahd. wintworfa (Worfschaufel), mhd. worfen, frühnhd. worfeln (Getreide mit der Worfschaufel von der Spreu reinigen).

Weiterverarbeitung des Dreschgutes

Wenn auch vom Sprachgeschichtlichen aus eine Darstellung der Weiterverarbeitung des Dreschgutes nur wenig fruchtbar ist, so muß doch vom volkskundlichem näher auf alle Einzelheiten eingegangen werden. Wir gliedern unsere Untersuchungen in Körner – Stroh- Wirrstroh und Oberkar – Spreu.

Die Körner

Die Körner des *Roggens* sind die Brotfrucht unserer thüringischen Heimat. Das ergibt sich schon daraus, daß der Roggen in diesem Landschaftsraum schlichthin »Korn« (anderwärts heißt der Weizen, heißt der Mais »Korn«) genannt wird. Das Mahlen erfolgte ursprünglich mit der Handmühle, die spätestens gegen 5000 vZtr. erfunden worden sein muß und in wenig verbesserter Form durch die Jüngere Steinzeit bis gegen 1800 vZtr., die Bronzezeit bis gegen 800 vZtr. und die Eisenzeit bis gegen 250 vZtr. verwendet wurde. In »Sind wir Germanen?« Seite 127 f. habe ich ausgeführt, daß die Bezeichnung Mühle als vorgerm.-ideur. angesehen werden muß. Die germanische Bezeichnung war Quern. An sie erinnert in der Flarchheimer Flur der Flurname »ån dr kwarn = An der Quern« und in der benachbarten Heroldishausener »Strīdkwarn = Stridquern« und »Klainə quarn = Kleine Quern«.

Das *Kornmehl* dient zur Zubereitung des Brotes, auch der Thüringer Zwiebelkuchen, und ebenfalls der Speckkuchen werden aus Kornmehl gebacken. – Noch zu Beginn des zwanzigsten Jahrhunderts wurde statt des Morgenkaffees aus geröstetem Kornmehl mit den ersten Frühlingskräutern eine Mehlsuppe gegessen, die den Körper entschlacken sollte. – Mehlkleister aus Kornmehl wird zum Ankleben der Tapeten und zu ähnlichen Klebarbeiten verwendet. Die beim Mahlen abfallende *Kornkleie* wird als Kraftfutter den Schweinen, Kühen, Pferden gegeben, letzteren vielfach sogar als Hafeersatz. Grundsätzlich geschieht es bei Durchfall dieser Haustiere, da Kornkleie stopfen soll. In zahlreichen Familien wurde *Kornkaffee* selbst gebrannt. Es wird jedoch behauptet, er greife die Augen an. Die Herstellung von *Kornschnaps* ist in Flarchheim nur während der beiden Weltkriege in kleinsten Mengen, und dies mehr als Hausmittel gegen Magenbeschwerden, erfolgt. Nach Hermann Herwig gab es in Langula den »Brenner«, der Branntwein zum Verkauf herstellte, und in Oberdorla brannte ein Essigbrenner nebenher auch Kornschnaps. Die Flarchheimer Bezeichnung »äləs brënnhorn« für einen Vieltrinker von Wasser, Kaffee oder anderen Flüssigkeiten hat nichts mit Kornschnaps zu tun.

Der Weizen in seinen verschiedenen Abarten als Winter- und Sommerweizen ist im Kuchenlande Thüringen das alleinige Kuchengetreide. Weizenkörner werden aber auch gern den Hühnern zur Anregung der Legetätigkeit gefüttert, denn

vůn waißən	*von Weizen*
laiən sə ůngəhaißən	*legen sie ungeheißen*

das will sagen, werden Hühner mit Weizen gefüttert, dann legen sie Eier ohne besondere Aufforderung.

Schon am Ende des neunzehnten Jahrhunderts, und sicher auch schon zu allen vorherliegenden Zeiten, wurde *Weizenmehl* in den unterschiedlichen Güteklassen vom Müller gefordert. Die Hausfrau verwendete es zum »Dicken« der Suppen, zu Mehlbrei besonders für Kleinkinder und auch Erwachsene, für Diebchen und Rewwelerchen, für verschiedene Arten vom Steinkuchen über den Fitzkuchen oder Eisenkuchen bis zum Eierkuchen, für Hausmachenudeln bis hin zu den zahlreichen Kuchen. – Solange der Kinderpuder noch nicht Eingang in den Dörfern gefunden hatte, gehörte Weizenmehl auch zur Kinderpflege. – Fallweise wurde auch Weizenmehlkleister angerührt. In der Viehzucht war und ist noch heute die *Weizenkleie* außerordentlich beliebt. Grundsätzlich erhalten die Kleingänse ein Gemenge von Weizenkleie und zerschnittenen zarten Brennesseln, den sogenannten »Brennesselsalat«, der in der bäuerlichen »Pfingstpredigt« auch den Pfingstbräuten bei der Einladung ins »Gelage« in Aussicht gestellt wird. Ebenso bekommt Jungvieh, besonders aber bekommen die Kälber, ein Gemisch von Weizenkleie und Magermilch als vorzügliches Kräftigungsmittel. Das den Pferden in die Krippe geschüttete »Mäunschfutter« besteht aus eingeweichter Weizenkleie (oder Haferschrot) mit Häcksel und Wasser, das besonders bei Verstopfung gegeben wird, da Weizenkleie laxiert; in diesem Falle ist sie also ein Abführmittel. Heiß gemachte Weizenkleie wird bei Halsschmerzen, besonders bei Ziegenpeter, als Packung verwendet; ebenfalls bei drusekranken Pferden. Das in der früh- und urgeschichtlichen Zeit auf der steinernen Handmühle geriebene Mehl war nichts anderes als das noch heute bekannte grobkörnige *Weizenschrot*. Es kam während der beiden Weltkriege mit ihren Mahlbeschränkungen wieder zu Ehren, als auf den in den Bauernwirtschaften eingeführten »Schrotmühlen« auch Weizen geschrotet und aus dem in der Ofenröhre Schrotkuchen gebacken wurde. Als die Schrotmühlen geschlossen und blombiert wurden schrotete die Bauersfrau auf der Kaffeemühle. Am beliebtesten war schon in alten Zeiten *Weizengrieß*, den der Müller auf Antrag lieferte, und der nicht nur Grießsuppe, Grießbrei ergibt, sondern auch in Form von Grießklößchen verschiedenen Suppen zugegeben wird. Auch als Aufguß einfacher Kuchen ist er noch heute im Gebrauch.

Neben dem Weizen ist schon die *Gerste* am Beginn der Jüngeren Steinzeit, in Westthüringen gegen 4000 vZtr., nachweisbar. Unzerkleinerte Gerstenkörner sind das wichtigste Hühnerfutter; jedoch wird nicht ein einziges Gerstenkorn aufgepickt, solange noch Weizenkörner dazwischen liegen. – Für die menschliche Ernährung werden Gerstenkörner geröstet und ergeben Malzkaffee. Das Rösten erfolgte noch bis zum Beginn des zwanzigsten Jahrhunderts im bäuerlichen Haushalt selbst. – Die Entzündung der Haarbalgdrüsen der Augenlider heißt »Gerstenkorn«, Hordeolum, nach ihrer Form.

Zu allen Zeiten wurden *Graupen* nicht vom Dorfmüller hergestellt, sondern fertig gekauft, da hierfür besondere Einrichtungen erforderlich sind. Graupensuppe ist noch heute ein verbreitetes bäuerliches Mittagessen. Im Ersten Weltkrieg gehörten Graupen zum Feldküchenessen, doch waren sie nur geschält und nicht zerkleinert, weshalb sie im Soldatenmunde »Kälberzähne« genannt wurden; waren sie mit Zucker gesüßt, dann nahmen sie während des Erkaltens eine bläuliche Färbung an, weshalb sie dann »Blauer Heinrich« hießen. Sie wurden nur gegessen, weil der Soldat meistens Besseres nicht aufzutreiben vermochte. Wie Graupen gesüßt als Brei gegessen werden, so die etwas gröber gemahlene *Grütze*. Heute kommen beide Formen meistens mit aufgekochtem Dörrobst auf den Tisch. Am beliebtesten und nahrhaftesten ist die Hafergrütze.

In der Dorfmühle wird durchweg *Gerstenschrot* angefertigt. Es ist das verbreitetste Futter für die Schweinemast, oft mit Weizen- und (oder) Haferschrot vermischt. Der Eiweißgehalt der Wintergerste ist jedoch höher als der der Sommergerste, weshalb mein Vater letztere nur dann anbaute, wenn die Herbstarbeit dies erzwang. – Solange in Flarchheim noch Bier gebraut wurde, stellte man Gerstenmalz für die beiden Biersorten Kovent und »Trinken« her. Noch heute gehören zum Nisteltag (22. Februar) unbedingt Süßkuchen und »Trinken«, ein leichtes selbst hergestelltes Hausbier aus Gerstenmalz. – Vollkörnige Sommergerste, aber nicht zu eiweißreiche, ist noch heute eine gutbezahlte Braugerste.

Das beste Pferdefutter ist der *Hafer*, der den Pferden unzerkleinert in die Krippe gegeben oder ihnen auch im Hafersack um den Kopf gehängt wird. Seit Aufkommen der Schrotmühlen wird der Hafer jedoch meistens grob geschrotet. Manche Pferde sind empfindlich gegen den Genuß von Weizen- oder Gerstenkörnern: sie werden lahm oder gehen stopfelning. Der sofortige Übergang zur reinen Hafernahrung behebt nach kurzer Zeit diese nachteiligen Folgen. – Heißgemachte Haferkörner gelten als bestes Mittel gegen Rückenschmerzen. Sie werden grundsätzlich in der sonst nichtverwendeten Jütte erhitzt, dann in ein Leinsäckchen geschüttet und aufs Kreuz gelegt.

Allzu viel Hafer verfüttert, macht die Pferde übermütig, weshalb dieses Kraftfutter besonders auf die arbeitsreiche Zeit eingeschränkt wird. Ist ein Mensch übermütig und zu allerlei Allotria aufgelegt, dann wird er gefragt

đich štiͤcht wůll dr håwwər? *dich sticht wohl der Hafer?*

eine Frage, die auf die Pferdezucht zurückgeht. Hier sei gleich noch erwähnt, daß zu spät bestellter Hafer wenig Wert besitzt, denn

maihåwwər gëtt šprīhåwwər *Maihafer gibt Spreuhafer*

mit kleinen Körnern, aber viel Spreu. – Daß der Haferbock eigentlich Bock-Bock und die Haferwurz in Wirklichkeit Bockwurz bedeutet, also nichts mit Hafer zu tun haben, bewies ich in »Sind wir Germanen?« Seiten 337 ff.

Im Mäunschfutter der Pferde ist meistens *Haferschrot* mit Häcksel und Wasser vermengt, seltener Weizenkleie. Auch anderes Jungvieh bekommt oft Haferschrot als Kraftfutter.

Es sei noch erwähnt, daß *Haferflocken* in den Dorfmühlen nicht hergestellt werden können. Sie werden fertig gekauft.

Das Stroh

Solange die Stallfütterung noch nicht eingeführt war, was erst nach der Klimaverschlechterung gegen 800 vZtr. notwendig wurde, sich jedoch nicht vor 1000 nZtr. allmählich durchzusetzen begann, hatte das Stroh wenig Wert. Es wurden nur die Ähren abgeschnitten, was in Form des Schleerens, des ungleichmäßigen Mähens, (»Sind wir Germanen?« Seite 103 f.) geschah, während das Stroh auf den Feldern stehen blieb. Heute ist Stroh jedoch ein wertvolles Wirtschaftsgut.

Kornstroh ist von allen Stroharten das zäheste und fault am wenigsten leicht. Bis gegen 1854 diente es zur Bedachung der damals allgemein üblichen Strohdächer. Noch bis zum Ersten Weltkrieg wurden im Herbst aus ihm Strohdocken angefertigt und auf dem Obersten Boden zwischen Fußboden und Dach eingeschoben, um bei Steiperwetter den Schnee von den dort lagernden Getreide-Körnerhaufen abzuhalten. Solange die »Fächer« der Hauswände mit Fachsteckeln gefüllt waren, verwendete der Maurer Kornstroh zur Herstellung des dazu benötigten Strohlehms. Auch die Winghölzer der Decken in den einzelnen Stockwerken waren mit ausgeschaibtem Kornstroh gewikkelt. Im Haushalt wurde besonders Kornstroh gern zum Füllen der Betten verwendet, vielfach mit etwas Thymian als Duftstoff besonders in der Nähe des Kopfkissens vermischt. Wo es üblich war, statt der Abtreter aus formlos ausgelegtem Reisig vor dem Hof-Hauseingang etwas geschmackvoller zu verfahren, flochten die Töchter der Familie mehr oder weniger kunstvolle Matten aus Kornstroh. Früher muß auch noch anderes Flechtwerk aus diesem Stroh angefertigt worden sein, wie aus den Erzählungen zu entnehmen war, doch ist deren Kenntnis verlorengegangen. Wo Bienenzucht getrieben wurde, fertigte der Imker seine Beuten noch am Ende des neunzehnten Jahrhunderts selbst aus Kornstroh an, indem er die Wülste formt, sie zur Befestigung mit Rohr umwand und einen Wulst auf den andern setzte und mit Holznägeln ineinander verkeilte. – Besonders wichtig aber war es zur Herstellung von Strohseilen.

In der Viehzucht dient das gevorschläunte Kornstroh als Schaffutter; es wird anschließend als Streu im Stall gelassen. Zu Häckerling geschnitten, bekommen es Pferde zusammen mit Weizenkleie, Haferschrot und Wasser in die Krippe. Und da es die Nässe nicht so schnell wie Sommerstroh aufnimmt, wird es gern den Kühen untergestreut.

Weizenstroh ist weicher als Kornstroh und auch von Natur aus schwammiger. Es dient meistens als Streu der Stalltiere, zu welchem Zweck es mit der Barte auf dem Hackklotz auf etwa dreißig Zentimeter gekürzt wird. Bekommen es Kühe ausnahmsweise auch als Futter, dann wird es unzerkleinert »ůffgəštĕkkt – aufgesteckt«, daß heißt in die über den Trögen entlanglaufende Raufe gefüllt.

Gerstenstroh gilt als das beste Futterstroh für Kühe, besonders wenn Kopfklee untergesät war. Da es leicht feucht wird und dann schimmelt, soll es möglichst im frühesten Frühjahr aufgebraucht sein. Besonders beliebt war Gerstenstroh als Bettstroh, weil es am weichsten ist. Bettstroh soll aber nicht bei zunehmendem Mond gewechselt werden.

Haferstroh wurde bis 1854 neben dem Kornstroh zur Dachbedeckung verwendet. Der Erntekranz besteht aus Haferstroh; anschließend wird er im

Haus-Ern über die Stubentür gehängt, wo er bis zur nächstjährigen Ernte verbleibt. Auch der in der Kirche aufgehängte Erntekranz besteht aus Haferstroh; in ihm werden möglichst alle Obstsorten bis zur Weintraube aufgefädelt. Bei Husten und Heiserkeit, aber auch bei anderen Erkältungskrankheiten, wird Haferstrohtee mit Kandiszucker mit gutem Erfolg verwendet. Weicht die Erkältung nicht, dann wird es mit einigen Büscheln Kammerblumen vermischt und – jedoch nicht bei zunehmendem Mond – als Bettstroh benutzt, weil es eine gleichbleibende Wärme erzeugt und den Blutkreislauf anregt.

In der Viehzucht wird Haferstroh besonders an Kühe verfüttert, soll aber gleichzeitig mit Gerstenstroh aufgebraucht sein. Ebenso dient es zum Streuen. – Schweine sollen keine Streu aus Haferstroh erhalten, weil es »heiß« macht, das heißt den Geschlechtstrieb steigert. Kranke Schweine werden aber in Haferstroh gepackt, um die Blutzirkulation anzuregen. Auch bei der »Backsteinsbräune«, einer leichteren Form des Rotlaufs, wird den Schweinen Haferstroh untergestreut.

Wenn »ein Stroh« ausgedroschen ist und die Strohbunde weggeschafft worden sind, bleibt verwirrtes Stroh liegen, das nun ebenfalls gebunden und beiseitegebracht wird. Eine liederliche Frau, die stets unordentliche Haare hat, wohl auch dummes Zeug daherredet, wird »wërrbiͤngəl = Wirrbündel« genannt.

Oberkar ist ein recht gutes Viehfutter, denn sie besteht aus den zerschlagenen Ähren mit immer noch einigen Körnern, überaus kurzen Strohhalmen und den Unkrautrispen. Sie wird mit Strohseilen über Kreuz zu Bündeln gebunden oder auch lose gleich nach dem Dreschen auf den »Futterboden« (wo die Futterschneidmaschine und die Schrotmühle stehen) getragen. Entweder wird sie zusammen mit dem Kuhfutter auf der Futtermaschine geschnitten oder unzerkleinert mit Runkelblättern verfüttert, um Durchfall zu verhüten. Der Neujahrswunsch

iͤch weïnsch ůx gliͤkk	*Ich wünsche Euch Glück*
in ůiwən jōr:	*im neuen Jahr:*
vealə sprī ůn ewwərkoar!	*viel Spreu und Oberkar!*

will sagen, daß dem Beglückwünschten eine reiche Ernte zuteil werden möge. Außerdem ist aus diesem Wunsch ersichtlich, daß in früheren Zeiten die Lautform gsp. joar (Jahr) gegolten haben dürfte.

Spreu

Die beim Dreschen abfallenden Hülsen der Körner von Roggen, Weizen, Hafer ist die eigentliche Spreu; aber auch die Haime der Gerste werden hinzugerechnet. Ist der Nährwert auch verhältnismäßig gering, so wird die Spreu doch – meistens mit gemahlenen Runkeln vermischt – mit verfüttert. Wie wenig wertvoll Spreu ist, ergibt sich aus der Bezeichnung

Maihåwwər gëtt šprīhåwwər — *Maihafer gibt Spreuhafer*

der lohnt kaum das Nachhausefahren. Gerstenhaime werden von den Kühen ungern gefressen. Deshalb wird eine Siede angesetzt, das heißt in einem Stutz oder einer Gelte werden die Grannen/Haime mit heißem Wasser übergossen und von einer Mahlzeit zur andern – also einen Tag oder eine Nacht – stehengelassen, wodurch die Haime aufweichen. Schließlich sei noch daran erinnert, daß die Kinder den Gickelhahn, der ja die Osteier »legt« und deshalb am Ostersonnabend auf den Schwanz geschlagen wird, während der übrigen Zeit des Jahres mit

krikərikī – schißt in də šprī — *Kikeriki – scheißt in die Spreu*

gehänselt wird – besonders bei ununterbrochenem Krähen als Antwort auf benachbarten Hahnenschrei.

Die Hülsenfrüchte

sind bei der Darstellung des Flegeldrusches unberücksichtigt geblieben, weil sie nur noch eine untergeordnete Bedeutung haben. Bis zur Einführung der Kartoffel, in Westthüringen gegen 1770, waren sie Hauptnahrungsmittel.

Bohnen, Erbsen, Linsen als Gesamtheit heißen gsp. kéchəls. Das hat nichts mit »Gekochtem« zu tun, da die Antwort auf eine entsprechende Frage lautet: »iͤch hån kéchəltəs gəkoxt = ich habe Kécheltes gekocht«. Und dieses »Kecheltes kochen« meint keine bestimmte der drei Hülsenfruchtarten, sondern irgendeine.

Noch heute ist »das Auslesen« von Bohnen, Erbsen, Linsen eine wichtige Beschäftigung aller Familienmitglieder an langen Winterabenden. Auf die Mitte des unbedeckten Tisches wird ein Haufe aufgeschüttet, und jeder zieht eine Handvoll an sich heran, um die untadeligen Bohnen, Erbsen, Linsen von kranken, sowie von Unkrautsamen und Schmutz auszusondern. Dann kommen die wertvollen Hülsenfrüchte in den dafür bestimmten Sack oder auch in eine Schüssel, die schlechten mit dem Unkrautsamen in eine Futterwanne, der Schmutz in den Abfalleimer. Oft wird dabei festgestellt

arbsən, liͤnsən, biͤnnərchən	*Erbsen, Linsen, Böhnerchen*
frassən ůnsə schwinnərchən	*fressen unsere Schweinerchen.*

Selbstverständlich waren sie als Viehfutter viel zu wertvoll, sondern sie dienten fast ausnahmslos der menschlichen Ernährung. Kinder, eßt Böhnerchen – da gibt es dicke Wänsterchen (Bäuchlein). Ein anders Sprüchlein sagt

arbsən, liͤnsən, bůnn, bůnn, bůnn:	*Erbsen, Linsen, Bohn, Bohn, Bohn*
häng də scherzəl in də sůnn!	*Hänge die Schürze in die Sonne!*
häng sə niͤch zů huəx,	*Hänge sie nicht zu hoch,*
sůst kiͤmmt dr dîkkə fluəx.	*sonst kommt der dicke Floh.*
häng sə niͤch zů nëddəriͤj –	*Hänge sie nicht zu niedrig –*
do kiͤmmt dr klainə Frëddəriͤch.	*da kommt der kleine Friedrich.*

Dem Außenstehenden der bäuerlichen Denkweise wird schwer erkennbar sein, daß es sich hier um ein sexuell betontes Spottverschen handelt.

Unter Bohnen waren ursprünglich nicht die heute damit bezeichneten Busch- und auch nicht die Stangenbohnen gemeint, denn die kamen erst 1633 aus Südamerika nach Deutschland. Es handelte sich um die Kutzbohne (Vicia faba L. – Acker-, Puff-, Saubohne), die bereits zu Beginn der Jüngeren Steinzeit vor etwa sechstausend Jahren angebaut worden ist. Aus ihr wurde Suppe gekocht, gemahlen ergab sie einen herbschmeckenden Bohnenbrei, konnte aber auch zum Strecken des Brotmehls verwendet werden. Welche Wirkung der Genuß von Bohnen hat, sagt »jedəs bēnchən gëtt ënn dēnchən – Jedes Böhnchen gibt ein Tönchen«, ein zweifellos aus dem Gemeindeutschen »abgesunkenes« Sprichwort, das aber in irgendeiner Form auch grundsprachig vorhanden gewesen sein wird.

Mehr Volkskundliches schließt sich an die inzwischen heimisch gewordenen Busch- und Stangenbohnen an, zumal es von ihnen weiße, gelbe und gefleckte gibt. Sie wurden deshalb beim Kartenspiel als Zahlungsmittel verwendet. Dabei erhielt jeder der beiden Spieler eine gleiche Anzahl, von der er entsprechend seines Verlustes eine feststehende Stückzahl an den Mitspieler abzugeben hatte. Vielfach wurden sie auch beim Mühle- und Damespiel an Stelle der Spielsteine verwendet.

Kinder haben oft die Unart, die schön glatten Bohnen in Nase und Ohr zu stecken, die dann mit vieler Mühe entfernt werden müssen. Darauf bezieht sich die Frage an einen Schwerhörigen oder richtiger Nichthören-Wollenden

häst wůll bi̊nnərchən in dn uərn?	*Hast wohl Böhnerchen in den Ohren?*

Die auf großen Flächen angebaute Kutzbohne wird wie das Getreide mit dem Dreschflegel gedroschen. Das Stroh erhalten fast ausnahmslos nur Pferde und Schafe unzerkleinert vorgelegt, die letzteren vielfach auch noch mit den vollen Schoten. Die Kutzbohnen geben ein ausgezeichnetes Viehfutter ab, als Schrot dienen sie zur Steigerung der Milchleistung, werden aber auch Kühen und Schweinen als Mastfutter gegeben. Stellt sich ein Mensch störrisch und halsstarrig, dann heißt es wohl: »du häst wůll bůnnštruə gəfrassən? – Du hast wohl Bohnenstroh gefressen?«

Die nur in kleinen Mengen angebauten Buschbohnen werden nach der Ernte zu kleinen Bunden vereinigt und an einem Nagel an der hofseitigen Hauswand oder an der Wand eines Wirtschaftsgebäudes zum Nachtrocknen aufgehängt. Nach völligem Trocknen nimmt man sie ab und knaifelt die Bohnen aus.

In Mitteldeutschland sind Erbsen seit der Jüngeren Steinzeit gegen 3500 vZtr. bekannt. Darüber habe ich ausführlich in »Sind wir Germanen?« auf den Seiten 341 ff. gesprochen. Seitdem sind sie vielfach gezüchtet worden, so daß die Ackererbse heute nur noch fallweise im Haushalt Verwendung findet. An ihre Stelle ist inzwischen die Zuckererbse getreten.

Das Ausdreschen geschieht in der gleichen Weise wie bei Kutzbohnen und den verschiedenen Getreidearten. Beim Erbsenlesen wird eifrig darauf geachtet, daß die wenig schmackhaften und bei ausschließlichem Genuß gesundheitsschädlichen Kicherlinge ausgeschieden werden. Die früher viel angebaute Stockerbse, Pisum arwense L., schmeckt bitter, gilt aber geschrotet als vorzügliches Mastfutter.

Altüberliefert ist der Verbrauch der Erbsen in Mehlform. Sie ergibt den oft mit Möhren abgeschmeckten Erbsbrei. Im übrigen wird die Erbse hauptsächlich als Suppe verwertet, wurde in Notzeiten aber auch zu einem geringen Teil dem Brotmehl beigemengt.

In der Viehzucht werden gekochte Erbsen besonders den Gänsen aber auch den Schweinen gegeben, die dadurch ein zarteres Fleisch erhalten sollen. Am bekanntesten ist sie als Taubenfutter. Darüber berichten auch unsere verschiedenen Märchen, besonders das von Aschenbrödel.

Das Erbsstroh gilt als gutes Futter besonders für Kühe und Schafe. In Flarchheim wurde früher Jahr für Jahr am Nisteltag (22. Februar) der »Erbsbär« von einem Bärenleiter durchs Dorf geführt. Er war ganz mit Erbsstroh umwickelt, benahm sich wie ein Tanzbär und heischte milde Gaben. Der Bär wird als Bewohner kalter Gegenden gedacht, wo sich das Totenreich befinden soll, von denen der Bär zu den Lebenden kommt, angeblich von den Verstorbenen berichtet und zu ihrer Erquickung irdische Güter einheimst.

Noch immer nur landwirtschaftlich werden Linsen angebaut. Sie werden deshalb auch genau wie das Getreide mit dem Dreschflegel entkörnt. Ebenso wie bei Kutzbohnen und Erbsen darf nicht allzu sehr aufgeschlagen werden, weil sie sonst zerbröckeln. Das Auslesen der Linsen in den Winterabenden ist das gleiche wie bei Bohnen und Erbsen. Bei ihnen muß auf die Bettelläuse geachtet werden, die oft in großen Mengen unter ihnen wachsen. In der Küche ist diese Hülsenfrucht beliebter als Bohnen und Erbsen, da sie weniger mehlhaltig ist. Aber

<table>
<tr><td>liͤnsən –</td><td>Linsen –</td></tr>
<tr><td>deï diͤnsən.</td><td>die dinsen (blähen).</td></tr>
<tr><td>deï koxən</td><td>Die kochen</td></tr>
<tr><td>viͤr woxən:</td><td>vier Wochen:</td></tr>
<tr><td>sin hårt wī də knoxən.</td><td>sind (immer noch) hart wie die Knochen.</td></tr>
</table>

Wenn schon bei Bohnen und Erbsen möglichst kein Brunnenwasser verwendet werden soll, so verwendet die Hausfrau bei Linsen möglichst fließendes Wasser aus dem nahen Bach, da dieses weicher ist.

Linsen werden sowohl in Breiform, als auch in einer mit Zwiebeln und Hotzeln (Dörrpflaumen) und Blutwurst angereicherten Suppe gegessen. Besonders werdende und stillende Mütter sollen oft Linsen essen, da sie als menschliches »Milchfutter« gelten. In der Flarchheimer Sage vom Topf mit den kochenden Linsen im Haferfelde und dem daneben wachenden schwarzen (Teufels)Hunde wird die Wertschätzung dieser Hülsenfrucht deutlich. Das Linsenstroh ist das wertvollste aller der Hülsenfrüchte. Es wird besonders gern an Kühe und Schafe verfüttert.

Hier sei noch eingefügt, daß Hülsenfrüchte besonders an den Kieber verkauft wurden. Er kaufte ja stets nur kleinste Mengen auf, und meistens konnte von dieser früher die Kartoffeln vertretenden Nahrung nicht allzu viel abgegeben werden.

Der Mohn

Von den übrigen Feldfrüchten verlangt nur der Mohn eine besondere Behandlung. Angebaut wurden nur verschiedene Arten des Schließmohns, weil beim vordem angebauten Schüttelmohn die Kapseln beim Reifen aufspringen und der Wind die Mohnkörner leicht verstreut. Die Mohnkapseln wurden im Felde abgeschnitten und in einem Sack gesammelt, dann zu Hause an einem trocknen und luftigen Ort nachgetrocknet. Sobald sie völlig trocken waren, wurden die Kapseln über einer Holzwanne aufgeschnitten und ausgeschüttelt, und im Sieb von Spreu und Schmutz gereinigt.

Mohn wurde und wird auch noch heute entweder als Kuchenaufguß verwendet und ergibt dann den Mohnkuchen – oder er wird mit einfachem Teig zu einem Napfkuchen gewickelt. Um das beliebte Mohnöl zu erlangen, wurde der weite Fußmarsch zur Grundmühle bei Nazza jenseits des Hainichs nicht gescheut, wo neben anderen Ölfrüchten auch Mohn geschlagen wurde. Das Mohnstroh wurde verbrannt.

Die Strohdocke

Sie wird überall dort angewendet, wo es ein Loch zuzustopfen gilt. Am wichtigsten war vor Beginn des Winters das Verstopfen des Zwischenraums zwischen Dach und Fußboden auf dem Obersten Boden, wo sich die Körnerhaufen befinden, damit bei Steiperwetter der Schnee nicht auf diese geweht und Feuchtigkeit hervorrufen kann. Auch die Luftlöcher in den Pferde- und Kuhställen werden bei strenger Kälte mit Docken geschlossen, damit die Stallwärme zusammengehalten wird. Auch das Fülloch des hölzernen Pfützenfasses wurde mit einer Docke verstopft, wenn nach dem Füllen der hölzerne Stöpsel gerade nicht zur Hand oder verlorengegangen war. Die Herstellung ist denkbar einfach. Eine Handvoll Kornstroh wird mit den Storzelenden auf die Erde oder den Wagen gestoßen, damit die Halme etwa gleichmäßig sind. Dann wird etwa ein Drittel von untenher umgeknickt und das verbleibende Zweidrittel auf der Hälfte abermals. Das dadurch entstandene obere Drittel mit den leeren Ähren wird um die nun unteren Zweidrittel herumgewunden und mit der Spitze hinter das so entstandene Band geschoben. Die Docke ist fertig.

Das Seilemachen

Seile waren zum Binden der Garben bei der Getreideernte erforderlich, solange dazu kein gekauftes Bindegarn verwendet wurde. Die Arbeit begann bei schlechtem Wetter bereits im Herbst, wenn auf dem Felde nicht geschafft werden konnte, und dauerte oft über den ganzen Winter. Bei geringer Kälte wurden Seile in der Scheune, mit Einbruch der Kälte jedoch im Kuhstall »gemacht«. Jeder Bauer wußte ungefähr, wieviele Seile benötigt wurden und richtete seine Arbeit danach.

Der Seilemacher trug eine Scheete heran, legte sie auf die Erde und öffnete die Scheetenseile. Dann nahm er eine Handvoll Halme heraus, knickte sie so unterhalb der leeren Ähren, daß der längere Teil mit den Storzelenden etwa 80 cm betrug, und teilte sie gleichmäßig. Während nun die linke Hand das Ganze hielt, schlug die rechte eine der Hälften um das kurze Ährenteil und schlang dies in einem Kreuzknoten zusammen. Um den Knoten recht haltbar zu machen, wurden dann beide Langteile auseinander festgezogen. Es gibt verschiedene Arten der Weiterarbeit. Der eine Seilemacher faßt den Knoten mit der Linken und fächert mit der Rechten die eine Hälfte während des Drehens vom Knoten bis zum Storzelende auseinander. Dann klemmt er die fertige Hälfte unter den linken Arm und betätigt die andere Hälfte in gleicher Weise. Ein anderer klemmt gleich von Anfang an den Knoten unter den linken Arm und benutzt beide Hände zum Drehen vom Knoten bis zum Storzelende, wobei die Rechte die Seilhälfte ebenfalls auseinanderfächert. Die zweite Seilhälfte wird gleicherweise bearbeitet. Ein anderer wirft die eine Seilhälfte über die rechte Schulter, zieht sie über den Rücken und klemmt sie von hintenher unter den linken Arm. Er dreht ebenfalls mit beiden Händen, wobei die rechte die Seilhälfte auseinanderfächert. Ist die eine Seilhälfte fertig, dann wird umgekehrt die zweite in Angriff genommen. Ein Linkshänder arbeitet natürlich bei allen drei Herstellungsweisen entsprechend entgegengesetzt. Der letzte Arbeitsgang ist bei allen drei Verfahrensweisen der gleiche. Jede Hand faßt eine der Seilhälften, die vor dem Leib in der Luft schweben, und stößt die Storzelenden so ineinander, daß sich die Storzel der beiden Seilhälften ineinanderschieben, was den erforderlichen Halt ergibt. Nun wird das fertige Seil auf den Haufen geworfen. In manchen Familien war es üblich, keinen Knoten zu knüpfen, sondern die leeren Ährenteile nur einzuknicken; dann aber mußten beide Seilteile gleich am Arbeitsanfang umgeschlagen werden. Derartig gefertigte Seile haben den Vorteil, daß gebrauchte sich leichter aufmachen und erneut zu Seilen verarbeiten lassen.

Ergab es sich während der Getreidemahd, daß die Menge der gefertigten Strohseile nicht ausreichte, dann wurde aus Zeitmangel für die restlich benötigte Anzahl auch lediglich der Kreuzknoten geknüpft, ohne daß ein Drehen der beiden Seilhälften erfolgte. War der Haufen der fertigen Seile einigermaßen gewachsen, dann wurden Schocke (also sechzig Stück) abgezählt und mit zwei Strohseilen zusammengebunden. Darauf hackte der Seilemacher mit der Barte auf dem Hackklotz die Storzelenden glatt. Die Schocke wurden in der Scheune oder einem andern Wirtschaftsgebäude an trockener Stelle bis zur Ernte aufgehoben.

Aber selbst gebrauchte Seile wurden wieder verwendet. Sie wurden erneut gedreht, wobei notfalls die Seilhälften durch einige Halme verstärkt werden mußten. Manchmal wurden stattdessen zwei gebrauchte Seile zu einem neuen zusammengedreht. Während dieser Arbeit wurden sie in bessere und geringere (kürzere) geschieden. Die letzteren hießen »Kleeseile«, die auch Zinkenseile (geknacktes Reisig) ergaben. Um diese minderwertigen Schocke kenntlich zu machen, wurden sie nicht mit nur zwei, sondern mit drei Seilen zusammengebunden. In keiner Weise mehr brauchbare Seile mußten aufgeknüpft werden. Denn nun wurde dieses Seilstroh als Streu verwendet. Der Bauer wird freilich seinen Haustieren nie Strohknoten unterwerfen, die ja übrigens auch im Mist hinderlich gewesen wären.

In Haus und Hof fanden Strohseile überall da Verwendung, wo starke Stricke erforderlich, aber nicht zur Hand waren. So wurden junge Obstbäume stets mit einem Strohseil kreuzweise an den Baumpfahl befestigt, um auf diese Weise bei starken Stürmen das Scheuern am Pfahl zu verhindern. Im Herbst wurden junge Obstbäume von der Erde bis zum Beginn der Äste mit Strohseilen umwunden, damit sie die Winterkälte abhielten. Ganz allgemein war es bis zum Ende des neunzehnten Jahrhunderts üblich, statt mit einem Leibriemen den damals üblichen Spanskittel (blauer Arbeitskittel) mit einem Strohseil zusammenzuhalten. In der Tierzucht findet das Strohseil dann Anwendung, wenn eine kranke Kuh nicht nadert (wiederkäut). Um den Unterkiefer gefunden, wird die Kuh zu Kaubewegungen gezwungen, was die Speichelabsonderung hervorruft und vielfach die Krankheit behebt.

Auch im Brauchtum fanden Strohseile immer wieder Verwendung. So wurde während der Flachskirmse jeder in die Nähe der arbeitenden Frauen kommende Mann mit einem Strohseil »gebunden« und mußte sich loskaufen. In älteren Zeiten, als in Flarchheim noch einige Freigüter vorhanden waren, geschah dies auch am Beginn der Getreidemahd. Tragfaule Obstbäume wurden in der Heiligabendnacht mit einem Strohseil oder doch mit einem Riedel Halme Kornstroh umbunden, damit sie sich vor den anderen schämten; zum Anreiz für besseren Ertrag im kommenden Jahr bekamen sie außerdem einen Pfennig in eine Faulstelle zugesteckt.

auslesen (ūslasən – Ztw.) = solange Hülsenfrüchte noch die Hauptnahrung besonders zur Winterzeit darstellten, also bis gegen 1770, aber auch noch bis zum Ersten Weltkrieg, war das Auslesen der Hülsenfrüchte eine wichtige Abendbeschäftigung, zu der auch die Nachbarn zum Helfen kamen. Heute werden noch immer »də somənkårtůffəl ūsgəlasən = die Samenkartoffeln ausgelesen«. Und auch Äpfel, Birnen usw. werden ausgelesen. – Es ist deutlich, daß in gsp. ūslasən noch die urzeitliche Bedeutung nachwirkt: mhd. lësen, ahd. lësan (auswählend sammeln, aufheben), in Germanischen ags. lesan, gt. (ga)lisan (zusammenlesen, sammeln). Die Bezeichnung »Ähren lesen« ist eine verunglückte Verdeutschung, denn es heißt: »meï hån gəiͤrt = wir haben geährt«.

Bettellaus (battəllūs – w.) = Frucht mit Samen des mit Linsen innigst vergesellschafteten Ackerunkrauts Orlaya grandiflora Hoffm., die einer Kellerassel ähnelt, doch etwas kleiner ist. Sie sitzt mit kurzem Stiel am Pflanzenstengel (nicht in Schoten oder Hülsen), ist an der Unterseite mit kurzen Stacheln bewehrt und hängt sich deshalb leicht an Kleider der Menschen oder Haare der Tiere und wird so leicht verschleppt. Merkwürdigerweise fürchten sich manche Menschen vor der Bettellaus.

Kicherling (kéchərliͤng – m.) = Kichererbse, Cicer arietinum L., vor der »Hoch«deutschen Lautverschiebung aus lat. cicer (Kicherling) entlehnt. Sie ist etwas kleiner und platter als die Gemeine Erbse und wird beim winterlichen Erbsenlesen ausgesondert und verfüttert. Als Deutsche Kicher oder Kicherling, Lathyrus sativus L., wurde sie früher mehrfach als Grünfutter angebaut. Beim öfteren Verspeisen oder Verfüttern des Kicherlings stellen sich lähmungsartige Erkrankungen ein. Die Griechen kannten zwei Arten des Kicherlings: erébinthos und órobos.

knaifeln (knaifəln – Ztw.) = Hülsenfrüchte mit den Fingern auspuhlen. Umgekehrt werden auch Kirsch- und Zwetschensteine herausgeknaifelt, um das Fruchtfleisch zu gewinnen. – Das in dieser Bedeutung unbekannte Wort ist Iterativ zu einem vorgerm.-ideur. Wort, das lit. kneĩbiù (ausklauben, ausstochern) belegt, aber aus ideur. +qnēi (kratzen, schaben) stammt. Für unsere sprachgeschichtlichen Untersuchungen ist hochbedeutsam, daß der gleiche Vorgang in der Vogtei Dorla und in Kammerforst gsp. naifeln heißt, also die Germanische Lautverschiebung k>h durchlaufen hat. Siehe »Mit unserer Sprache« Seite 69.

Oberkar – »Bauer als Ackermann« Seite 186.

Quern (kwarn – w.) = Mühle, noch enthalten im Flurnamen »ån dr kwārn = An der Quern« im westlichen Ausgang der Dorfgasse »Trift« südlich des ersten aufsteigenden Feldwegs. Die dort seit 1835 befindliche Mühle Arnold's brannte 1886 infolge Blitzschlags völlig nieder. In der Heroldishausener Flur in Richtung Seebach gab es die Kleine Quern und die Stridquern. Auch der Flurname »ůff dr kwariən« am Kammerforster »Ferstwāgh« erinnert vermutlich an eine Windmühle. – Das Wort ist rein germanisch-deutsch zu mhd. kürn, ahd. churn, quirn(a), as. quërn und im Germanischen ags. cweorn, an. kvërn (daraus schwed. kvarn), gt. = qaírms (steinerne Handmühle, später Wasser- oder Windmühle) aus ideur. +qu̯er (schwer). Der Gleichklang gsp./ schwed. kwarn läßt urnordischen Zuzug gegen 150 nZtr. in unsern Landschaftsraum vermuten.

Schrot (schruət – s.) = grobgemahlenes Getreide. – *schroten* (schruətən – Ztw.) = Getreide gleich welcher Art grob mahlen. Auch Mäuse schroten, wenn sie an einen Getreidehaufen geraten. – *Schrotsäge* (schruətsain – w.) etwa zwei Meter lange zweihändige mit Wolfszähnen oder Stockzähnen versehene bügellose Säge, die grobe Sägespäne erzeugt. – Das Wort wurde zwar bearbeitet, jedoch die verschiedensten Bedeutungen hat man dabei durcheinander geworfen, so daß keinerlei Klarheit über die tatsächliche Herkunft gewonnen wird. Zuerst muß man sich bewußt machen, wie denn früher geschrotet wurde. Das geschah noch am Beginn des neunzehnten Jahrhunderts durch Stampfen der Körner in einem Holzzylinder. Entsprechend ist beim Etymologisieren vom Begriff des Stampfens auszugehen. Tatsächlich liegt zugrunde ideur. +(s)kreut (stampfen, klopfen)… daraus in der vorgerm.-ideur. Lautverschiebungsreihe t>s>r>l>n ideur. +krus (stampfen, schlagen) in lit. krùšti (zerstampfen, zerstoßen), kruštìnė (Brei aus Gerstengrütze, nämlich aus »Zerstoßenem«) mit Zubehör. In der vorgerm.-ideur. Lautverschiebungsreihe t>p>k>s bildete sich aus ideur. +(s)kreut (stampfen, klopfen) beispielsweise lett. skrupata (ein Krümchen), russ. krupa (Grütze, Graupen), krupnyj (grobkörnig), lit. kruopà (Grützkorn), kruõpos (Grütze) aus wruss. krupa. Im deutschen Vorgermanisch schob sich das ideur. +(s) kreut (stampfen, klopfen) in der Lautverschiebungsreihe t>p>k>s weiter zu gsp. schruət (»Zerstampftes«), um aus einer Grundsprache 1595 erstmalig aufzusteigen zu nhd. Schrot (grobgemahlenes Getreide). Sämtliche von der Etymologie außerdem aufgeführten Belege haben mit dem Getreideschrot nichts zu tun.

stopfelning (štopfəlni̊ng – Mw.) = nur hinsichtlich des Gehens verwendetes allein mitteldeutsches Mittelwort. Ein Mensch geht stopfelning, daß heißt ruckweise die Beine hebend und oft stolpernd. Auch manches Pferd geht stopfelning, wenn es mit Weizen oder Gerstenkörnern gefüttert worden ist. – Das nirgends belegte Wort ist vorgerm.-ideur. in der Bedeutung »steif gehend«, nur erkennbar in lit. čiópti (wonach tappen), túpčioti (fortgesetzt knicksen), pa-tupiniúoti (eine Zeitlang auf schwachen, knickenden Beiden herumgehen). Das Mittelwortsuffix -ning deutet stets an, daß außerhalb des eigenen Willens wirkende Kräfte die betreffende Haltung oder Handlung verursacht haben.

Wirrbündel – »Bauer als Ackermann« Seite 172.

Bäuerliche Handwerksarbeit

Der Bauer ist selbstverständlich in erster Linie Ackermann und Viehzüchter – aber im bäuerlichen Haushalt treten doch dermaßen viele handwerkliche Aufgaben an ihn heran, die bewältigt werden wollen, daß er sich ihnen mit mehr oder weniger Geschick, mit größerer oder geringerer Hingabe widmen muß. Das jeweilige Können hat der Bauer entweder vom Vater oder Großvater ererbt – oder auch einem Handwerker abgeguckt, und dies in umfassenderer Weise als gewöhnlich angenommen wird.

Während die Feldarbeit drussen (draußen) vor sich geht, hat er die verschiedensten Ausbesserungs- und Flickarbeiten hinne (drinnen) vorzunehmen, nämlich in Stube oder Haus-Ern, auf der Miste oder auf der Hoferaite, im Stall oder in der Scheune oder in einem Wirtschaftsgebäude. Selbstverständlich sind die handwerklichen Fähigkeiten verschieden: der eine ist geschickter als der andere – der eine erledigt sie freudiger als der andere. Das ist je nach Veranlagung ungleich und wird von den Dorfbewohnern auch wenig oder nicht beachtet.

Wer ununterbrochen geschäftig ist und sich keine Ruhepause gönnt, der ist ein gsp. werjər (Werger), und wer auch die schwerste und kaum zu bewältigende Arbeit zu schaffen versucht, der wird als gsp. wiͤkər (Wieker = Kämpfer) bezeichnet. Von einem solchen ununterbrochen schaffenden Menschen wird auch erklärt, »ha scherjt doag ůn noaxt = er schürgt Tag und Nacht« und erregt ein solcher Wühler dadurch Mißfallen bei seinen Mitmenschen, dann heißt es in abfälligem Sinne: »dar kånn åi dn håls niͤch vůll gənůng gəkrī = der kann auch den Hals nicht voll genug kriegen (gekriege)«. Wer dagegen schlecht oder langsam arbeitet und zu keinem Ergebnis kommt, der braucht für Spott und Hohn nicht zu sorgen. Die Frage »wī långə wiͤßt an nåx mār = wie lange willst (du) denn noch mären?« ist noch die gelindeste Anspielung auf die Langsamkeit eines solcherart Arbeitenden. Ein solcher Arbeiter »buppərt dō riͤm = buppert da herum« und bringt doch nichts zustande. Besteht die Gefahr, daß das Werkstück verdorben wird, dann heißt es: »wås morkst an nuər wēdər əmōl zəsåmmən = was murkst (du) denn nur wieder einmal zusammen?!« Hat das Werkstück kaum eine oder überhaupt keine Ähnlichkeit mit der gewünschten Form, dann ist »gəforkst« worden, aber ein solcherart zusammengeforkster Gegenstand kann meistens doch noch verwendet werden. Dagegen bringt ein Fuscher durchweg nur völlig Unbrauchbares hervor.

Ist – beim Einbohren der Zinkenlöcher in den Rechenbalken – »ënn bōl = ein Bohl«, ein Fehler entstanden und dadurch das ganze Werkstück unbrauchbar geworden, dann ist es »vərbōlt = verbohlt« und muß durch ein anderes ersetzt werden. Wenn überhaupt kein neues Werkstück anzufertigen, sondern ein vorhandenes nur auszubessern oder wieder in ordentlichen Zustand zu bringen ist, dann fuggelt der Bauer solange an ihm herum, bis er sein Ziel erreicht hat. Findet der Arbeitende dabei aber kein Ende, dann ist diese Tätigkeit ein »herumfuggeln«. Dagegen wird das Reiben, Glänzen, Scheuern von Messing, Silber, Kupfer als »fummeln« bezeichnet.

Versucht der Bauer sein Werkstück in gleicher Güte wie der gelernte Handwerker herzustellen, und es gelingt ihm auch, dann ist jederman des Lobes voll. In diesem Fall nimmt ihm niemand übel, wenn er lange herumbuzelt, ehe er den richtigen Schick hineingebracht hat. Aber dieses Buzeln wird vielfach – um sich von anderer Arbeit zu drücken – zum spielerischen »bůitsəln«, und das wird mit Recht von jedermann übel vermerkt. Ist das Werkstück wirklich handwerksgleich geworden, dann rühmt sich der Verfertiger mit einem bescheidenem »gallə, do gukkst də = gelt, da guckst du?!«

Zeitraubende und mühselige, wohl auch über die Maßen anstrengende Werkarbeit ist »ënnə schingəreï = eine Schinderei«. Erfordert sie viel Geduld und Überlegung, dann ist sie piepelig. Dagegen ist alles Langweilige bei besonderer Winzigkeit eine Mimelarbeit, wenn beispielsweise Gras und Unkraut aus enggesäten Gemüsepflanzen herauszuzupfen oder in Staub und Erde gefallene kleinste Nägel herauszulesen sind. Sind bei einer Werkarbeit alle Feinheiten herauszuholen, dann ist dies entsprechend dem obigen »buzeln« einen Bozelarbeit, eine Bozelei. Ganz allgemein ist zu sagen, daß der westthüringische Bauer das Wort »arbeiten« selten verwendet; er spricht stattdessen vom »tun«: »důkk wås = tue etwas!«, werke und schaffe! Das nicht ernstzunehmende »tun« erscheint als dundeln und in völlig abschätziger Bedeutung duindeln. Ist dieses Schaffen mit Nässe verbunden, muß jemand meeken, bevor es beendet ist. Muß er dabei im Wasser manschen, dann ist damit das Höchstmaß des Unangenehmen ausgedrückt, zəsåmməngəfēkst.

Mancher versteht aber keine Ordnung zu halten. Er kepert sein Arbeitsgerät so durcheinander, daß ein wahres Gekeejer entsteht, was den Zugang zu hinteren Stücken unmöglich macht, weil es jedes Darüberlangen ausschließt. Besonders Stangen, Bretter und bäuerliches Handwerksgerät steezelt er dermaßen in- und durcheinander, daß eine wahre Wüstenei entsteht. Aber zum »Wüstenberger« wird ein solcher Mensch erst, wenn er alles verkommen läßt, wenn seine Unordnung zum Zerstören und Zerbrechen solchen Gerätes führt. Hier nun eine Merkwürdigkeit: in der wohl stärker germanisch betonten Vogtei Dorla steezelt der Bauer die fruchtschweren Äste seiner Obstbäume, während sie wie auch die Wäschesiemen in Flarchheim »gestiffert« werden. Ist etwas aufzustapeln und geschieht dies unordentlich, dann ist es »ënn bēkər håifən = ein beeker Haufen«, nämlich ein unordentlich aufgestapelter. Deshalb ist ein noch zur ordnungsgemäßen Werksarbeit ungeschickter kleiner Junge »ënn rͤichtjər bēks = ein richtiger Beeks«. Die germanische Bezeichnung ist nirgends belegt, für sie ist erhalten in gsp. fēksən, Fəksər.

Gehen wir nun zu den einzelnen Werkarbeiten über, die der Bauer selbst anfertigt oder die doch von einzelnen handwerklich Geschickten für den Eigenbedarf selbst ausgeführt werden.

Stiele

Der Bauer »besorgt sich« seine Stiele aus dem Walde selbst. Für Mist-, Kartoffel- oder Grewwelgabeln, sowie für Schaufeln bevorzugt er Salweide, weil diese zäh und leicht ist und nicht oft bricht. Gleich nach dem Schnitt werden diese Stiele leicht gebogen, was solange wiederholt wird, bis sie die Form behalten. Für Rechen, Handhaben und Reichgabeln werden Haselnußschößlinge, für letztere auch Weiden oder Esche gewählt, aber nicht gebogen. Die Stiele für Rechen und Handhaben müssen jedoch ein gabelförmiges Ende besitzen. Alle diese Stiele kommen gleich nach dem Backen in den Gemeindebackofen, in dem noch stundenlang genügend Wärme vorhanden ist, damit sie »gəbiət = gebäht« werden können. Dadurch springt die Rinde ab und der Saft dorrt aus, so daß sie nun genügend zäh und spröde sind, um verarbeitet werden zu können. Die Eisenteile der Mist-, Kartoffel-, Reichgabeln und Schaufeln kauft der Bauer fertig, setzt sie aber selbst auf die vorbereiteten Stiele und befestigt sie mit Nägeln. Für Rechen läßt er den Zinkenbalken beim Dorftischler anfertigen, wenn er selbst nicht genügend Geschick dazu besitzt; die endgültige Fertigung jedoch liegt bei ihm selbst.

Für Flederfittichstiele werden Haselnußschößlinge gewählt, diese jedoch weder gebogen noch »gəbiət = gebäht«. Sie werden in noch frischem Zustand an einem der beiden Enden gespalten, worauf der vorbereitete Gänsefittich eingefügt und festgenagelt wird. Ein Gänseflügel wird vorher zum Fittich auseinandergefächert und getrocknet, wobei er die erforderliche Breite erlangt. Rechen werden heute vielfach aus Fichtenstangen angefertigt, wobei die Gabel durch Spalten mit der Säge an einem der Stielenden entsteht.

Völlig anders sind die Stiele für Spaten, Äxte, Beile und Barten, sowie Hämmer, die zwar ohne Ausnahme heute mit Stiel gekauft werden. Aber noch zu Beginn des zwanzigsten Jahrhunderts wurden durchweg nur die Eisenteile gekauft, und noch heute sind die Stiele fallweise durch neue zu ersetzen. Dazu wird aus dem jährlich aus dem Walde zugeteilten oder erworbenen Brennholz ein Weißbuchen-Stammstück ausgewählt, weil nur dieses die erforderliche Zähigkeit und Festigkeit besitzt. Ein Stammstück von einer jungen Weißbuche ist in der Faser noch zu locker und entspricht nicht den Erfordernissen. Für Spaten kann – oder wird vielfach – Rotbuche verwendet werden. Mit einer Axt wird aus einem Huller (einem walzenförmigen Stück) oder einem Scheit dieser Holzarten ein Stück in der erforderlichen Größe herausgespalten und anschließend auf der Schnitzbank, die wohl in keinem Bauernhaus fehlt, zugerichtet. Ist der Stiel in das Werkstück eingepaßt, dann wird entweder längs oder quer ein Riß eingespaltet. Nachdem Axt, Beil oder Barte, Hammer aufgesetzt worden ist, wird ein keilförmig zugerichteter Holzspliß eingetrieben, um Eisen- und Holzteil fest miteinander zu verbinden. Der Spatenstiel erhält am Ende einen Quergriff, und im Eisenblatt wird er mit einem Nagel befestigt.

Da die Gemeindefluren oft sehr weitläufig sind, wurde früher häufiger als heute von Männern ein Gehstock verwendet, der auch zum Tragen eines »Schocks Seile« dienen konnte. Diese einfachen Feld-Gehstöcke fertigte der Bauer selbst an und zwar durchweg aus Haselnußschößlingen. Mein Vater besaß einen solchen, der aus dem Wurzelende einen Nebenschößling getrieben hatte, am Ansatz stehengelassen und von ihm kurz beschnitzt worden war, so daß eine Teufelsfratze mit Bart entstand. Meistens diente jedoch eine kunstlose Gabel, bei der die Arme etwa fünf bis sechs Zentimeter stehenblieben, als Gehstock. Um ihm einen besseren Halt zu geben, wurde vielfach am Gabelgriff eine Lederschlaufe befestigt, die beim Gehen über den Handrücken gestreift werden konnte. An dieser Art Gehstöcke blieb die Rinde unverändert.

Holzhauer fertigten während der Arbeitspausen vielfach kunstvollere Gehstöcke. Gleich nach dem Schnitt wurde »də kriͤkkən = die Krücke« gebogen, was vielfach erst nach einigen Tagen gelungen war, weshalb ein solcher Stock nachts im nahen Bach liegen mußte, um nicht auszutrocknen; dabei wurden Stock und Krückenende zwischen Steine gepreßt, um die gebogene

Form zu behalten. War sie erreicht, dann wurde dieser Gehstock über dem offenen Holzfeuer »gəbiət = gebäht«, wobei sich die Rinde ablöste. Fortgesetztes Bähen brachte dann die gewünschte Bräunung.

Bleuel

Er war früher ein wichtiges Arbeitsgerät in zwei verschiedenen Ausführungen. Der kleine Bleuel hieß »wäschblůiwəl = Wäschebleuel«, der auch zum Flachsklopfen verwendet wurde anstatt der zylinderförmigen »klopfkīlən = Klopfkeule«. Beim Wäschewaschen am fließenden Bach wurde nach dem Einweichen solange mit ihm geklopft, bis der größte Schmutz beseitigt war. Der Patschbleuel wurde zum immer wieder notwendigen Glattklopfen des Haus- und des Scheunen-Erns benötigt. Die Bleuelplatte war je nach Verwendungszweck bis 30 cm lang, 25 cm breit und fünf bis acht Zentimeter dick und bestand aus Hartholz, etwa Hainbuche oder Esche. In diese Bleuelplatte war schräg ein Loch zur Aufnahme eines kurzen (Wäschebleuel) oder langen leicht gebogenen Stiels (Patschbleuel) eingebohrt. Ersterer wurde mit einer Hand, letzterer mit beiden Händen betätigt. Der Stiel heißt Handhabe.

Knebel

Er ist ein Hilfsmittel zum Einengen, Zusammenziehen und Festmachen. Der »kneawəl = Knebel« zum Binden der Seilscheete ist etwa vierzig bis fünfzig Zentimeter lang und wenigstens an einem Ende zugespitzt; er ist grundsätzlich entrindet. Bei anderen Arbeiten wird ein in keiner Weise zugerichteter Knüppel als Knebel verwendet, vor allem beim Einfahren von Brennholz aus dem Walde, nämlich Huller und Scheitholz oder auch Wellen. Da die Last des Holzes leicht die gsp. huəχən (Hochen = Rungenstreben) auseinandertreibt, wird vor Beginn des Beladens vorn »eingespannt«, das heißt mit einer Kette werden die gegenüberliegenden Wagenleitern soweit zusammengezogen, daß sich zwischen ihnen und den Hochen ein kleiner Zwischenraum (der »Spielraum«) befindet. Nun wird der Wagenkasten bis zur Kettenhöhe gefüllt, worauf auch das hintere Wagenende mit Ketten zusammengezogen und zusätzlich mit Hilfe eines Spannknüppels eingeengt wird. Eine hochbeladene Wellenfuhre wird zusätzlich noch geknebelt: ein

Pfahl, wie sie zur Begrenzung der Holzhaufen von den Holzfällern eingeschlagen werden, wird als »īnštĕkkər – Einstecker« in der Wagenmitte durch die Wellen getrieben; um ihn herum dreht ein längerer Spannknüppel eine lose über die Wellen gelegte, an den beiden gegenüberliegenden Wagenleitern befestigte lange Kette bis zur völligen Straffung. Nun wird mit einer schwächeren Kette das Ende des Spannknüppels befestigt, damit er sich nicht wieder entspannt.

Kein anderes Holz wird vom Bauern so sorgsam behütet wie das Eschenholz. Findet sich einmal unter seinem Brennholz ein Scheit oder ein Huller dieser Holzart, dann wird sie ausgesondert und beiseite gelegt. Denn an seinen Rechen verschiedenster Größe werden im Verlauf der Ernte immer wieder einmal Zinken abbrechen, die er vorzugsweise aus Eschenholz – und nur in Ausnahmefällen aus Hainbuche – zurechtschnitzen und einsetzen kann.

Leitern fertigt der Bauer heute nicht mehr selbst an, sondern kauft sie entweder in der nächsten Stadt oder vom fliegenden Händler, der einen ganzen Pferde- und heute vielfach Lastkraftwagen voll mit sich führt. Nur Leitern einfachster Art werden auch heute fallweise noch selbst angefertigt, indem auf zwei geeigneten Leiter»bäumen« in entsprechendem Abstand die Spalen aufgenagelt werden. Auch bei den gekauften Leitern bricht selbstverständlich ab und zu eine Spale, für die nun aus Eschenholz eine neue zurechtgeschnitzt und in die Bohrlöcher eingesetzt wird. Spalen sind rund, jedoch nicht geglättet, weil sie sonst dem Fuß keinen Halt geben würden. Zusammengehalten werden die beiden Leiter»bäume« durch die Schäben, die im Gegensatz zu den Spalen bis sechs Zentimeter breit sind, durch den Leiterbaum hindurchführen und außerhalb ein Bohrloch für den Holzkeil besitzen. Auch diese ebenfalls aus Esche bestehenden Schäben werden vom Bauern selbst ersetzt. Das gilt auch für die Wagen»leitern«, die bei der Ernte statt der Dungbretter eingesetzt werden, und deren Schäben ebenfalls aus Eschenholz gefertigt sind.

Tröge

Es ist selbstverständlich, daß größere Tröge für die Fütterung von Pferden, Kühen, Schweinen – die heute weitgehend aus Ton oder Stein bestehen – keine handwerkliche Hausarbeit mehr bilden. Doch noch immer wird hier und da der Hacktrog zum Zerkleinern von Runkeln in kleinen Mengen, von

Disteln und selbst Fett- oder Milchbüschen (Löwenzahn) vom Bauern selbst gearbeitet. Er benutzt dazu Axt und Beil ohne irgendein anderes Werkzeug. Ähnlich entstehen die Wassertröge, die unter den Auslauf der heute in fast allen Bauernhäusern vorhandenen Brunnen als Tränke gestellt werden. Zur Verwendung kommt Eichenholz, vielfach jedoch Buchenholz.

Kleinere Tröge für die »abgesetzten« gsp. fikkəl (Ferkel) vor allem aber Hühner und besonders Gänse, werden – weil sie weitergetragen werden und deshalb leicht sein müssen – gern aus Weiden- oder Pappelholz angefertigt. Vielfach wird hierbei ebenfalls nur das Beil verwendet, höchstens noch ergänzt durch ein Stemmeisen. Neuerdings zimmern sie der Bauer auch aus nicht zu dicken Eichenbohlen zusammen.

Quirle

Nur in wenigen Fällen wird der »ausgediente« Weihnachtsbaum formlos zerhackt und verbrannt, wobei die Zweige vor dem hofseitigen Hauseingang als »obtreatər = Abtreter« nutzbar gemacht werden. Meistens fertigt der Bauer oder auch schon ein Schuljunge aus dem Dickholz die im Verlauf des Jahres in der Küche benötigten Quirle verschiedenster Ausführung.

Stebbel und Haken

Das im Frühjahr aus dem Walde herangefahrene Brennholz besteht nicht nur aus Scheitholz und Hullern – sondern auch aus den Ästen und Zweigen, die als »Wellen« von den Holzfällern aufgehäuft worden sind. Aus ihnen ist manches Werkstück zu fertigen. So benötigt die Hausfrau für das Spannen ihrer Wäscheleinen – den »Wäschsīmən« – immer wieder neue Stebbel, für die gern Rotbuchenäste in entsprechender Länge verwendet werden. Sie müssen etwa zwei Meter lang sein und am oberen Ende eine Gabel besitzen, um die Sieme, das Seil, die Leine aufzunehmen.

Findet sich einmal eine Stange mit einem möglichst rechtwinkelig abstehenden Ast, dann gibt das einen recht brauchbaren »hōkən = Haken«. Er wird dann so zugerichtet, daß ein längerer Arm für das Befestigen an einer hofseitigen Haus- oder Wirtschaftsgebäudewand, und einem kürzeren Arm für die Aufnahme der Gegenstände entsteht. Der längere Arm wird außenseits etwas abgeplattet, damit er glatt an der Wand anliegt und mit einem Nagel befestigt werden kann. Auf einem solchen Haken werden das Zuggeschirr der Pferde und Kühe, aber auch Rechen, Sensen und anderes Gerät aufgehängt.

Solange noch die dünnästigen, langästigen Kipsen (Bauernkirschen) den Hauptbestandteil der Kirschlieten ausmachten, war ohne einen Kirschhaken zum Heranziehen der Äste beim Pflücken nicht auszukommen. Diese Kirschhaken wurden aus dem Wellenhaufen ausgewählt. Desgleichen benötigte man kurze Korbhaken, an denen die Körbe beim Obstpflücken hingen.

Die erste Form der Ziehbrunnen (natürliche Wasserlöcher heißen Born) kannten nur die »šterzən = Stürze« (Holzbrüstung) und den »bornhōkən = Bornhaken«, letzteren als Erinnerung an jene weit zurückliegenden Zeiten, als es überhaupt noch keine gegrabenen Brunnen, sondern nur Börner gab. Der Bornhaken war eine naturgewachsene bis zwei Meter lange Stange mit Astansatz am Ende zum Einhängen des hölzernen Wassereimers.

Besen

Man kennt verschiedene Arten von Reisigbesen. Von ihnen wird heute nur der »durnsbasən = Dornbesen« von einigen Bauern noch selbst angefertigt. Mit ihm wurde im Frühjahr der Hof (Baum- und Grasgarten) gekehrt, und weiter wurde er im Stall nach dem Ausmisten zur gründlicheren Reinigung verwendet, sofern nicht ein bereits abgenutzter Scheunenbesen an seine Stelle trat. Wie schon der Name sagt, wird er aus dornigen Reisern gearbeitet, meistens aus dem außerordentlich haltbaren Weißdorn. Fehlt dieser Werkstoff, dann wird Birkenreisig von Schößlingen verwendet und mit gsp. siələnhåilz (Selenholz) von der gsp. schißbear (Scheißbeere, das ist Hekken- oder Hundskirsche, Lonicera xylosteum L.) vermischt. Letzteres ist besonders hart und widerstandsfähig. Der Dornbesen ist etwa 70 cm lang und walzenförmig; durch einen eingeschobenen Stiel als eine Art Griff wird er bis zu einem Meter verlängert.

Der Scheunenbesen ist zwar auch durchweg bäuerliche Handwerksarbeit, aber auf besonders hierfür geschickte Werker übergegangen; meistens wird er heute fertig gekauft. Zur Verwendung kommen Birkenreiser aus Schößlingen, da Reiser von ausgewachsenen Birken zu weich und zottelig sind.

Zu einem Besen gehört eine starke Handvoll Ruten, die am dicken Ende mit Bast und neuerdings auch mit Draht zusammengebunden werden. Die Ruten werden sodann auseinandergefächert und etwa zwanzig Zentimeter unterhalb des zusammengebundenen Endes auf einer Seite beginnend mit Bast zopfartig geflochten. Um die erforderliche Breite von etwa 40 cm zu erreichen, wird von untenher zusätzlich ein »Hurenkind« eingeflochten, das bei nicht sorgsamer Befestigung leicht wieder ausfällt. Der Scheunenbesen wird beim Flegeldrusch zum Kehren des Scheunen-Erns verwendet.

Die Bezeichnung eines lockeren, etwas leichtsinnigen Mädchens als »Besen« hat mit diesem Werkzeug nichts zu tun.

Flechtzäune

Noch zu Beginn des zwanzigsten Jahrhunderts waren die Gartengrundstücke in Flarchheim fast ausnahmslos durch Lebende Zäune voneinander getrennt. Wo diese Zäune jedoch an eine Gasse stießen, war stattdessen ein »flächtzūn = Flechtzaun« angelegt worden. In Abständen von etwa zehn bis fünfzehn Zentimeter lichten Raumes wurden Pfähle in die Erde gerammt, um die im Verbande – das heißt einmal von oben nach unten und darüber umgekehrt – Weidenzweige geflochten wurden. In größeren Zwischenräumen waren die Pfähle durch stärkere Pfeiler aus Eiche ersetzt. Derartige Flechtzäune hielten nur wenige Jahre und mußten immer wieder ausgebessert werden.

Wo Gärten an eine Miste oder Hoferaite stießen, wurden sie durchweg von aus Fichtenstangen gefertigten Staketzäunen abgetrennt. Zu Beginn des zwanzigsten Jahrhunderts verdrängten sie weitgehend die Lebenden Zäune. Diese Staketzäune fertigte der Bauer selbst an. Auch heute noch werden locker gewordene oder zerbrochene Stakete in eigener Arbeit ausgewechselt. Wie beim Flechtzaun stehen in Abständen von etwa zwei Meter Eichenpfosten, in die jedoch mit dem Meißel oben und unten Widerlager zur Aufnahme der Querbalken des Staket»feldes« eingestanzt worden sind. Heute werden die Pfosten vielfach auch aus Zement gegossen, und selbst die »Staketfelder« werden fertig bezogen. Aber die Ausbesserungsarbeiten sind trotzdem fallweise notwendig.

Flickarbeiten

Sie betrachtet jeder Bauer als seine ganz besondere Aufgabe, wobei der eine mehr, der andere weniger umsichtig ist. Noch bis zum Zweiten Weltkrieg wurde keine Neuanschaffung erwogen, wenn ein zerbrochener oder auch nur beschädigter Gegenstand ausgebessert werden konnte. Mancher Bauer besitzt mehr Geschick zum Ausbessern und Flicken als zur Neuanfertigung. Zerbrochenes oder »ausgedientes« Gerät kam aber in den seltensten Fällen in den Ofen, sondern wurde in der Runn des Hausdaches zu späterer Verwendung untergebracht.

Das galt vor allem für den Hausgrätsch, womit das Hausratgerümpel gemeint ist. Denn auch an ihm versucht sich jeder ordentliche Bauer von seiner Jugend an. Besonders wichtig ist die Ausbesserung der Lide an Wirtschaftsgebäuden, mit denen die Luken statt mit Fenstern geschlossen sind. Ist noch nicht ausgetrocknetes oder auch sprockiges Holz zu ihrer Anfertigung verwendet worden, dann klaffen sie schon nach kurzer Zeit auseinander, müssen also auseinandergenommen und erneut zusammengefügt werden. Das ist, wie alle anderen Flickarbeiten am Haus und an den Wirtschaftsgebäuden, eine ausgesprochene Winterbeschäftigung. Hierzu zählt natürlich auch das Ausbessern des Zugtier-Geschirrs, soweit dies nicht dem Sattler überlassen werden muß. Konnten infolge Arbeitsüberlastung die Pflüge nicht rechtzeitig gesäubert und eingefettet bis zum Beginn des Frühjahrsackerns beiseite gestellt werden, dann sind sie endlich vorzunehmen und zu waschen. Angesetzter Rost ist abzuschorpsen, wozu vielfach sogar Sandstein und Wasser zu Hilfe genommen werden müssen. Auch die Ackerwagen werden gesäubert und nach Möglichkeit gewaschen; die in regelmäßigen Abständen mit Wagenschmiere einzufettenden Achsen werden am Winterbeginn gleichfalls für die ersten Frühlingsarbeiten geschmiert.

Bindegarn

In den früheren Jahrhunderten war das Anfertigen von Bindegarn eine wichtige Winterarbeit. Leider sind die Herstellungsweisen verlorengegangen. Aus der erhaltengebliebenen Bezeichnung Geschnerche für die Därme und die Innereien des Kleinviehs wissen wir zwar, daß in weit zurückliegenden Jahrhunderten selbst die Därme des Geflügels zu Bindegarn verarbeitet worden sind. Daß auch Semsen (Binsen) zu gleichen Zwecken geflochten wurden, kann aus eigenen Kindheitserinnerungen geschlossen werden, als sie Jahr für Jahr den Werkstoff für die Leinen beim Pferdchen-Spielen ergaben. Mit Vorliebe wurden jedoch Géscheln (Peitschen) aus Semsen geflochten. Einer jüngeren und gar nicht weit zurückliegenden Zeit gehörte das Flechten von Bindegarn aus Leinfasern im Verlaufe der Flachsbearbeitung an. Aber selbst dieser Arbeitsgang ist nicht mehr bekannt. Und die Fertigung von Bindfäden aus Bast ist lediglich aus der Tatsache zu schließen, daß grober (und durchaus nicht aus Bast bestehender) Bindfaden allgemein als »boastštrikk = Basstrick« bezeichnet wird. Heute wird Bindegarn ganz allgemein fertig gekauft. Aber noch immer beginnt mancher Bauer im Herbst oder Winter, kleinere Leinen (Wäsche-, Zugtierleinen) aus gekauftem Bindegarn selbst zu flechten. Vor allem werden alle im Laufe des Sommers und Herbstes verwendeten Schnurarten in den Wintermonaten »ůffgəkibbəlt = aufgekibbelt« und für erneute Benutzung vorbereitet.

Tontopf-Einbinden

Keinerlei Erinnerungen haben sich daran erhalten, daß die Herstellung der noch bis zum Ende des neunzehnten Jahrhunderts im Haushalt fast ausschließlich verwendeten Tontöpfe – solche aus anderem Werkstoff fanden nur zögernd Eingang – in den Händen der Frauen lag.

Zerbrochene oder auch nur angebrochene Tontöpfe, -schüsseln, -schalen, -flaschen wurden bis zum Beginn des zwanzigsten Jahrhunderts keineswegs weggeworfen, sondern mit Draht »īngəbůngən = eingebunden«. Merkwürdigerweise war dies eine Nebenbeschäftigung der Dorfweber, so in Flarchheim bis zu seinem Tode des Webers Andreas Döll, in Kammerforst bis nach dem Zweiten Weltkrieg des Webers Georg Vogel. Vielleicht ist das eine Erberinnerung an die um Jahrtausende zurückliegende Zeit, als das Weben nichts anderes als ein Knüpfen mit den Fingern war.

Abtreter (obtratər – m.) = Fußmatte zum Reinigen der Schuhe vor dem Eintritt ins Haus. Vor dem hofseitigen Hauseingang verwendet der Bauer hierzu »ausgediente« männliche Kleidungsstücke, unbrauchbar gewordene Säcke, vor allem aber nach Weihnachten die Zweige des Weihnachtsbaums.

bähen (bieən – Ztw.) = durch Wärme Baumrinde abplatzen lassen. – Das Wort ist zwar zum erstenmal belegt ahd. bāen, bājan, mhd. boe(je)n (erwärmen), muß aber germanisch sein aus ideur. +bhē (erwärmen).

beeker (bēkər – E.) = unordentlich aufgestapelt. – *beekern* (bēkərn – Ztw.) = mit unzureichendem Werkzeug basteln oder werkeln. »mët suə ënn maißəl kåst də gəbēkər suəveal də wiͤßt, ůn s wërd dåx nischt = mit so einem Meißel kannst du beekern (gebeeker) soviel zu willst, und es wird doch nichts!« – *Beeks* (bēks – m.) = kleiner Junge, der trotz Bemühung eine Tätigkeit ungeschickt ansetzt. Wenn ein hilfsbereiter Junge etwa Nägel einschlagen will und sie ständig krumm schlägt, heißt es gutmütig-kopfschüttelnd: »du biͤst dåx ënn bēks = du bist doch ein Beeks!« – Das Wort ist falisko-italisch zu lat. peccāre (etwas versehen, einen Fehler machen, fehlen, sündigen), entstammt jedoch der ältesten Zeit und hat deshalb noch gegenständliche Bedeutung, die im Lateinischen nur noch von fernher anklingt. Die Flarchheimer Lautform gsp. fēksən, Fēksər ist dagegen germanisch.

Besen (bāsən – m.) = Wenn das Wort sachlich richtig etymologisiert werden soll, muß von den noch immer gebräuchlichen ältesten Formen Dornbesen und Scheunenbesen ausgegangen werden. Kommt mehrfacher Besuch im Laufe des Tages, dann heißt es: »hitt hån iͤch ënn bāsən vərbrānt = heute habe ich einen Besen verbrannt!«
Das ist wohl eine Erberinnerung an die beiden Sonnenwenden, an denen alle abgenutzten Besen ins gemeinsame Feuer geworfen wurden und langdauernde Feiern sich anschlossen. Die »Hexen« reiten in der Walbernacht auf Besen zum Blocksberg. Als ärmere Dorfbewohner Besen gegen Entlohnung anfertigten, wurde das dafür benötigte Birkenreisig in Mondnächten vom Suiberg, einem Buschwald, gestohlen und das etwa fünfzig bis sechszig Pfund wiegende Bündel anderhalbe Stunden auf dem Rücken nach Hause getragen.
Ein Stallbesen kostete am Beginn des zwanzigsten Jahrhunderts 20 bis 25 Pfennig, ein breiter Scheunenbesen 40 bis 50 Pfenning. – Das Werkzeugwort ist belegt mhd. bës(e)me, bësem, ahd. bës(e)mo, im Germanischen ags. bësma (Besen) und wird von der Wissenschaft auf ideur. +bheidh (binden, flechten) zurückgeführt. Da aber lat. fascis (»Ruten«bündel) vorliegt, dazu unser gsp. basən, führe ich wohl richtiger das Wort auf ideur. +bhas (Bund, Bündel) zurück und stelle es in nächste Nachbarschaft zu Bast. Demnach

ist das germanisch-deutsche Wort durch Ablaut entstanden, während die Grundsprache die ursprüngliche Lautform erhalten hat.

Besen (basən – m.) = leichtfertiges, lockeres Mädchen. Das Wort hat nichts mit dem Handwerkszeug zu tun, sondern ist die vorgerm.-ideur. Bezeichnung für »Mädchen, Knabe«.

bleuen (blůiweən – Ztw.) = schlagen, prügeln. »dān hān mə abər gəblůibt = den haben wir aber gebleut«, geprügelt! *Bleuel* (blůiwəl – m.) = flache Hartholzplatte mit Stiel zum Glattschlagen des Scheunen-Erns (und früher auch des Lehmfußbodens im Hausflur) mit dem Namen Patschbleuel, sowie der nassen Wäsche am fließenden Wasser als Wäschebleuel. – Die Etymologie bespricht das Wort bis an den Beginn des Germanischen (nämlich mhd. bliuwen, ahd. bliuwan, as. bleuwan und im Germanischen gt. bliggwan), doch Kluge/Mitzka erklären dann: »Die Vorgeschichte dieses germ. +bleuwan liegt im Dunkel«. Das ist aber durchaus nicht der Fall, denn gr. phláō (zerschmettern, zermalmen, zerstoßen), lat. flagellum (Geißel als Züchtigungswerkzeug für Sklaven und Verbrecher), daraus auch die Flagellanten (Geißelbrüder), sowie unser gsp. flåkən (mit Arbeitsjacken die Halbwüchsigen prügelnd fortjagen) setzen ein ideur. +bhla (geißeln, prügeln, schlagen) voraus. Es hat um 1800 vZtr. die Lautverschiebung bh>f durchlaufen und muß ursprünglich kultische Bedeutung im Sinne der Gerichtsbarkeit gehabt haben. Da das Wort allmählich auch den profanen Bereich erfaßte, mußte sich naturnotwendig der unterscheidende Ablaut zu ideur. +bhleu einstellen. Die heutige Lautform ist demnach germanisch-deutsch. Es ist sogar erkennbar, wann das Schlagwerkzeug Bleuel erfunden worden ist: ahd. +bliuwil, plūil, mhd. bliuwel.

Bohl (bōl – m.) = Fehler, Irrtum, Versehen. – *verbohlen* (vərbōlən – Ztw.) = falsch gemacht, fehlerhaft gearbeitet. »dås häst də wĕdər ēmōl vərbōlt = das hast du wieder einmal verbohlt«, ungeschickt und falsch gemacht. – Das nirgens belegte Wort stellt sich als »das« eigentliche germanische »fehlen« heraus. Denn wie lat. fallere (täuschen), aber mehr noch gr. sphálma (Versehen, Fehler, Irrtum; Fehltritt) beweisen, muß ein ideur. +bhal, +bhol (falsch machen) vorausliegen. Unser nhd. fehlen soll über lat. fallere (täuschen), afrz. fa(il)ir (»ver«fehlen, sich irren, mangeln) um 1200 mhd. vaelen, vēlen veilen ergeben haben, also entlehnt sein. Unser gsp. fālən, failen (fehlen), ha fālt (er fehlt) läßt aber vermuten, daß es sich um ein vorgerm.-ideur. Erbwort mit Lautverschiebung (wie im Griechischen und Lateinischen) bh>f aus etwa 1800 vZtr. handelt. Das weitere gsp. bōl (Fehler, Irrtum) ist dagegen nicht lautverschoben und entspricht deshalb der germanischen Lautform bh>b: es ist ein germanisches Wort, das bis heute der Wissenschaft unbekannt geblieben ist, während beide in der offensichtlich stärker germanischen Vogtei Dorla zum alltäglichen Wortschatz gehören. Siehe »Mit unserer Sprache« Seiten 129 f.

buppern (buppərn – Ztw.) = langweilig arbeiten, vor allem aber lange Zeit in Anspruch nehmende Arbeiten mit winzigen Dingen vertun. »dar buppərt ûn buppərt ûn wërd mīlad niͤch fërtj = buppert und buppert und wird »im Leben« (mein Leben) nicht fertig!« – *Bupperarbeit* (buppərarbait – w.) = viel Zeit in Anspruch nehmende Arbeit mit kleinsten Dingen, auch der Maschinist an der Dreschmaschine hat eine Bupperarbeit zu leisten, wenn winzige Teile auszubessern oder zu ersetzen sind. – Das nirgends belegte Wort ist des gleichen Ursprungs wie gsp. but-seln, nur in der vorgerm.-ideur. Lautverschiebungsreihe t>p>k>s weiterverschoben t>p.

butseln (butsəln – Ztw.) = sorgsam ein Werkstück anfertigen, »dar butsəlt sue långə, bis ha s in riͤchtjən schiͤkkə hät = der butselt so lange, bis er es im richtigen Schick hat«. – *buitseln* (buitsəln – Ztw.) = absichtlich um der Zeitvergeudung willen saubere Arbeit leisten. »wī långə wiͤst an nåx riͤmbuitsəln = wie lange willst (du) denn noch herumbuitseln?«. – Das Wort ist nirgends belegt. Es kann nur aus der t-Erweiterung von ideur. +bhu (schaffen, erzeugen – sein, werden) entstanden sein entsprechend gr. phytón (Erzeugnis), vermutlich auch lit. butà (Wohnung, Haus). *bozeln* (botsəln – Ztw.) = so sorgsam werkeln, daß alle Feinheiten herausgeholt werden. – *Bozelarbeit* (botsəlårbait – w.) = sorgsame Fertigung bedingende Arbeit. – Der Ablaut u>o ist nur verständlich als das Bestreben der Herrenschicht, sich durch eine »gehobenere Sprache« von den Bauern abzuheben. Siehe »Lebens- und Jahresbräuche« Seite 171.

dundeln – spielerisch arbeiten, siehe »Sind wir Germanen« Seite 124 ff.

feeksen (fēksən – Ztw.) = willig aber nicht fähig zu einer handwerklichen Arbeit. »ha fēkst doriͤm ûn kritt s dåx niͤch zûštānə = er feekst darum und kriegt es doch nicht zustande. – *Feekser* (fēksər – m.) = wer willig ist zu einer besonderen handwerklichen Arbeit, aber doch nicht fähig dazu ist. »du biͤst ënn riͤchtjər fēksər = du bist ein richtiger Feekser!« – Das nirgends belegte Wort entspricht lat. peccāre (einen Fehler machen, fehlen, sündigen), das sich jedoch in dem falisko-italischen gsp. beeker, beekern, Beeks erhalten hat. Das Wort ist germanisch.

fuggeln (fuggəln – Ztw.) = sorgsam und überaus gewissenhaft eine Geschick erforderliche Arbeit durchführen »wënn dān ënn gəschërr inzwai gəgiͤnn ës, do fuggəlt ha suə långə, bis s wëdər instānd ës = wenn dem ein Geschirr entzwei gegangen ist, dann fuggelt er so lange, bis es wieder instand (gesetzt) ist.« – Dazu Fuggeln, Gefuggel, Fuggelei. – *herumfuggeln* (riͤmfuggəln – Ztw.) = spielerisch und fast zum Zeitvertreib unnütze Arbeiten verrichten. »do fuggəlt ha wëdər ån sinn schēsən riͤm, štått ůffzərīmən = da fuggelt er wieder an seiner Chaise herum, statt aufzuräumen«. – *reinfuggeln* (rainfuggəln – Ztw.) = peinlich sauber machen, wie etwa zu jedem Fest die »Bude« reingefuggelt wird. – Das Wort ist Iterativ zur Wortfamilie »fügen«, jedoch in seiner mittelhochdeutschen Bedeutung: mhd. vüegen, vuogen, ahd. fuogan (zusammenfügen, verbinden; etwas passend gestalten, in Ordnung kommen oder bringen usw.), im Germanischen ags. foēgan (passend machen), an fagr (schön), gt. fagrs (passend, nützlich, gut) und Zubehör. Zugrunde liegt ideur. +pak, +pag (fügen, festmachen).

gelt (galle – Aw.) = nicht wahr? als Aufforderung zur Bejahung, auch der Mitverwunderung »gallə, do gukkst də = gelt, da guckst du?« – Das Grundsprachenwort ist dissimiliert aus mhd. galten (gelten lassen) in der Bedeutung »gilt es?« Es gehört zur Wortfamilie »gelten«.

Geschnerche – eßbare Eingeweide, siehe »Tiere auf dem Bauernhof«

Grätsch (grātsch – m.) = Hausratsgerümpel. Die Herabwürdigung des urzeitlichen »Hausgeräts« durch Anhängung des die Minderwertigkeit bedeutenden Suffixes -isch (Gerätisch) wie in weibisch, kindisch usw. zeigt den Einbruch der neuen Zeit an, in der Altes, Vorväter-Hausrat, Vorväter-Gerät als altmodisch, »altfränkisch«, veraltet angesehen wurde. – Ausgangswort ist »Rat« entsprechend Heirat, Hausrat, Vorrat, Unrat, das mit der Vorsilbe ge- erst in deutscher Zeit den neuen Sinn erhält: ahd. girāti (Ausrüstung), mhd. geræte (Hausrat, Vorrat; Aus-, Zurüstung). Mit nhd. grätschen, jedoch gsp. kratschən, hat das Wort nichts zu tun.

hinne (hiͤnnə – U.) = drin vom Standpunkt des Antwortenden aus, nämlich innerhalb des Hauses. Die Bedeutung ist »hier innen«. Der Fragende: »biͤst an schůn driͤnnə = bist (du) denn schon drin?« Der Antwortende: »jo, iͤch bënn schůn hiͤnnə = ja, ich bin schon hinne (hier innen)«. – Das Umstandswort des Ortes ist erstmalig belegt md. hinnen, hinne (hie innen, hie inne).

Hoche (huəxən – w.) = Strebe der Runge am Wagen, die aus dem auf der Achse beweglich aufliegenden Rungenstock und den beiden schräg nach oben außen gerichteten Hochen besteht. – Das Wort ist eine Substantivierung des Eigenschaftswortes »hoch«. Der Zeitpunkt kann nicht erschlossen werden.

Hurenkind (huərənkëind – s.) = eingebundenes Kernstück des breiten Scheunenbesens, um die erforderliche Breite zu erreichen. Ist es schlecht befestigt worden, so daß es stückweise herausfällt, dann heißt es: »dr basən hät s huərənkëind vərluərn = der Besen hat das Hurenkind verloren«. – Die Bezeichnung ist dem menschlichen Leben entnommen: mhd. huorkint, ahd. hoarchind, huorkind.

keejern (kējərn – Ztw.) = auf Gegenständen herumklettern. »wås kējərt an nuər doriͤn = was keejert (ihr) denn nur herum?« – *Keejern* (kējərn – m.) = Dingwort, das ein unnötiges Herumklettern vor allem auf Bauholz oder auf Scheitholz/Hullern meint. – *Gekeejer* (gəkējər – s.) = Unmut erzeugende Herumkletterei. »schāmt ůx wain dan gəkējər = schämt euch wegen dem Gekeejer«. – *Gekeejer* = unordentlich aufgebauter Holzhaufen, übertragen auch auf unordentlich zusammengestelltes Gerät. »suə ënn gəkējər = so ein Gekeejer!«

kepern (kēpərn – Ztw.) = liederlich umherwerfen. »lai s orndliͤch ůn kēpər s niͤch dohënn = lege es ordentlich und kepere es nicht dahin«. – Das Wort entstammt der Zimmermannssprache, dem ideur. +kep, +skep (verschneiden, beschneiden) zugrunde liegt. Im Germanischen und Deutschen ist es nicht belegt, tritt uns aber entgegen in lit. kepérza (Mißgeburt usw.), kĕpsnė (herausgerissenes, ausgeschnittenes Stück), lett. šķĕpele (abgesplittertes Stück Scherbe).

kibbeln (kiͤbbəln – Ztw.) = zusammenbinden, etwa viele kurze Bindfäden zu einem langen. – *Gekibbel* (gəkiͤbbəl – s.) = wirres Zusammengeknüpftes, etwa Bänder oder Bindfäden. »wås ës n dås nuər ferr ënn gəkiͤbbəl = was ist denn das nur für ein Gekibbel (ärgerlich gesagt)«. – *Kibbelei* (kiͤbbəleï – w.) = Ausdruck des Zorns über schlecht Gebundenes. – *aufkibbeln* (ůffkiͤbbəln – Ztw.) = verschlungene Fäden (Schnürsenkel) sorgsam auflösen. – *zusammenkibbeln* (zəsåmmənkiͤbbəln – Ztw.) = kleine Bindfadenstückchen zu längeren Schnüren zusammenbinden. – Nach den bisherigen Erkenntnissen ist das Wort entstanden aus lat. cōpula (Band), cōpulāre (fesseln) und im dreizehnten Jahrhundert zu mhd. koppel, kuppel (Band, besonders Hundekoppel) entlehnt über das Altfranzösische. Unser Wort wäre dann entrundet über mhd. kuppel.

knebeln (kneawəln – Ztw.) = mit dem Knebelholz die Seil-Scheete zu einem kompakten Ganzen zusammenziehen. Beim Brennholzeinfahren das Wagenmittelteil zusätzlich zum »eingespannten« Vorder- und Hinterteil einengen. Einem Menschen die Hände auf dem Rücken fesseln. – *Knebel* (knewəl – m.) = ein etwa fünfzig Zentimeter langer an einem Ende zugespitzter Stock als Hilfsmittel zum Einengen, Zusammenziehen und Festmachen. – *Knebel* (kneawəl – m.) = beim Einknicken des Fingers (und nur dann!) herausstehender Fingerknöchel. – *Knebel* (kneawəl – m.) = kleingewachsener aber stämmiger Mensch. – Die Sprachwissenschaft kommt zu keiner zufriedenstellenden Erklärung des Wortes, weil sie nur sprachgesetzlich vorgeht, statt erst die Sache klar zu erarbeiten. So verweisen Kluge/Götze auf den Ausdruck Knebel für einen kleingewachsenen Menschen und nehmen deshalb »eine Ableitung von »Knabe« an. Aber diese Bezeichnung meint ja nichts anderes als »wie ein mit dem Knebel zusammengeschnürter Mensch« und verweist auf die Tatsache, daß noch im Mittelalter eine Gerichtsstrafe darin bestand, Verbrecher zur Bewegungsunmöglichkeit zu verschnüren und so »ins Loch« zu stecken. Eine weitere Möglichkeit sehen sie in ideur. +genebh (Pflock, Stock, abgeschnittenes Holzstück), der sich auch Kluge/Mitzka anschließen, wobei der Name des Werkstücks mit der Handlung des Knebelns in eins geworfen wird. Beiden Erklärungsmöglichkeiten schließen sich auch Weigand und Hermann Paul an, während Weigand auch Verwandtschaft mit »Knöchel« für möglich hält und Hermann Hirt (68) sogar eine indoeuropäische ablautende Form zu »Kamm« vermutet. Wenn bedacht wird, daß es alte Sitte gewesen ist, die Kriegsgefangenen durch Knebeln am Entlaufen zu hindern (weil sie ja als »Beute« galten), die Toten aber gefesselt oder geknebelt ins Grab zu legen und auf diese Weise ihre »Wiederkehr« unmöglich zu machen, so ergibt sich die Grundbedeutung »einengen«, was auch der Sache vollinhaltlich entspricht. Im Altgriechischen heißt »knebeln« gr. sy-sphíggein (zusammenschnüren, zusammenpressen) zu gr. sphíggō (schnüren, zusammenbinden, -ziehen, umschließen), und das entspricht vollinhaltlich dem Sinngehalt des deutschen Wortes knebeln. Von dem ist auszugehen im Gegensatz zum Gegenstand oder Handwerkszeug zum Knebeln. Gehen wir von unserer Überzeugung aus, daß unser gsp. kneawəln auf ein vorgerm. »a« zurückgeht, aber durch das ablautende »e« der Herrenschicht beeinflußt worden ist, dann dürfen wir nebeneinanderstellen lit. knablis (Knebelholz) und germanisch-lautverschoben aisld. hneppa (einengen, verkürzen). Daraus ist ersichtlich, daß das Gerät urzeitlich +knabil hieß, als solches unverschoben aufstieg zu ahd. knebil, chenebil (fesselndes Querholz; Pferdekummet), daraus mhd. knebel (Knöchel; fesselndes Querholz usw.; grober Mensch). Die althochdeutsche Lautform chenebil läßt es unmöglich erscheinen, daß ideur. +knā, knə (schaben, kratzen) zugrundeliegt, da mit ihm kein innerer Sinn vorhanden ist. Eher ist an ein zu erschließendes ideur. +na, +nu (zwingen, quälen o.ä.) zu denken entsprechend nach Oscar Schade aslaw. nuditi (zwingen), dem die untrennbare Vorsetzpartikel ka-, ke-, ki- mit dem Begriff des Zusammenfassens, Abschließens, Anhaltens, der Dauer vorgesetzt wurde. Ähnlich sind lit. nùgara (Rücken) und norw. knoka (Knöchel), mhd. knock (Nacken) zu vergleichen. Die Grundbedeutung des Wortes Knebel ist demnach »Werkzeug zum Einengen, Zusammenziehen und Festmachen«.

manschen (måinschən – Ztw.) = spielerisch im Wasser mit den Händen herumarbeiten. »wås måinscht an wĕdər əmōl in dr wånn r$\overset{e}{\i}$m = was manscht (du) denn wieder einmal in der Wanne herum?« spielst du mit den Händen im Wasser. Auch manche Arbeit setzt ein »Manschen« im Wasser voraus, was als unangenehm empfunden wird. – Dazu Manschen, Gemansche, Manscherei. – *Manschfutter* (måinschfůttər – s.) = aus Weizenkleie oder Haferschrot, die vorher in Wasser eingeweicht wurden, mit Häcksel vermischtes Pferdefutter. – Das Wort steigt erstmalig 1524 aus einer Grundsprache auf und ist weder im Mittel-, Althochdeutschen oder Germanischen belegt. Die Etymologie nimmt lautmalenden Ursprung an, was sachlich falsch ist. Es ist ein urzeitliches Erbwort zu ideur. +mu (besudeln) entsprechend gr. mydáō (naß sein, durchnäßt, triefend), aber ablautend zu ideur. +ma (besudeln mit Wasser) entsprechend lat. māno (fließen, rinnen, triefen) wohl vermischt mit lat. manus (Hand), weil sachlich gesehen ein »manschen« stets mit der Hand erfolgt.

mären (marən – Ztw.) = bummelig arbeiten, auch bedächtig und endlos reden. »mar dich ëndlich ūs = märe dich endlich aus!«, werde endlich fertig mit deiner Arbeit oder auch mit deiner Erzählung. – Dazu Mären, Gemäre, Märerei, Märpeter. – Das 1429 erstmalig im Schrifttum auftauchende Wort wird bisher kaum behandelt. Weigand stellt es mit Heyne zu Märte, der es aus lat. merenda (Vesperbrot, Zwischenmahlzeit) entstanden annimmt, mit dem es aber nichts zu tun hat. Es ist unverändert das Wurzelwort ideur. +mar (reiben, zermalmen), aus dem sich entwickelt hat gr. maraínō (aufreiben, hinschwinden, abnehmen; vergehen, verwelken, versiegen). Noch näher hängt damit zusammen lit. marvà (Mischmasch, alles durcheinander), marmãlius (Schwätzer, Plapperer). zu beachten ist, daß unser gsp. marən durch den Umlaut mhd. mären »verfeinert« wird, wie es immer wieder feststellbar ist und daß sich aus dem Wurzelwort Bedeutungen entwickelt haben, die anderen Sprachen unbekannt sind.

meeken (mēkən – Ztw.) = in Nässe, vor allem bei regnerischem Wetter in Erde arbeiten. »dås ës hitt abər ënn mēkən = das ist heute aber ein meeken«, ein Arbeiten in naßkalter Erde. – Dazu Meeken, Gemeeke, Meekerei. – Wie bei Meekwetter liegt ideur. migh (harnen) zugrunde. Im Griechischen ebenso wie in unserm mitteldeutschen vorgermanisch wird ideur. gh zu »k, ch«, in den baltischen Sprachen zu g oder ž. Deshalb ist gsp. mēkən zu vergleichen mit lit. mĕšlas (Mist, Dung) aus mežslas und Zubehör. Es ist jedoch ein Wort, das sich ohne genaue Gleichungen unmittelbar aus ideur. +migh entwickelte. Siehe dazu »Mit unserer Sprache« Seiten 199 f.

Mimelarbeit (mimələrəwait – w.) = langweilige Arbeit mit besonders winzigen Gegenständen. – Das Wort ist nur belegt gr. mímnō aus +mi-ménō (zögern, zaudern; zurückbleiben; auf demselben Punkte bleiben) aus. ideur. +men (warten, bleiben; zögern, stillstehen).

murksen (morksən – Ztw.) = schlecht arbeiten, besondeers beim Werkeln in Holz. »wås morkst an nuər wëdər əmōl zəsåmmən = was murkst (du) denn nur wieder einmal zusammen«, im vorwurfsvollen Tone gesprochen. – Das um 1800 aufsteigende nicht erklärbare Wort scheint Nebenform zu dem dinglich gemeinten ideur. +merk (fassen, berühren) zu sein, dem auch Merkmal, merken, Marke (als Grenzzeichen) zugehören. Der Ablaut war wegen des despektierlichen Sinnes notwendig, den dieses Wort annahm. Der weitere Ablaut o:u dürfte um des Abstandgewinnens der Herrensprache von der des »gemeinen Volkes« willen erfolgt sein.

piepelig (pīpəliͤj – E.) = viel Geduld erfordernde kleine Arbeit, besonders beim Basteln, Schneidern. – *piepelig* (pīpəliͤj = E.) = klein und unscheinbar.

Schäbe (scheamən – w.) = vierkantige Leitersprosse (auch am Leiterwagen), im Gegensatz zur runden Spale. Der Leiterwagen besitzt nur Schäben, die Obstbaumleiter solche nur in Abständen zwischen den Spalen. – Das in dieser Bedeutung nirgends belegte Wort gehört zur Wortfamilie »Schaft« (Speer, Lanze, Stab usw.), das mit Kluge/Mitzka keineswegs zu ideur. +skabh (schaben, kratzen) gehört, sondern aus ideur. +skāp, +skīp (stützen, stemmen) sich entwickelt hat entsprechend gr. skapton (Stab, Stock als Stütze oder Halt), skēptō (= stützen, fest aufstemmen). Die Schäbe an der Leiter wie auch am Leiterbaum hat die beiden Leiterbäume zu stützen. Während in Schaft eine t-Erweiterung eingetreten ist, fehlt sie in gsp. scheamən (Schäbe).

schinden (schiͤngən – Ztw.) = anstrengen, abmühen, ununterbrochen arbeiten. »do hån iͤch miͤch abər můtt schiͤng = da habe ich mich aber müssen schinden«. – *Schinden* (schiͤngən – s.) = Anstrengung, Mühe, Plackerei. »dås ës ënn schiͤngən vůn vorn ůn vůn hiͤngən = das ist ein Schinden von vorn und von hinten«. – *Geschinde* (gəschiͤng – s.) = eine Überdruß erzeugende Mühsal. »dås ës miͤch abər ënn gəschiͤng = das ist mir (mich!) aber ein Geschinde«. – *Schinderei* (schiͤngəreï – w.) = am häufigsten gebrauchte Wortform, die nicht nur Widerspruch andeutet, sondern auch deren Abhilfe fordert. »schlůs nůn mët dar schiͤngəreï = Schluß nun mit der Schinderei«. – *Schinder* (schiͤngər – m.) = wer Überbürdung oder Überarbeitung erzwingt, heute vielfach jedoch nur scherzhaft gemeint: »du biͤst ënn ālər schiͤngər = du bist ein alter Schinder«. – Obgleich die vorstehende Bedeutung im gesamten deutschen Sprachgebiet verbreitet ist, geht die Etymologie nicht auf sie ein, sondern nur in der Bedeutung »die Haut abziehen«, wozu Hermann Paul erklärt: »Häufig uneigentlich = ›plagen, aussaugen‹«. In Wirklichkeit ist das Wort nicht einmal von fernher mit der Bedeutung »die Haut abziehen« zu vergleichen, sondern ist ein vorgerm.-ideur. Erbwort, das erst jungzeitlich aus einer Grundsprache ins Gemeindeutsche aufgestiegen ist. Zugrunde liegt ideur. +pen (sich mühen, Mangel haben), das beispielsweise ergab gr. pénomai (sich mühen, arbeiten, geschäftig sein), ponéō (sich anstrengen, sich abmühen; gequält und gepeinigt werden usw.), pónos (Mühe, Anstrengung, Strapaze; Beschwerde und Pein, Mühsal, Drangsal usw.) und Zubehör. Ausgehend vom gleichen Wurzelwort ideur. +pen muß sich innerhalb der vorgerm.-ideur. Lautverschiebungsreihe t>p>k>s ein +sen, +sken (sich mühen) entwickelt haben, das schließlich aus der Grundsprache ablautend und mit t-Erweiterung aufstieg zu ahd. +scintan (anstrengen, abmühen, ununterbrochen arbeiten). Das ist das nur durch Lautverschiebungen getrennte Wort, das im Altgriechischen die gleiche Bedeutung wie unsere heutige Wortfamilie gsp. schinden hat.

Scheißbeere (schißbear – w.) = Heckenkirsche oder auch Hundskirsche, Lonicera xylosteum L., wohl wegen der Erbrechen und schweren Durchfall erzeugenden Früchte so genannt. Die roten Beeren wurden früher trotzdem gesammelt und ein leichter Absud aus ihnen als harntreibend, sowie als Abführmittel verwendet. Das überaus harte Holz hat den Namen Selenholz.

schorpsen – Rost abkratzen, siehe »Bauer als Ackermann« Seite 37.

schürgen (scherjən – Ztw.) = mit Mühe und Anstrengung arbeiten, sich über Gebühr anstrengen. »do hån meï abər mů̊tt scherjə, iər dar štain rūs woar = da haben wir aber müssen schürgen, ehe der Stein heraus war!« – *schürgen* (scherjən – Ztw.) = mit Anstrengung schieben, fortstoßen, beispielsweise einen schweren Schrank. »ha hät suə långə gəscherjt, bis ha n drussən håt = er hat solange geschürgt, bis er ihn draußen hatte«. – *Schürgen* (scherjən – s.) = Mühsal, Anstrengung. »do hån meï abər ënn scherjən gəhått = da haben wir aber ein Schürgen gehabt!« – Dazu Geschürge, Schürgerei. – *herumschürgen* (rᵉimscherjən – Ztw.) = Stühle und Tische auf dem Fußboden hin und her ziehen. – *würgen und schürgen* (werjən ůn scherjə – Ztw.) = ununterbrochen tätig sein, eine Doppelung der gleichen Vorstellung. – Das nicht erklärte Wort steigt aus einer Grundsprache zu ahd. scurgan, daraus mhd. schürgen (stoßen, schieben, treiben, hinabstürzen) auf und wird, in völliger Verkennung der eigentlichen Bedeutung, zu schüren (durch rühren besser brennen machen) gestellt, mit dem es nicht das geringste zu tun hat. Zugrunde liegt vielmehr ideur. +ergh (regen, sich regen), daraus beispielsweise gr. hergon (Werk, obliegende Arbeit; Beschäftigung, Tätigkeit), ergázomai (arbeiten, tätig sein, vor allem Ackerbau treiben), ergasíā (Arbeit, Tätigkeit, insbesondere Feldarbeit usw.). Mit w-Vorschlag ergab sich ideur. +werg (wirken, schaffen), dem auch nhd. Werk, werken entstammt. Im Vorgermanischen entstand aus ideur. +ergh (regen, sich regen) mit s,š -Vorschlag ideur. +scherg (wirken, schaffen), dem unser Grundsprachenwort unmittelbar entstammt. Es zeigt sich, daß gsp. schergen, scherjen die vorgerm.-ideur. Bezeichnung für »arbeiten« im weitesten Sinne ist. Zum anderen ist erkennbar, daß beim Aufsteigen des Wortes in die Sprache der Herrenschicht diese um des größeren Abstandes ihrer Sprechweise von der »Sprache des gemeinen Volkes« den Ablaut eu,ü wirksam werden ließ und nur eine Nebenbedeutung (stoßen, schieben) des Arbeitens übernommen wurde. Dadurch verwischen sich die Zusammenhänge, und die Etymologie vermag ohne Zuhilfenahme der grundsprachigen Lautform das Wort nicht zu erklären.

Selenholz (siələnhåilz – s.) = Holz der Hecken oder Hundsbeere, Lonicera xylosteium L., wegen der Durchfall hervorrufenden Beeren auch »schißbear = Scheißbeere« genannt. Der Wuchs des Strauches gleicht fast dem des Johannisbeerstrauches. Die Schale ist hell und glänzend. Die Ruten sind härter als Birkenreiser, weshalb sie zur Herstellung von Dornbesen zum Verstärken der Birkenreiser mit verwendet werden. – Der Name, von Münchhausen aus anderen Landschaften als Sellenholz, von Heppe als Sellholz, auch Söllholz nachgewiesen, gehört zu ideur. +swel (glühen), daraus gr. sélas (Glanz, Schein, Schimmer), selagéō (glänzen, strahlen). Der Glanz der Rinde wurde auf den ganzen Strauch übertragen. Selenholz ist demnach »das glänzende Holz«. Damit ist erwiesen, daß auch in unserer Sprache einstmals der Glanz als »sélas« bezeichnet worden ist. – Während das Wort unterging, hat es sich in der »versteinerten« Form Selenholz bis heute erhalten. In der Grundsprache wurde fälschlich darin das Wort »Seele« gesehen, weshalb die volksetymologische Umdeutung auf gsp. siələnhåilz erfolgte. Vgl. »Mit unserer Sprache« Seiten 111 f.

Sieme (sīmən – E.) Seil, Leine. Siehe »Sind wir Germanen?« Seite 88.

Simse (sėmsən – w.) = Binse, siehe »Bauer als Ackermann« Seite 128.

Spale (špoalən – w.) = Sprosse aus Holz, auf der man aufwärts steigen kann. – *Leiterspale* (lëttəršpoalən – w.) = runde Leitersprossen im Gegensatz zu der die Leiterbäume zusammenhaltenden Schäbe. – Das Wort für dieses ursprünglich nur bäuerliche Gerät ist nirgends belegt. Es setzt unmittelbar auf ideur. +sp(h)el (abspalten) an in der Bedeutung »Abgespaltenes«, hat aber die germanisch-deutsche t-Erweiterung nicht mitgemacht. Es liegt der gleiche Vorgang vor wie in gsp. hālən (halten). Zu vergleichen ist nur mit gr. sphélas (Scheit), und nach vorgerm.-ideur. Lautverschiebung p>k lit. skalà (Holzspan in Art einer Leiste).

Spliß (špliß – m.) = keilförmiges kleines Holzstück, das in den Spalt des Kopfstücks eines Axt-, Beil-, Hammerstiels eingetrieben wird, um diesen fest in den Eisenteil zu pressen. – Siehe »Bauer als Ackermann« Seite 171.

sprockig (šprokkjt – E.) = zu rasch und deshalb mit lockerer ungleichmäßiger Faserung gewachsenes Holz, das deshalb leicht bricht. »dås ës šprokkjtəs håilz, dås kåst də vərbrënn = das ist sprockigtes Holz, das kannst du verbrennen«. – *sprock* (šprokk – E.) = brüchig, zerbrechlich, spröde. – Auf das erst in neuhochdeutscher Zeit aus einer Grundsprache aufgestiegene Wort geht nur Weigand ein, der es in Anlehnung an mnd. sprock (dürres leicht zerbrechliches Reisig) als Entlehnung aus dem Niederdeutschen ansieht und es zum Stamm »sprechen« stellt, was beides unrichtig ist. Den baltischen Belegen ist zu entnehmen, daß es sich um ein vorgerm.-ideur. Erbwort handelt: lit. sprógti (bersten, platzen, zerspringen; einen Spalt oder Riß bekommen), lett. sprâgt (bersten, platzen) und großes Zubehör. Zugrunde liegt ideur. +sprōgh (sich hastig bewegen), das aus der nasalierten Ablautform ideur. +sprenghe (sich hastig bewegen) im Germanisch-Deutschen die Wortfamilie »springen« ergeben hat.

Stäbbel (stäwwəl – w.) = Stütze, siehe »Bauer als Ackermann« Seite 188.

steetseln (štētsəln – Ztw.) = etwas umständlich hinstellen oder aufbauen »wås häst an do wëdər əmōl zərächt gəštētsəlt = was hast (du) denn da wieder einmal zurecht gesteetselt?« – *Steetselei* (štētsəleï – w.) = etwas sichtlich unordentlich durcheinander Aufgestelltes. »giə wagg, du måxst mich ënnə štētsəleï = gehe weg, du machst mir (mich) ein (mich ärgerndes) Durcheinanderstellen!« – Das Wort ist eine der zahlreichen Weiterentwicklungen aus ideur. +ste(h)ā (stehen). Es kommt in seiner Lautung am nächsten den germanisch-deutschen Belegen zum Dingwort nhd. Stätte, in seiner Bedeutung aber den baltischen Gleichungen lit. statýti (›auf-, hin‹stellen; umherstellen, anders›wohin‹ stellen), statyklà (Platz, wo etwas auf- oder hingestellt wird), lett. statît (hinstellen, einsetzen) und Zubehör. Das Suffix -seln zeigt die Abwertung des ursprünglichen Wortsinnes an.

Stiel (šteal – m.) = Handhabe eines Werkzeugs; Zwischenstück zwischen Blatt, Blüte, Frucht einer Pflanze und deren Ansatz. – Da die heutige Lautform sich erst in deutscher Zeit bildet zu ahd. mhd. +stil (Handhabe; Pflanzenstiel) vermutet die Sprachwissenschaft Entlehnung aus lat. stilus (Pfahl mit Haken, Stengel, Stamm). Sie wird an dieser Vermutung jedoch wieder irre, da im Germanischen belegt sind ags. ste(o)la, nnl. steel (Stiel, Stengel). Das gsp. šteal verweist auf gr. steleós (Stiel), steleón (Axtstiel usw.) und sichert damit dieses Werkwort als bodenständig vorgerm.-ideur.

stiffern – stützen, siehe »Lebens- u. Jahresfeste« Seite 140.

Wieker (wiͤkər – m.) = eifrig Arbeitender. Wer eine kaum zu bewältigende Arbeit unbedingt zur Fertigstellung zwingt, ist ein Wieker. – Das nirgends belegte Wort entstammt unmittelbar ideur. +u̯ik (kämpfen, streiten), in der Lautform unseres Grundsprachenwortes nur belegt lit. vikrùmas (Rührigkeit, Munterkeit, Gewandheit), výkdyti (erfüllen, vollbringen, vollführen, verwirklichen) und Zubehör. Das Wort ist vorgerm.-ideuropäisch.

Werger (werjər – m.) = übermäßig Arbeitender, Schaffender. – *wergen* (werjən – Ztw.) = arbeitsam sein, ununterbrochen und pausenlos arbeiten. – Dazu Gewerge, Wergerei. – Das in dieser Bedeutung nirgends belegte und auch nicht bearbeitete Wort wird volksetymologisch zu »würgen« gestellt, mit dem es aber nichts zu tun hat. Es ist das gleiche Wort wie gsp. scherjən aus ideur. ergh (regen, sich regen), mit w-Vorschlag ideur. +u̯erg (tun, arbeiten), dem auch nhd. werken, Werk entstammt. Die Lautform unseres Grundsprachenwortes ist vorgermanisch, jedoch nicht mitteldeutsch wie gsp. scherjən (siehe schürgen).

Wüstenei (wᵉistəneï – w.) = heilloses Durcheinander, wenn etwa Arbeitsgerät so durcheinandergeschachtelt worden ist, daß das Heraussuchen Mühe macht. – *Wüstenberger* (wᵉistənbargər – m.) = Zerstörender. Kinder sind Wüstenberger, wenn bei ihnen kein Spielzeug lange Zeit verwendbar ist. Auch ein Erwachsener wird als Wüstenberger bezeichnet, wenn er unachtsam Werkzeug zerstört oder Gerät unordentlich durcheinanderwirft.

Die Tagesarbeit des Bauern

Wenn von der Tagesarbeit des Bauern gesprochen werden soll, dann ist dabei an den Mittel- und Kleinbauern gedacht, wie er in Mitteldeutschland verstanden wurde. Es bleibt deshalb die Arbeitsteilung auf den Gütern unberücksichtigt. In diesen Mittel- und Kleinbetrieben waren durchweg nur Familienangehörige tätig, und nur wenige der Mittelbetriebe beschäftigten Knecht oder Magd, noch eher einen an sich selbständigen Kleinstbauern als Tagelöhner.

Der Bauer ist nicht nur Ackersmann, sondern auch Viehzüchter – und diese Tatsache bestimmt den Tagesablauf seiner Arbeit.

Tätigkeit mit seinen Tieren

Hierzu zählt die tägliche Fütterung. Um das Großvieh füttern zu können, muß Häcksel oder Häckerling (hakkərlᵉing) hergestellt werden. Es geschah noch in der Mitte des neunzehnten Jahrhunderts weitgehend mit der Barte (dem Beil) auf dem Hackklotz und nur in etwas größeren Betrieben auch damals schon auf der »Futterbank« mit bartenähnlichem Messer, die am Ende des vorigen Jahrhunderts fast allgemein eingeführt war. Um diese Zeit fand bereits die »Futtermaschine« Eingang, deren Schwungrad von einem oder auch zwei Personen in Gang gesetzt und gehalten wurde. Pferdebauern bauten schon bald auf ihrer Hoferaite einen von einem Pferd gedrehten Göpel (auch für kleine Dreschmaschinen) ein, während kurz vor dem Ersten Weltkrieg sich ganz allgemein der elektrische Antrieb immer mehr verbreitete. In Westthüringen wird Häcksel durchweg als »Futter« bezeichnet, und nur hier und da hat der Name Häckerling Eingang gefunden. Ursprünglich wurde auf dem Hackklotz oder später der »Futterbank« nur Stroh zerkleinert, während Heu oder Grummet (später auch Klee) ungeschnitten vorgelegt wurden. Als Häckerling gilt bereits eine zerkleinerte Strohart ohne andere Zutat, doch wird vielfach ein Gemisch von Roggen-, Weizen-, Gersten-, Haferstroh mit Klee, besonders Luzerne, darunter verstanden. Die Stroharten werden von einigen auch miteinander vermischt.

Häcksel für Pferde soll zwei bis drei Zentimeter, für Kühe etwa fünf Zentimeter lang sein. Vielfach wird an regnerischen Tagen, wenn andere Arbeiten nicht allzu sehr drängen, Häcksel für einige Tage oder auch noch längere Zeit auf Vorrat geschnitten.

Pferde geben Hunger durch Kratzen mit dem Huf bekannt, bei längerem Wartenmüssen auch durch Rasaunen. Äußerlich ist der Hunger an der eingefallenen Lanke, der Hungergrube, kenntlich. Pferde erhalten täglich dreimal eine Mahlzeit, wurden aber bis etwa 1960 gegen 21.00 oder 22.00 Uhr nochmals »abgefüttert«, das heißt sie erhielten Heu »aufgesteckt«, nämlich in die Raufe, dazu wurde Stroh »untergestreut«. Bei jedem Eintritt in den Stall ruft der Bauer sein Pferd an, damit es nicht erschreckt. Zu jeder Mahlzeit bekommen die Pferde je nach Größe drei bis fünf »Futter«. Die erste Mahlzeit gibt es zwischen fünf und sechs Uhr des Morgens. Jedes »Futter« ist eine Futterschwinge voll Häcksel aus Korn- oder Haferstroh mit Klee vermischt, darauf eine Gischpel Hafer oder Haferschrot, jeweils mit wenig Wasser »ůffgəfitzt = angefeuchtet«. Ausnahmsweise wird auch statt des Hafers Gerste verfüttert, wenn das Pferd angefleischt werden soll. Manche Pferdehalter wollen ihre Pferde mit Weizen fettgemacht haben – aber Weizenschrot macht die Hufe spröde und verursacht auch sonstige Schäden. Auch Mais und Erbsen können in kleinen Mengen gegeben werden, ebenfalls Melasse und Futterzucker, die beide besonders von Fuhrunternehmern hinzugekauft werden. Leinmehl und Leinkuchen geben ein glattes Fell und werden besonders im Frühjahr zur Zeit des Haarwechsels (»dr gūl hārt siͤch = der Gaul härt sich«) vorsichtig verfüttert. Wer Fohlen aufzieht, gibt mit Erfolg geschrotete oder auch unzerkleinerte Kutzbohnen (Acker- oder Pferdebohnen) im Verhältnis ein Fünftel Bohnen, vier Fünftel Hafer. Jungen Fohlen gibt man rohe Eier, welche samt der Schale ins Maul gesteckt und zerdrückt werden.

Bei besonders schwerer Arbeit gibt es zur Anregung des Appetits zusätzlich Mäunschfutter, das ist in einem Bottich eingeweichte Weizenkleie oder auch Haferschrot, früher häufig auch »Ölkuchen« mit Häcksel das mit stärkeren Wasserzusatz, in die Krippe geschüttet wird. Gemahlene oder unzerkleinerte Runkeln oder Trockenschnitzel gelten als Haferersatz.

Hat das Pferd Durst, dann wiehert (es hittərt). An sich bekommt es meist nach dem ersten Futter, auch vor den Mahlzeiten, nicht danach aber doch noch vor dem Anspannnen, zusätzlich eine Tränke, einen bis anderthalber Eimer voll Wasser, aber selbst zwei, wenn es nicht anfällig gegen Durchfall ist. Der Bauer muß feinfühlig herausfinden, ob dem Pferde besser kaltes oder abgeschrecktes Wasser zuträglich ist.

Kühe geben Hunger durch Bölken, Kälber durch Blöken bekannt. Bleibt das Futter aus, dann schuchen sie angstvoll. Äußerlich erkennt der Bauer den Hunger der Kuh durch eingefallene Lanke, der Hungergrube. Es heißt dann in der bildhaften Bauernsprache: »də ků litt zəsåmmən wī ënnə brachən = die Kuh liegt zusammen wie eine (Flachs)Breche«. Bevor die Kuh bölkt, mummt sie (muht leise) oft, und »nach dem Kalbe mummt sie« so oft sich dieses regt.

Wie die Pferde, so ruft der Bauer beim Eintritt in den Stall auch seine Kühe an, damit jedes Erschrecken vermieden wird. Kühe erhalten zweimal täglich eine Mahlzeit, nämlich morgens und abends; solange jedoch Zugtiere für die Feldarbeit gehalten wurden, gab es mittags noch eine dritte Mahlzeit. Jede besteht aus Futter, Siede, Aufstreuen und Aufstecken. Das »Futter« besteht aus Häckerling, am besten aus Gerstenstroh und Klee oder Heu. Im Sommer tritt an seine Stelle Grünfutter (»Futtersachen«, Klee, auch Futtermais) mit unzerschnittenem in die Raufe gegebenen Gerstenstroh. Vom Beginn der Runkelfütterung an wird Siede gegeben, bestehend aus »gemahlenen« Runkeln und Spreu in Wasser vermengt… Anschließend gibt es vielfach noch Kleie oder Schrot, das heißt es wurde »aufgestreut«, damit die Siede schneller und vollständiger gefressen wird. Und schließlich wird »aufgesteckt«, das heißt Gerstenstroh und gedörrter Klee in die Raufe gegeben.

Wenigstens zweimal täglich, nämlich morgens und abends, an heißen Sommertagen zusätzlich mittags, wird »Suffən = Saufen« gereicht, das ist Tränkwasser im Tränkeimer, bei schwerer Arbeit mit Weizenkleie überstreut.

Ziegen werden – sofern sie überhaupt vorhanden sind – meistens im Kuhstall gehalten. Das Hungergefühl geben sie durch ununterbrochenes Meckern bekannt. Durchweg werden sie zusammen mit den Kühen gefüttert, also zwei- oder auch dreimal am Tage. Besonders gern fressen sie eine Kleieschlappe, die auch die Milchabsonderung steigert. Ziehen sind jedoch ewwernabsch und bringen viel um, weshalb sie auch von vielen Bauern abgelehnt werden. Allzu leicht werden Ziegen durch zu reichliches Futter überstenkert.

Schafe blöken bei Hungergefühl wie ebenso die Kälber. Da sie vom frühesten Frühjahr an ausgetrieben werden, ist nur Winterfütterung üblich. Solange noch mit den Flegeln gedroschen wurde, erhielten Schafe des Morgens Forschläun, das sind Garben, die beim Dreschen nicht aufgebunden werden und deshalb noch Körner enthalten, mittags Runkeln und Heu und darübergeschüttet die abgerechten gröberen Teile, abends aber Erbsen-, Wikken- oder Kutzbohnenstroh. Alle Stroharten kamen unter der Bezeichnung Rauhfutter in die Raufen, das Saftfutter (Runkeln, Kartoffel usw.) in die darunter angebrachte Krippe, Wasser in Steintröge oder auch hölzerne Gelten. An die Stelle des Forschläun ist heute Stroh, an die des verschiedenen Hülsenfruchtstrohs aber Heu getreten. Die jungen Kälber und Schaflämmer werden gesondert gefüttert; sie erhalten zusätzlich Hafer oder Haferschrot in die Krippe.

Schweine quieken bei Hungergefühl. Sie werden zweimal täglich gefüttert. Ihre hauptsächlichste Nahrung sind gekochte oder zerstoßene Kartoffeln mit Gerstenschrot, das in Gespüligwasser (in Oberdorla unter dem Namen Fläunschwasser) und Magermilch gegeben wird. Aushilfsweise werden auch Runkeln im Hacktrog mit dem Hackstößer zerkleinert, neuerdings auf der Runkelmühle gemahlen, und dem »Schweinefressen« zugesetzt. Die Sauen bekommen überwiegend Spreu (Klee, Weizen, Hafer) und Runkeln, ebenso die Läufer.

Das *Kleinvieh* des bäuerlichen Haushalts, nämlich Kaninchen, Gänse, Enten, Hühner, Tauben – hier und da auch Truthühner, Fasanen, Pfauen, Perlhühner – bekommen ihre tägliche Fütterung, soweit sie es nicht selbst suchen, mehr oder weniger nebenher.

Das *Ausmisten* gehört zu den täglichen Obliegenheiten jedes Bauern. Die Pferdeställe werden des Morgens, die Kuhställe morgens und abends gründlich gereinigt. Aber auch zwischendurch wird auf der Schaufel ab und zu noch einmal der Blamber auf den Misthaufen getragen. Als Werkzeuge werden benötigt Mistgabel und Reisig- und Schiebebesen, notfalls auch der Misthaken. Der Mist wird auf die Schootkarre (in der Vogtei Dorla Mistkarre genannt) geladen, von Kleinbauern aber auch gabelweise aus dem Stall auf den naheliegenden Misthaufen getragen.

Schweine verlassen zu diesem Zweck den Koben, toben und wühlen während des Ausmistens auf dem Hof herum, gehen nicht gern wieder in den engen Koben hinein und müssen mit schoi! schoi! gescheucht werden. Das

Ausmisten der Schweinekoben erfolgt zwei- oder dreimal wöchentlich, hier und da aber auch jeden zweiten Tag. Nach dem Ausmisten wird gestreut, wozu Weizenstroh und in stroharmen Jahren Buchenlaub verwendet wird. Das Stroh, am besten Roggen- oder Weizenstroh, weil es nicht so schnell naß wird wie Sommerstroh, wird auf dem Hackklotz mit der Barte auf etwa 30 cm Länge gekürzt.

Unter *Reinigen der Haustiere* versteht man eigentlich nur das Reinigen der Pferde, Kühe und Ziegen. Es soll ebenfalls täglich geschehen, weil sonst die Hautschuppen und ausgefallenen Härchen Juckreiz verursachen und die Tiere unruhig machen. Benötigt werden Kartätsche und Striegel. Da die Kühe sich in den Blamber legen, bilden sich besonders am Kuhschwanz leicht härtende Klunker, die abgekratzt werden müssen, und zwar während des Fressens oder danach. Glänzendes Fell der Pferde und Kühe zeugt von Gesundheit. Lobend wird erklärt »deï hät hērchən wī sidən = die (Kuh) hat Härchen wie Seide«. Es wird auch vom »Glänzen wie eine Speckschwarte« gesprochen. Sind Tiere wohlgenährt rundlich, und haben sie ein glänzendes Fell, dann sind solche Tiere »wī də ōlən = wie die Aale«.

Obgleich die *Melkarbeit* durchweg von Frauen ausgeführt wird und dort besprochen werden müßte, soll es hier wegen der übrigen Stallarbeiten seinen Platz finden. Gemolken werden frischmelkende Kühe täglich dreimal, später zweimal, kurz vor dem »Trockenstehen« jedoch nur noch einmal. Während frischmelkende Kühe ausgesprochen süß schmeckende Milch geben, wird sie kurz vor dem Trockenstehen leicht bitter. In unserer Gegend setzt sich die Hausfrau auf den Melkschemel und nimmt den Melkeimer zwischen die Knie, noch zu Beginn des zwanzigsten Jahrhunderts jedoch vielfach den Melkstutz. Auf ihn bezieht sich der scherzhafte Gruß des Bauern beim Eintritt in den Stall

štrůll, štrůll, štrůll!	Strull, strull, strull!
ës dr štůts bāl vůll?	Ist der Stotz bald voll?

Fitzt die Kuh gern mit dem Schwanz, dann nimmt die Melkerin ihn während des Melkens unter den linken Arm und hält ihn fest. Manche Kuh dämmelt aber auch während des Melkens und muß zur Ordnung gerufen (geschimpft) werden. Ist das »ittər = Euter« prall, dann ist es »vůllstůtsj = vollstotzig«. Gemolken wird durch Ziehen oder Drücken der »Striche«, während manche Melkerin auch eine wohlfühlige Kombination beider entwickelt hat. Es ist allgemein üblich, daß die Hauskatzen gleich nach dem Melken ihr Näpfchen gefüllt bekommen, weshalb sie ständig schmeichelnd die Melkerin umschmusen.

Born holen

Solange noch nicht in jedem oder doch fast jedem Bauernhause ein Brunnen gegraben worden war (heute vielfach Wasserleitung), gehörte das Heranschaffen des für Haushalt und Viehställe benötigten Wassers zu den wichtigsten Tagesarbeiten. Es wurde jedoch nicht vom Wasserholen, sondern vom Bornholen gesprochen. »hůll əmōl born = hole einmal Born«, Wasser! In dem gleichen Namen für Wasser und Wasserloch hat sich die älteste Form erhalten, die bis zur Gegenwart nachwirkt. So gab es einen »schäpfborn = Schöpfborn« mit dem Namen Angelungsborn hinter dem Hause 107, einen zweiten hinter dem Hause 111. Der Triftborn mit dem besten in Flarchheim bekanntem Wasser unmittelbar am Eichbach ist bis vor einigen Jahren von den benachbarten Häusern benutzt worden. Und in der Dorfgasse »Aintənlaich = Entenleich« wird der vom Flurteil »Im Born« südlich der Häuser gelegene, durch Röhren nördlich der Häuser geleitete »Born« noch heute benutzt.

Die ältesten künstlich angelegten Brunnen waren gegraben, ausgemauert und mit einer knie- bis brusthohen »šterzən – Stärze aus Holz oder auch Plattensteinen abgesichert. Bei ihnen mußte mit Hilfe eines »bornhōkəns = Bornhakens«, der aus einer zwei bis drei Meter langen Fichtenstange, Astansatz und später mit schneckenförmigem Haken bestand, an die der »bornëmmər = Borneimer« gehängt wurde, das Wasser heraufgezogen werden. Er hatte deshalb den Namen »zeĭborn = Ziehborn«. In größeren Gehöften gab es auch zwei verschieden lange Bornhaken, die je nach Wasserstand verwendet wurden. Aber das Bornschöpfen wollte gelernt sein, Anfängern hakte der Eimer leicht aus und versank im Wasser. Um ihn herauszuholen, bediente man sich eines bis auf den Grund reichenden »bornsichers = Bornsiechers«, fälschlich verstanden als Bornsucher, mit drei naturgewachsenen sechs- bis acht Zentimeter langen Zacken. Mit ihm wurde auf dem Grund solange hin und her gefahren, bis sich der Eimer anhakte. Leicht rutschte er am Wasserspiegel erneut ab und das Spiel begann von vorn. Das Wasser war nun sehr trübe und konnte etwa einen Tag lang nicht geholt werden. Die verbesserte Form war der mit hölzernem Zylinder und Kurbel auf der Stärzenbrüstung versehene Born. Bei ihm lief eine Kette mit befestigtem hölzernem Borneimer über den Zylinder, so daß der Eimer hinabgelassen und gefüllt heraufgewunden werden mußte. Da diese Vorrichtung einer Garn-Weife glich, wurde er als Weifborn bezeichnet. Da sich jedoch die Mitlaute f-b schwer aussprechen lassen, fiel das »f« weg, so daß nun der »waiborn« entstand, der fälschlich als »Wegeborn« verstanden wurde, da die öffentlichen Weifbörner selbstverständlich »ån waiə = am Wege« angelegt werden mußten. Aber der Entwicklungsgang Schöpfborn>Ziehborn>Weifborn zeigt deutlich genug, woher die Bezeichnung genommen worden ist. In Flarchheim gab es zu Beginn des zwanzigsten Jahrhunderts einen Weifborn an der linken Hausseite der Rosenburg, im Breiten Weg vor Haus 95, in der Buttergasse neben Haus 101, in der Dorfstraße neben Haus 118, am Backsiwer. Aber große Bauerngehöfte besaßen ebenfalls einen Weifborn, der gleicherweise »waiborn« hieß aber auf dem Hofe stand. Mehrfach waren die Weifborne überdacht.

Da die Eimer 10 bis 11 Liter Wasser für den Haushalt fassen, Tränkeimer nur 8 Liter, wurde zum Bornholen in den meisten Familien das Joch verwendet. Es hatte eine genau in den Nacken passende Ausbuchtung, an beiden Enden je einen Meter lange dünne Ketten mit schneckenförmigem Haken, in den je ein hölzerner Wassereimer gehängt wurde. Besonders größere Haushalte bevorzugten die Bütte, die aber wohl nicht bodenständig und aus anderen Gegenden eingeführt worden ist. Denn eine Bütte setzt eigentlich einen Laufbrunnen voraus, den es aber in unserer Gegend nie gegeben haben kann – während das Eimerjoch auf den urzeitlichen Schöpfborn verweist.

Aber selbst das Bornholen will gelernt sein! Wer nicht den richtigen Rhythmus mit der Bewegung des Wassers zu halten vermag, bei dem schwabbt es im Eimer oder in der Bütte solange, bis es über den Rand quatscht, dabei Hose und Strümpfe durchnäßt. Ist das Wasser in ein größeres Gefäß zu schütten, dann muß dies vorsichtig und »mit Gefühl« geschehen, damit es nicht darüber hinweg draischt. Das gilt besonders in heißen Sommern, wenn hölzerne Wannen oder Gelten »erlacht = erlecht« sind und gefüllt werden müssen, damit die Dauben sich wieder vollsaugen.

War genügend Wasser für Viehställe und Haushalt herbeigeschafft worden, dann wurden auf der »ëmmərbånk = Eimerbank« gefüllte Wassereimer als Vorrat aufgestellt, um auch zwischendurch den Bedarf zu decken. Da aber das Holzfeuer im Herd und das in der Küche vorgenommene Arbeiten Staub hervorrief, mußte man diese Eimer vor Herausnahme von Wasser »obsaimən = abseimen«, was meistens mit der Schöpfkelle erfolgt. Über der Eimerbank hing an einem Haken oder Nagel das »schäpfdipfen = Schöpftopf«, der nur diesem Zwecke diente. Und das war noch zu Beginn des zwanzigsten Jahrhunderts vielfach ein einhenkeliger Tontopf.

gehört zur Tagesarbeit des bäuerlichen Menschen. Aber geheizt muß ja ab und zu auch an kalten Sommertagen werden, was bei den früher üblichen eisernen Öfen rasch möglich war. Es wurde dann eben »ënn luschchən = ein Lusch-chen« gemacht. Es bestand oft nur aus etwas Stroh als Unterlage, daraufgelegten Zinken und dünnem Holz.

Noch am Anfang des zwanzigsten Jahrhunderts wurden zumindest in Flarchheim nur wenige Kohlen – vor allem Brikett – verheizt. Durchweg hatte jedes Haus des Dorfes eine oder sogar mehrere »Holzgerechtigkeiten«, auf die von der bereits 1575 gegründeten Laubgenossenschaft das benötigte Brennholz geliefert wurde. Nur für die damals allgemein üblichen Gruden wurde in allen Haushaltungen Grudekoks verwendet. Meistens trug man schon gegen Abend sommers wie winters den für den Abend und den kommenden Tag benötigten Holzvorrat in die Küche. Dort wurde er neben dem Herd aufgeschichtet oder in eine Holzkiste geworfen. Solange nur wenig Papier im bäuerlichen Haushalt zu finden war, gehörte auch ein Strohwisch als eigentliche Feuerungsunterlage dazu. Aus einer Welle wurde eine Handvoll Zinken genommen und entsprechend der Größe des Feuerlochs geknackt. Hinzu kamen mehrere Armvoll gespelltes Holz.

Feuer wird nicht angezündet, sondern angemacht: »måx əmōl fīr oan = mache einmal Feuer an!« Bezieht sich dieses »Feuer machen« noch auf die urzeitliche Form des »Feuerbohrens«? Wir wissen es nicht. Wenn wir aber bedenken, daß vom »oanštëkkən = Anstecken« der Petroleumlampe gesprochen wurde, und es bei einer Brandstiftung ebenfalls hieß etwa »də schinn oanštëkk = die Scheune anstecken«, wozu ja ein vorher entzündeter »Stecken« benötigt wurde – dann besteht durchaus diese Möglichkeit.

Vom Feuerbohren hat sich keine Erinnerung erhalten – will man nicht den »Linkdatsch« damit in Verbindung bringen, wie es von mir in »Sind wir Germanen« auf Seite 273 wenigstens für möglich gehalten worden ist. Dagegen ist das Feuerschlagen mit Hilfe von Stahl (wie hieß er?), Feuerstein und Zunder durchaus noch bekannt, zumal es im Ersten Weltkrieg erneut geschah. In diesem Falle wurde mit dem Stahl solange am Feuerstein gekipst, bis Funken entstanden und auf den darangehaltenen Feuer- oder Zunderschwamm (Polyporūs formentariūs Fr.) übersprangen. Dieses glühende Zunderstückchen in etwas Heu gelegt und leicht überpustet, brachte ein kleines Flämmchen hervor, das dann durch stärkeres »blosən = Blasen« zur hellen

Flamme loderte. Ist Holz außerordentlich trocken, »do brënnt s wī zůndər = dann brennt es wie Zunder«. Ist es jedoch schon weitgehend durchgefault oder auch zu feucht, dann glummt es nur. Die im ersten Drittel des neunzehnten Jahrhunderts erfundenen Phosphorzündhölzchen waren in der verbesserten Form des Sicherheitszündhölzchens bis fast zur Mitte des zwanzigsten Jahrhunderts im Volksmunde noch immer die »schwafəlhailzchən = Schwefelhölzchen«. Es war üblich, sie auf der Schuhsohle, an einer rauhen Wand, ja selbst an der Hose und besonders am rückseitigen Hosenboden zur Entzündung zu bringen.

Ist das Feuer im Ofenloch »angemacht«, dann muß oft durch Blasen nachgeholfen werden. Dazu wurde vielfach ein eigens dazu angefertigtes Blasrohr verwendet.

Kinder sollen vom Feuer möglichst ferngehalten werden, denn sie gokeln solange herum, bis ein Unglück geschehen ist.

Andere Tagesarbeiten

Andere Arbeiten gehören vielfach zur »Bäuerlichen Handwerksarbeit«, wenn sie auch nicht für sich behandelt werden konnten. Es gehören hierher die Instandhaltung der jeweilig benötigten Werkzeuge und Geräte, das Herrichten der verschiedenen Wagen einschließlich des Schmierens der Achsen, das Schärfen der Pflugschare usw. Zur Fütterungsvorbereitung rechnet auch das Schroten der verschiedenen Getreidearten, was früher in der dörflichen Mühle und heute vielfach auf der eigenen Schrotmühle geschieht. Auch die oft bei Regenwetter eingefahrenen Futterrunkeln müssen vor dem (früher:) Hacken im Hacktrog, dem (später:) Mahlen auf der Runkelmühle »obbgəkråtzt = abgekratzt«, also vom anhängender Erde gereinigt werden. Und so gibt es eine Fülle täglich anfallender Arbeiten, von denen ein Außenstehender sich kaum eine Vorstellung machen kann.

Wochenend-Arbeiten

Weit mehr als bei der Stadtbevölkerung schloß der Sonnabend buchstäblich die Woche ab, und bildete der Sonntag den Beginn eines Neuen. Deshalb war der Sonnabend der Tag der allwöchentlichen gründlichen Reinigung –

und deshalb soll sie auch mit dem »Einläuten des Sonntags«, im Sommer um 19.00 Uhr und im Winter um 18.00 Uhr, nach Möglichkeit beendet sein. Für den bäuerlichen Menschen hatte der Sonntag gewissermaßen mit diesem Wochenendläuten bereits begonnen. Stuben, Kammern, Küche, Haus-Ern werden »blank« gemacht, das heißt nicht nur ausgewaschen, sondern auch gescheuert – und nicht anders ist es mit der Hoferaite, Miste, Gasse. Ganz allgemein gilt als Gruß der Vorübergehenden: »nů, wiͤst an blånk må$_x$ = nun, willst (du) denn blank machen?«

Noch zu Beginn des zwanzigsten Jahrhunderts gab es zahlreiche Haushalte, bei denen die Stubenfußböden noch nicht mit Ölfarbe gestrichen waren. Sie wurden deshalb gründlich weiß gescheuert und anschließend mit Grubensand aus Herbsleben bestreut. Besondere Sorgfalt wurde dem Reinigen von Hoferaite oder Miste gewidmet. Am Sonnabend sollen sie »suə blånk wī ënn diͤsch, ůff dan mə kånn gəgaß = so blank wie ein Tisch, auf dem man kann essen (gegesse!) sein«. Aber seine liebe Not hatte man vielfach mit der Gasse, die nicht gepflastert war. Jeder kehrte sie bis zur Gassenmitte in der Länge seines Grundstücks, und aufzusammelnde Pferdeäpfel oder Kuhblamber sind durchaus erwünscht, denn alles zusammen kommt ja auf den Misthaufen. Hat es aber geregnet, dann muß ein oft zäher »knat = Knet« mit der in jedem Bauernhaus vorhandenen Krücke zusammengekrückt und mit der Schaufel auf den Mist getragen werden; denn auch in ihm sind wertvolle Düngerteile enthalten. Noch schlimmer ist ein mehr dünnflüssiger Schlamper, der vielfach nur mit einem alten Eimer zum Mist getragen werden kann. Eine Freude macht das Gassenreinigen, das mit dem Schlenkerbesen geschieht, an trockenen Sommer-Sonnabenden, weil dann die angewendete Mühe auch erkennbar wird. An solchen Tagen wird der Kehricht mit der Schaufel in einen alten Kartoffelkorb geschaufelt und wohl auch mit den Händen hineingerappt und schließlich auf den Misthaufen getragen.

Eine nicht weniger wichtige Sonnabendarbeit ist das Reinigen sämtlicher Schuhe, selbstverständlich auch der Arbeitsschuhe, die aber durchweg nur geschmiert werden. Noch vor nicht allzu langer Zeit wurden Schuhwichse und -schmiere im Haushalt selbst hergestellt. Der dazu benötigte Kienruß wurde beim Dorfkrämer fertig gekauft; er befand sich in etwa 4x4x20 cm großen viereckigen Holzkästchen. Zur Herstellung der Schuhschmiere verwendete der Bauer das Krusefett von Hammeln oder Ziegen oder auch Rindertalg, die mit Kienruß solange zerrührt wurden, bis sie sich innig miteinander verbunden hatten. Zur Herstellung der Schuhwichse wurde mit Vorliebe Bienenwachs verwendet. Das wurde zusammen mit wenig Wasser und einer Messerspitze Gummiarabikum bis zur völligen Auflösung des Wachses gekocht. Nach Zutat von etwas Salz und Kienruß wurde die Masse innig verrührt und nochmals kurz aufgekocht: die Schuhwichse war fertig. Nach dem Reinigen der Schuhe vom anhaftenden Schmutz mit einem Schuhmesser wurde die Schuhwichse mit einem Kaninchen-Pfötchen, später einem Bürstchen aufgetragen. Dabei mußte die Wichse immer wieder aufgeweicht werden, was am besten (und einfachsten) mit Spucke geschah. Es mußte also immer wieder auf die Wichse »gəšpitzt = gespuckt« werden. Die fertigen Schuhpaare werden in Reih und Glied aufgestellt – und es war dann der Stolz des betreffenden Schuljungen oder -mädchens (wie zu meiner Zeit um die Jahrhundertwende), eine »gatlichə båttərī = gatliche Batterie« glänzender Schwarzer auffahren zu können. Anerkennend wird dann erklärt: »deï häst də abər fain gəwīnərt = die hast du aber fein gewienert!«

Bis ins erste Drittel des zwanzigsten Jahrhunderts gab es vielfach Born-, Melk-, Stall-, Scheuereimer nur aus Holz. Sie mußten wenigstens einmal in der Woche gründlich mit Scheuersand gescheuert werden, was dem Sonnabend vorbehalten blieb. Anschließend wurden sie umgestürzt, das heißt mit der Öffnung nach unten auf einer an der Hauswand stehenden Bank schräg aufgestellt, damit sie nachtrockneten.

Gab es im Haushalt Messing-Türgriffe, dann wurden auch sie – aber nicht mit Sand, sondern mit Buchenasche – solange gefummelt, bis sie Hochglanz ausstrahlten. Das gleiche geschah mit Haushaltsgegenständen aus Messing, Kupfer, Zinn usw. (mit Zinnkraut, Schachtelhalm, Equisétum arvése), denn am Sonntag mußten sie glänzen »wī ënnə špakkschwortən = wie eine Speckschwarte«.

Winterarbeiten

Bei Schneefall kommt im Winter als zusätzliche Arbeit das Ausschaufeln von Gängen in der Straßenmitte, zu der jeder Hausbesitzer verpflichtet war, denn ein Schneeräumen seitens der Gemeinde gab es auf dem Dorfe nicht.

Ist bei starkem Schneesturm auf den Fernwegen eine »schneïbiəmən = Schneeböe« hinter der andern emporgewachsen, dann »kimmt Paul mët dr schallən = kommt Paul (der Gemeindediener) mit der Schelle«, um die Bauern zum »Schnee auswerfen«, das heißt zum Freischaufeln der Wege aufzurufen. Das erfolgt nach wie vor im Frondienst, an dem jedes Haus sich ohne Vergütung beteiligen muß.

Während der langen Winterabende, doch vornehmlich während der Heiligen Nächte, gehörte das Gießen der Zogelichte zur Aufgabe des Hausvaters. Das waren Talg- oder Wachskerzen, aber auch das aus Schöpsenfett bestehende kerzenartige Zogelicht, das in eine Blechform gegossen wurde. Die ist oben weiter als unten, etwa zwanzig Zentimeter hoch und hat einen oberen Durchmesser von etwa anderthalb bis zwei Zentimeter und am Boden ein etwa drei Millimeter messendes Loch. Bei der Füllung wird ein aus zwei winzigen Strängen Leinenfäden geflochtener oder auch aus mehreren Baumwollgarnfäden gedrehter Docht an ein Hölzchen gebunden, das quer über die Einlauföffnung gelegt wird und beiderseits die Blechwandung überragt. Durch das Loch am Boden am engeren unteren Ende der Blechform wird der Docht straff hindurchgezogen und mit einem in das Loch passenden Holzpflöckchen festgeklemmt. Alsdann wird das flüssige Schöpsenfett in die Form gegossen, die nach Füllung zum Erkalten aufgehängt wird. Ist das erreicht, dann wird das Pflöckchen herausgezogen, das obere Querhölzchen mit zwei Fingern gefaßt und so das Zogelicht aus der Form herausgezogen. Schöpsenfett und Docht haben sich wie heute bei der Stearin- oder Paraffinkerze fest miteinander verbunden. Wurde der Docht aus zwei Leinenfadenbündeln geflochten und war auch nur einer der Fäden über einen anderen der zehn oder mehr verwendeten hinübergelaufen, dann konnte sich ein Nebendocht, ein Dippel, bilden. In der Mitte des neunzehnten Jahrhunderts (oder auch schon früher) wurde das Zogelicht durch die Ölfunzel verdrängt, war in manchen Familien aber noch bis ins erste Viertel des zwanzigsten im Gebrauch und wurde besonders in der Küche benutzt.

Zu den Winterarbeiten gehört auch das Federschließen (faddərschlißən). Zu Bettfedern eignen sich nur Gänsefedern. Die werden jährlich dreimal gewonnen: zweimal werden die Gänse, nachdem sie gewaschen worden sind, gerupft und ein drittes Mal der geschlachteten Gans entnommen. Dann werden sie in Sieben locker aufgehoben, damit die Luft sie durchstreichen kann. Es ist eine Gemeinschaftsarbeit benachbarter und verwandter Frauen an Winterabenden, die dabei ein Kopftuch tragen. Dazu wird in die Mitte eines Tisches ohne Decke ein Federhaufen geschüttet, von dem sich jede der helfenden Frauen einen kleinen Berg vor sich aufbaut. Davon schiebt sie die von der Gänsebrust stammenden kiellosen Flaumfedern beiseite und nimmt eine Feder nach der anderen vor. Vom Federkiel (də kealən), der unter aus der Spule mit der Seele besteht, reißt sie zuerst die Fahnen ab und zuletzt auch die Spitze. Fahne und Spitze kommen auf den Haufen fertig geschleißter Federn, der Federkiel auf den Schoß und wird später verbrannt.

Will jemand rasch eine gute Leistung vorweisen, dann werden wohl auch ungeschleißte Federn in den Haufen der fertiggeschleißten hineingeschmuggelt: es wird gebartelt. Beim Federschleißen muß jeder Luftzug vermieden werden, weil die Federn sonst in die Luft fliegen – sə fadərn = sie federn. Manchmal haben böse Buben aus Schabernack eine Taube durch das Schiebefenster in die Stube geworfen, die dann ängstlich flatternd, alle Federn zerstreut.

Mithelfende Kinder suchen sich die dicksten Federspulen heraus, schneiden sie oberflächlich bis etwa zur Hälfte auf, nehmen die »siəl = Seele« heraus und gewinnen so eine Dute, die beim hineinblasen einen schnarrenden Ton von sich gibt. Fertiggeschleißte Federn kommen in ein Inlet oder auch für spätere Verwendung in einen Sack, der luftig aufgehängt wird. Das aus Kalkstein bestehende Gewicht für Federn »Stein« betrug in Flarchheim, das früher zu Sachsen gehörte, wie in Preußen etwa 20 Pfund, in Schweden dagegen 13,602 kg, in Holland 3 kg. Heute ist es nicht mehr bekannt.

Aal (ōlən – w.) = Süßwasseraal oder Flußaal, Anguilla vulgaris L., nur noch in dieser Lautform im lobenden Ausdruck für ein wohlgenährt rundliches Haustiert mit glänzendem Fell, besonders Pferd oder Kuh: »dr gūl ës wī ènnə ōlən = der Gaul ist wie (eine Aale) ein Aal«. Während der Fisch heute männlichen Geschlechts ist und gsp. āl genannt wird, ist er in der stehenden Redensart weiblichen Geschlechts und heißt gsp. ōlən. Dem Bauern ist auch durchaus bewußt, daß er mit seinem Ausdruck einen Aal meint und nicht etwas anderes. Die heutige Lautform ist jedoch aus der Gemeinsprache »abgesunken«, also nicht bodenständig.

abseimen (obbsaimən – Ztw.) = abschöpfen, besonders Unreinigkeiten vom Wassereimer. Wer aus einer Quelle trinkt, der muß es ebenfalls »erscht obbsaim = erst abseimen«. Und schließlich wird beim Saftkochen mit einem durchlöcherten Schöpflöffel der aus Schmutzteilen bestehende Schaum abgeseimt. – Das Wort in der Grundbedeutung »zusammen(schieben)« kann nicht mit »(Honig)Seim« verglichen werden, ist aber weder im Mittel-, Althochdeutschen noch Germanischen belegt. Eine Untersuchung des Baltischen beweist jedoch, daß es vorgerm.-ideur. Ursprungs ist: lit. >sémti (›mit einem Schöpfgefäß, einem Löffel, der hohlen Hand‹ schöpfen, entleeren, schaufeln), sémblioti (langsam und oft in kleinen Mengen schöpfen) und mit a-Ablaut lit. sámtis (Schöpflöffel, -kelle), samùs (leicht ›mit einem Gefäß‹ zu schöpfen), lett. samte (Schaumlöffel, Schöpflöffel) und Zubehör. Die Wortfamilie entstammt ideur. +sem (zusammen).

anmachen (oanmåXən – Ztw.) = Feuer anzünden. »måx əmōl fīr oan = mache einmal Feuer an«. – Man sollte es nicht für möglich halten, daß das Allerweltswort »machen« erst in deutscher Zeit aus einer vorgerm.-ideur. Grundsprache aufsteigt: mahhōn, daraus mhd. machen (durch Kraftanwendung hervorbringen, gestalten, etwas zurichten; auch gehen, reisen). Gewöhnlich werden die älteren, aber nur scheinbar dazugehörenden Belege as. makon, afries. makia und im Germanischen ags. macian hierzu, die jedoch den Begriff »bauen« vertreten. Und dann werden aus allen außergermanischen Sprachen entsprechende Gleichungen herangezogen, so etwa gr. magis (Teig, geknetete Masse), lett. iz-muozet (durchprügeln, anschmieren, überlisten). Kluge/Mitzka erklären sogar: »Daß ein Ztw. der Bedeutung ›kneten‹ in den umfassenden Sinn von ›machen‹ übergeführt ist, erklärt sich aus der Wichtigkeit des Lehmbaus in alter Zeit«. Im Gegensatz dazu führe ich das Wort auf ideur. +magh, māgh (vermögen) zurück. Nur im Altgriechischen und in unserm Vorgerm.-Indeuropäischen ist die Lautverschiebung gh>ch nachweisbar, deshalb gr. māchanā́ (Werkzeug, Hilfsmittel; Möglichkeit, Art und Weise usw.), mēchanā́ō (ausklügeln, künstlich bewerkstelligen, fertigen, klug zubereiten), mēchos (Möglichkeit, Mittel, Hilfsmittel) und Zubehör. Nur wer etwas »macht«, der vermag es auch auszuführen. Wer Feuer »an«macht, der hat das »Vermögen oder Können« dazu, zu einer Zeit nämlich, als es noch mit einem Stecken aus Hartholz auf einer Unterlage aus Weichholz und danebenliegendem Zunder »gequirlt« werden mußte. Wer »mitmacht« (mit verreist), der knetet nicht oder baut nicht etwas, sondern der »vermag es« (sei es weil er Zeit, Geld, Lust dazu hat).

auffitzen – mit wenig Wasser besprengen, »Tiere auf dem Bauernhof«

auswerfen (ūswarfən – Ztw.) = Schnee aus den Fernwegen hinauswerfen, auch Erde kann man »auswerfen« bei der Anlage eines Stichgrabens etwa für eine Drainage. – Das Wort ist bereits belegt mhd. ūȥwerfen, ahd. ūȥwerphan (herauswerfen, verwerfend ausscheiden oder ausstoßen), im Germanischen in gleicher Bedeutung ags. ūtveorpan.

Blamber – Kuhkot, siehe »Tiere auf dem Bauernhof«

Blasrohr (blosruər – s.) = runder ausgehöhlter, etwa drei Zentimeter dicker Stab aus Holz. Fritz Polack erzählt, wie Hans Polack ein Meister mit dem Blasrohr war, der seines Hauptmanns Tauben (dieser war ein Liebhaber seltener Taubenarten) wegputzte, bestraft werden sollte und deshalb desertierte. Mein Großvater Johann Michael Ziegenhardt fertigte als Tischlermeister ein Blasrohr an, um die in den Kirschbäumen räubernden Sperlinge zu schießen. Es wurde in Flarchheim noch in den zwanziger Jahren des zwanzigsten Jahrhunderts zum Feueranfachen verwendet. – Wann das Blasrohr erfunden wurde, ist nicht mehr feststellbar. Aber im »Minnesinger«, Leipzig 1838, Band 3, Seite 386, heißt es: »durch einen holn stap mit āteme trīben sach ich vil kleiner kügellīn«. In mittelhochdeutscher Zeit zwischen 1050 und 1450 war es also bekannt.

Bö (biəmən – w.) = vom Schneesturm aufgetürmte dünenartige Schneewälle, die es erforderlich machen, daß die »schneïbiəmən = Schneeböen« beseitigt, die Fernwege »ausgeworfen« werden. »ënnə weïndbiəmən = eine Windböe«. Kluge/Mitzka erklärt das Wort als niederdeutsch, was nachweislich der vorstehenden Belege unrichtig ist. Da das Wort erst in neuhochdeutscher Zeit in die Schriftsprache eindringt, wird es als Entlehnung aus nnd. bui (Regenschauer, Sturm, Windstoß) bezeichnet und zu einem ideur. +bhu (aufblasen) in Beziehung gesetzt entsprechend aslav. bujĭ (wild), russ. bújnyj (ungestüm). Wie aber die Verschiebung u>ö erfolgt sein soll, das bleibt unerklärt, während die Verschiebung gsp. iə>ö ganz allgemein ist, beispielsweise gsp. biəsə>böse, gsp. hiərən>hören, gsp. schiən>schön usw. Ich vergleiche mit ideur. +ghejem (Schnee, Winter), das nach vorgerm.-ideur. Lautverschiebung gh>b ergeben würde ideur. +bejem. Daß diese Lösung richtig ist, ergibt sich aus den nichtverschobenen Belegen skr. himám (Schnee), hemantás (Winter), gr. cheimázō (stürmisch, winterlich sein), cheimōn (Winterwetter, Sturm, Unwetter) und Zubehör. Es ist stets zu lesen ei-eï, niemals = ai.

bölken – brüllen, siehe »Tiere auf dem Bauernhof«

Born – Wasser. *Borneimer* (bornëmmər – m.) = hölzerner nur zum Bornholen verwendeter Eimer. Beim Weifborn war ein solcher hölzerner Borneimer fest mit der über den Zylinder abrollenden Kette befestigt, so daß er immer wieder in den Born hinuntergelassen werden mußte, um dann in den Trageeimer oder die Bütte umgeschüttet zu werden. – *Bornhaken* (bornhokən – m.) = beim Ziehborn die Stange mit dem schneckenförmigen Haken, in den der Borneimer zum Bornschöpfen gehängt wurde. – *Bornsterze* (bornštertsən – w.) = etwa brusthohe viereckige hölzerne um tiefe Schöpfbörner, unbedingt aber um Ziehbörner Schutzwand, um das Hineinfallen des Bornholenden oder spielender Kinder zu verhindern. (Siehe Sterze). –

Im Born (in bornə – m.) = Flurteil südlich des Entenleichs und östlich des Stiegels. Er umfaßte ursprünglich entsprechend der Originalurkunde 3615 des Sächsischen Landeshauptarchivs in Dresden aus dem Jahre 1360 als »Breiter Born« die gesamte Breitecken (siehe »Sind wir Germanen?« Seite 275 ff.) und muß als mißglückte Verdeutschung bezeichnet werden. Dort befand sich ein Schöpfborn. Im gleichen Flurteil war ein anderer Schöpfborn der unmittelbar am Mülverstedter Stieg gelegene Junker Hansens Born. In der Dorfmitte erinnert die Borngasse an das frühere Wasserschöpfen im Eichbach, auf der Trift das gleiche im Triftborn. Das Oberdorf kannte noch zu Beginn des zwanzigsten Jahrhunderts einen Angelungsborn nördlich des Hauses 107, einen zweiten nördlich des Hauses 111. In der Wüstung Graiwerode ist noch immer der Graiweröder Born vorhanden, aus dem die Kindfrau die kleinen Kinder holt. Und in der ehemaligen Dorfsiedlung Bütthausen kennt man die Flurnamen Beim Küttelsborn und Beim Rengersborn.

dämmeln (dämməln – Ztw.) = wiederholt, mehrmals treten. – *dämmeln* (dämməln – Ztw.) = wütend ununterbrochen nach jemand treten. »ha kråtzt ůn dämməlt = er kratzt und tritt wütend mit den Füßen ununterbrochen nach jemand«. – *dämmeln* (dämməln – Ztw.) = im frischgegrabenen Hefchen durch Treten zwei Beete durch einen Fußsteig voneinander trennen. – Das nirgends belegte Wort ist Iterativ zu ideur. +dhem (häufen), das beispielsweise ergab gr. thama (schnell hintereinander, häufig, oft und beständig). Wie im Griechischen bezeichnet das Wort ein »häufiges Hintereinander« und zwar mit den Füßen. Es beweist erneut die Entwicklung unseres vorgerm.-ideur. Wortschatzes unmittelbar aus dem Wurzelwort.

draischen (draischən – Ztw.) = in Unmengen Wasser herunter-, über den Gefäßrand fließen lassen. Hat man Blumentöpfe begossen und dabei zuviel Wasser verwendet, dann draischt dieses hinunter. Wird die Wäsche aus der

Waschwanne ohne ausgewrungen zu sein herausgenommen, »do draischt sə = da draischt sie«. Schüttet der Regen wie aus Kübeln, dann »dråscht« es. – Das nirgends belegte Wort entstammt unmittelbar ideur. +dres (netzen, besprengen), dazu gr. drósos (Feuchtigkeit, Naß; Tropfen, Tau), droserós (feucht, betaut), in der eigentlichen Bedeutung aber nur lautverschoben gt. ufar-trusnjan (über-besprengen).

erlechen (ërlachən – Ztw.) = nur Holzgefäße wie Wannen, Kübel, Bütten, Holzeimer lassen in heißen und trockenen Sommern das Wasser durch die Ritze zwischen den Dauben hindurchsickern: sie erlechen. – Das Wort ist germanisch. Es liegt vor mhd. erlëchen, ahd. lëcchen und vor »Hoch«deutscher Lautverschiebung k>ch noch an. leka (tröpfeln, rinnen). Dagegen gehört ags. leccan (bewässern) nicht hierher, obgleich engl. leak (leck sein) dem Wurzelwort entstammt.

Die Etymologie vergleicht damit das nichtgermanische air. legaim (ich zerschmelze, zergehe) obwohl erlechen/zerschmelzen nichts miteinander zu tun haben. Ich stelle daneben ideur. +wreg, +wrag (brechen, reißen), das beispielsweise ergab gr. rēgma (Riß, Spalte), rōx (Riß, Ritze, Spalt). Das Wort muß schon ins Vorgermanische aus der Grundsprache entlehnt worden sein, wie die Lautverschiebung r>l beweist, um ein vorgerm. +leg zu ergeben und germanisch-lautverschoben g>k als an. leka (tröpfeln, rinnen) aufzutauchen.

fitzen, auf- (ůff-fitsən – Ztw.) = etwas mit wenig Wasseer besprengen. – siehe »Tiere auf dem Bauernhof«

fitzen (fitsən – Ztw.) = leicht schlagen, wie es manche Kuh sich mit dem Schwanz während des Melkens angewöhnt hat. – *fitzen* (fitsən – Ztw.) = mit der Peitschenschnur jemand leicht anschmitzen. – Da es sich beim Fitzen stets um ein leichtes Schlagen mit einem fadendünnen Gegenstand (bei der Kuh mit den äußersten Enden der Schwanzquaste) handelt, kann kaum gr. pítylos (heftiger Schlag oder Stoß, Hieb) verglichen werden. Eher ist an den Fitz (dünne Schnur) beim Weifen des gesponnenen Garns zu denken.

Fläunschwasser (flåinschwåssər – s.) = beim Spülen des Eßgeschirrs gewonnenes Wasser, das in einen Fläunscheimer geschüttet wird, um den Schweinen verfüttert zu werden. Während gsp. flåinschən (unachtsam Wasser verschütten) auch in Flarchheim üblich ist, heißt das hier Gespülig genannte Schweinefutter-Abwaschwasser in der Vogtei Dorla Flåinschwasser. – Das einem ideur. +pleu (hin und her schwimmen) entstammende Wort lautet im Baltischen lit. pláuti (spülen, auswaschen), ist im Germanischen nicht belegt, lautet im Deutschen aber richtig ahd. flawen, flewen, mhd. fleun, vlouwen (spülen, durch Abspülen reinigen, waschen). Es ist damit ein germanisches Wort.

gätlich (gatlᵉich – E.) = passend, nicht klein und nicht groß, aber mehr nach dem Großen hinneigend. »s ës ënn gatlᵉichəs kåləb = es ist ein gätliches Kalb«, genau so wie es sein muß und der Bauer es sich wünscht. »måx s nuər gatlᵉich mët dan jůngən = mache es nur gätlich mit dem Jungen (der etwas ausgefressen hat)«, das heißt übertreibe deine Strafen nicht, bleib auf dem Mittelweg! – Das allmählich untergehende Wort verwendet Goethe als gätlich, Fritz Reuter als gadlich. Es ist belegt mhd. getelīch (passend, schicklich, angemessen), gaten, gegaten, ahd. begatōn (schicklich zusammenkommen; sich paßlich fügen usw.), as. gigado (seinesgleichen). Weitere Zusammenhänge führen zu Gatte (die Zusammengehörigen) und gut (passend, trefflich).

Gespülig – Abwaschwasser, siehe »Tiere auf dem Bauernhof«

glumm (glůmm – E.) = nichtbrennend, weil das Holz nur noch schwammig ist. »dås håilz kåst də wagg gəschmiß, dås ës glůmm«, brennt also nicht und gibt keine Glut. – *glummen* (glůmmən – Ztw.) = glosen und nicht brennen. »s håilz ës zə nåß, dås glůmmt nuər = das Holz ist zu naß, das glost nur«, glüht aber nicht. – Es ist naheliegend, daß dieses Grundsprachenwort nicht mit dem Begriff des »Glimmens« in Verbindung gebracht werden kann, denn es sagt ja durchaus das Gegenteil aus. Mir scheint eine Verbindung mit gr. bréchō (naß oder aufgeweicht werden) und Zubehör vorzuliegen, das nach vorgerm.-ideur. Lautverschiebung b>g ergab lit. gruzdénti (schwelen, glimmen), grùzdinti (zum Schwelen, Glimmen bringen), lett. grust (schwelen, glimmen) und nach nochmaliger Lautverschiebung r>l und m-Formans in benachbarter Bedeutung ags. glōm, glōmung (Dämmerung, Zwielicht), glumeke (im Dunkeln leuchtendes faules Holz), aber nur in unserer mitteldeutschen Grundsprache gsp. glumm (nichtbrennend), glummen (glosen, schwelen und nicht brennen).

gokeln (gōkəln – Ztw.) = mit Feuer spielen. »du gōkəlst suə långə, bis də wås oangəbrānt häst = du gokelst so lange, bis du etwas angebrannt hast«. – Die Etymologie vergleicht das Wort mit nhd. gaukeln (Zauberei, Narrenspossen treiben). Da dieses Wort aber in keiner Weise sinngleich oder auch nur sinnähnlich ist, scheint ein anderer Zusammenhang zu bestehen.

Häckerling (hakkərlėng – s.) – Gemengsel aus Stroh und Klee, siehe »Tiere auf dem Bauernhof«

hittern (hittərn – Ztw.) = wiehern der Pferde, wenn sie Durst haben. Es ist ein nicht lautes und freudiges, sondern mehr verhaltenes und etwas klägliches Wiehern. – Das nirgends belegte Wort kann zu ideur. +qi (bewegen) gehören, dem unser gsp. Hī, Hü (Pferd) in seiner Urbedeutung entstammt und würde dann etwa »Pferderuf« zu benennen sein. Es könnte aber auch ein Zusammenhang mit ideur. +dhī (saugen) bestehen entsprechend lett. dīlit (säugen) und noch eher gr. tithē (Amme) über das unerklärbare gr. dipsa (Durst), dipsēn (Durst haben), das dann (ausgehend von gr. tithē) über die Lautverschiebungsreihe t>p>k ein +kithē ergeben hätte, um nach bereits vorgerm.-ideur. Lautverschiebung k>h zu gsp. hittern zu führen.

Holzgerechtigkeit (håilzgərachtėjkait – w.) = auf dem Haus ruhendes Anrecht auf Zuteilung von Brennholz durch das Los. In der Flarchheimer Holzordnung vom 19. Juni 1588, die auf das Malbuch von 1579 zurückgeht, wird der Schlag noch »John« genannt (wie bis vor kurzem im Suiberg) und der zugeteilte Anteil »Maßen« entsprechend den Craulaer Hausmaßen oder den Krautmaßen am Hörselberg. Die ältere Form liegt vor im Flurnamen Ahlich, Alich. Es konnte noch nicht erarbeitet werden, ob es sich hier urzeitlich ebenfalls um einen gemeinsamen Waldbesitz gehandelt hat, der aber zuletzt außerhalb der Dreifelderwirtschaft lag und von jedem Losträger landwirtschaftlich (oder entsprechend »Krautmaßen«) gärtnerisch genutzt wurde. Noch älter und bis in den Beginn des Ackerbaus vor sechstausend Jahren führt der Flurname Merztal (siehe »Sind wir Germanen?« Seiten 166 ff.), der die Verteilung der in Streulage liegenden Äcker durch Los bezeichnet. So führt das vorgerm.-ideur. Eigentumsrecht, nachweisbar an Flurnamen eines einzigen Dorfes in Westthüringen, von dem Anbeginn der bäuerlichen Wirtschaftsweise um 4000 vZtr. über alle Perioden der Jüngeren Steinzeit, des Bronzezeitalters, der Eisenzeit bis zur Gegenwart. Das ist nur dann möglich, wenn im Grundbestandteil der Bevölkerung sich über 6000 Jahre – trotz mehrfacher Überlagerung durch Eroberer – nichts geändert hat.

Kilberlamm (kiͤləwərlåmm – s.) = weibliches Schaflamm. Dazu kilbern (sich übermütig benehmen und dabei herumspringen), Kilbern, Gekilber, Kilberei, Kilberkern (Kälberrohr und Pferdekümmel, Wiesenkerbel). – siehe »Tiere auf dem Bauernhof«

kipsen (kiͤpsən – Ztw.) = Feuer schlagen. Als das Zündhölzchen noch nicht erfunden war, wurde das Feuer »gekipst«, indem mit einem Stahl solange an einen Feuerstein geschlagen wurde bis Funken absprangen. Im Ersten Weltkrieg tauchte bei leidenschaftlichen Rauchern das Kipsen erneut auf. Der Feuerstein wurde in den Flurteilen ohne Lößüberlagerung gesucht, der Feuerschwamm von alten und rissigen Buchen abgebrochen und so lange geschlagen, bis er zu Zunder geworden war (oder dieser fertig gekauft). – Das nirgends belegte Wort scheint sich unmittelbar aus ideur. +(s)kep (schlagen) entwickelt zu haben entsprechend gr. kóptō (schlagen, stoßen, hauen usw.), sképarnon (Schlichtbeil zum Glätten der Hölzer), lit. skỹpata (kleines Stückchen, Bröckchen), lett. šķibît (hauen, schneiden). Die deutsche Wortform liegt vor in ahd. scivaro, mhd. schiver (Splitter vom Stein), das heißt die germanische Lautverschiebung p>f(v) ist wirksam geworden, während unser Grundsprachenwort die Urform erhalten hat.

Klunker – Schmutzklümpchen, siehe »Bauer als Ackermann« Seite

Knet (knat – m.) = zähklebriger Schlamm nach längerem Regenwetter. – *knetig* (knatj – E.) = zähschlammige Feldwege nach Regenwetter. Hierzu bildlich: *Knet* (knat – m.) = langweiliges törichtes Reden. »dān sin knat wēll iͤch gor niͤch hiər = dem seinen Knet will ich gar nicht hören«. – *kneten* (knatən – Ztw.) = unsinnig schwätzen. Dazu Kneten, Geknete, Kneterei. – Die Etymologie verweist auf mhd. knëten, ahd. knëtan, im Germanischen ags. cnēdan. Es erweist sich bei näherer Untersuchung, daß ein vorgerm.-ideur. Wort zugrunde liegt aus ideur. +glei (kleberig sein), dem auch unsere Wortfamilie »kleben« entsprossen ist. Wir begegnen poln. glej (schleimiger Boden), russ. glej (Lehmboden, Ton), gr. glischros (zäh, kleberig, leimig) und Zubehör, im Baltischen lit. glitùs (schlüpferig, klebrig) und Zubehör, lett. glìzda (blauer Ton, Mergel, Lehm) und Zubehör. Aber bereits die urzeitliche vorgerm.-ideur. Lautverschiebung l>n ergibt abg. gnila (Tonboden, kleberige Erde), apreuß. gnode (Trog zum Brotbacken). Erst jetzt wird das Wort in einer nicht mehr nachweisbaren Lautform ins Vorgermanische entlehnt, um die Germanische Lautverschiebung g>k mitzumachen. Vgl. »Mit unserer Sprache« Seiten 231 ff.

Larke (Hungergrube) – siehe »Tiere auf dem Bauernhof«

Luschchen (luschchən – s.) = kleines, nur wenig wärmendes Feuer im Ofen. »s woar suə kält, do hån iͤch ënn lusch-chən gəmåxt = es war so kalt, da habe ich ein Luschchen gemacht«, ein Feuer im Ofen mit wenig Zinken und Holz. – Das nirgends belegte Wort ist vorgerm.-ideur. aus ideur. +luq (leuchten) in der Bedeutung »ein kleines Leuchten« zu gr. lỳchnos (Licht, Leuchte, Fackel) und Zubehör.

muhen (muən – Ztw.) = mit Wohlbehagen Töne von sich geben (von der Kuh gesagt). – Das erst spätmhd. muhen, muwen, mugen (brüllen) aus einer Grundsprache aufsteigende Wort ist freilich lautmalend, aber der Vergleich mit ideur. +mu (muh) zu gr. ỳ (muh), mỳzō (dumpfe Töne hervorbringen), mȳkàomai (brüllen usw.), im eigentlichen Sinne »mit geschlossenem Munde dumpfe Töne von sich geben«, beweist doch den Gebrauch des Wortes innerhalb des vorgermanisch-indoeuropäischen Volkes.

mummen (můmmən – Ztw.) = leises murmelndes Geräusch der Kuh vor dem lauten Bölken, aber auch zur Beruhigung des neugeborenen Kalbes. – Das nirgends belegte Wort scheint eine Nebenform zu mhd. mumel (murmeln) zu sein, das in der Bedeutung »in den Bart brummen, heimlich reden« als mnl. mummelen belegt ist. Da aber kymr. mwm(l)ian (brummen, murmeln) ein ags. +mumlian voraussetzt, ist trotzdem urzeitliche Herkunft anzunehmen.

pusten (pustən – Ztw.) = stark blasen, etwa »pust əmōl schnall s liͤcht ūs = puste einmal schnell das Licht aus!« nämlich die Kerze oder die Petroleumlampe. – *Pusteblume* (pustəblůmmən – w.) = Gemeiner Löwenzahn, Taraxacum officinale Wigg., in der Zeit der Reife, wenn besonders kleine Mädchen die Fruchtstände abblasen und dadurch feststellen, wie lange sie noch zu leben haben. Im jungen Zustande heißt die Pflanze als Ganzes Fettbusch, in der Vogtei Dorla Milchbusch. – Das Wort steigt erst in neuhochdeutscher Zeit aus einer Grundsprache auf, ist aber keineswegs niederdeutsch, wenn es auch zuerst in Norddeutschland belegt ist, sondern vorgerm.-ideur., wie die baltischen Sprachen beweisen: lit. pūstas (wehen, blasen), lett. pùst (blasen, hauchen, wehen) und zahlreiches Zubehör. Zugrunde liegt ideur. +pū (anschwellen) und nicht mit Kluge/Mitzka ideur. +bu, +bhu (aufblasen).

quatschen (kwåtschən – Ztw.) = überfließen lassen durch ungeschicktes Bewegen. Wenn jemand mit dem Eimer Wasser holt und sich nicht gleichmäßig mit der Wasseroberfläche bewegt, dann quatscht das Wasser über (den Eimerrand) und macht den Träger naß. Wer Wasser in ein größeres Gefäß umgießt und sich ungeschickt benimmt, quatscht leicht Wasser daneben. – Das nirgends belegte Wort scheint zu ideur. +kla (tönen, schallen) zu gehören entsprechend gr klāzō oder richtiger klátsō (rauschen, klirren; schallen usw.), auf das möglicherweise ahd. quāt (Kot, Schmutz) und Zubehör eingewirkt hat. Das Wort würde wohl in die Familie »platschen, klatschen, quatschen« gehören, keineswegs aber lautmalend sein. Auf gr. katachein (beschütten, herabgießen, übergießen) soll verwiesen werden.

quieken (kwīkən – Ztw.) = durchdringendes Schreien der Schweine. – Die Etymologie sieht in diesem Naturlaut der Schweine eine Nebenform zu quaken, die vor allem in Norddeutschland üblich sei. Beides ist falsch. Dabei ist der Naturlaut klar belegt lit. kvỹkti, lett. kvĩkt (quieken) und umfangreiches Zubehör, aber auch gr. koĩzein (quieken, grunzen); das Wort ist demnach vorgerm.-ideur. Da auch die venetischen Ursprachen das Wort kennen (poln. kwikaì = quieken), ist bewiesen, daß die Ausführungen in »Sind wir Germanen?« über unsere Vorzeit richtig sind.

rappen – aufraffen, siehe »Bauer als Ackermann« Seite 41 und 206.

Sandmann (sāndmånn – m.) = bis zum Beginn des zwanzigsten Jahrhunderts ein oft gesehener Handelsmann, der mit einspännigem Pferdefuhrwerk den sauberen Grubensand aus Herbsleben bei Langensalza mit dem Ruf »sōnd! sōnd!« anpries. Der Bauer kaufte eine Metze voll oder auch einen halben Scheffel, weil er ständig zum Reinigen der eisernen Töpfe und anderer Gefäße diesen Sand benötigte. Sonnabends wurden die nicht mit Farbe gestrichenen Fußböden gescheuert und anschließend mit Sand bestreut. – *Sandmann* (sāndmånn – m.) = Müdigkeit. Wenn es Schlafenszeit ist, kommt der Sandmann und streut den Kindern Sand in die Augen, damit die Augenlider zufallen.

Siede – (seimen, siehe abseimen) Hierzu sagt Hermann Herwig ergänzend: »Von Mahlzeit zu Mahlzeit wurde sie vorbereitet, das heißt abends nach dem Füttern für morgens, morgens für abends. Gemahlene Runkeln wurden in einem großen Kübel (Sēdənkiwwəl) oder Stotz oder in einem gemauerten Behälter mit Spreu – wobei auch die stachelige Gerstenspreu verwendet werden konnte – und Häcksel vermischt und mit heißem Wasser aus der Pfanne der großen eisernen Öfen, die Pfanne und Bratröhre besaßen (oder auch aus Gruden) überbrüht und zugedeckt. Eine alte Nachbarin, die lange nach dem alten Stil gefüttert hat, erklärte so: ›es wurde abwechselnd eine Schicht Spreu in den Siedenkübel getan, dann Schrot übergestreut, dann wieder Spreu und wieder Schrot usf. entsprechend dem Bedarf. Dann kamen die gemahlenen Runkeln obenauf, und alles wurde mit heißem Wasser überbrüht und zugedeckt, beim Füttern dann vermischt. Nach der Siede bekamen die Tiere Futter bis zur Sättigung; es wurde alles geschnitten, nichts lang gefüttert. Oberkar und Kaben wurden geschnitten und mit zur Spreu in die Siede gegeben.‹ Siede wird gern gefressen, die Tiere ›fressen sich den Wanst voll.‹ Ein Hängebauch, auch bei Pferden (und ebenso bei Menschen) wurde als ›Seedenwanst‹ bezeichnet. Ein großer, aber häufig gemachter Fehler bei der Jungviehaufzucht war die zu frühe und die zu reichliche Gabe von Siede. Die Tiere konnten dann nicht mehr genügend nährstoffreicheres Futter aufnehmen, sahen struppig aus, hatten einen Leib wie eine Trommel und blieben im Wachstum zurück.« So oder doch ganz ähnlich wurde in unserm Haushalt noch um 1920 die Siede gegeben, weil zum Zwecke des Verkaufs nur Gerste angebaut wurde, die wegen der die Gerstenspreu bildenden Haimen (Grannen) anders nicht restlos hätte verwertet werden können.«

Schlamper (schlampər – m.) = wässeriger Schlamm, tiefgründiger Schmutz. Der Gemeindediener mußte noch zu Beginn des zwanzigsten Jahrhunderts ihn mit einer eisernen Krücke beseite scharren. – Das Wort erscheint erstmalig in mitteldeutschen Quellen im 14. Jahrhundert als md. slam (weicher nasser Bodensatz), so daß die Etymologen auf ideur. +(s)lam (schlaff; herabhängen) schließen. Bei Berücksichtigung der vorgerm.-ideur. Lautverschiebungsreihe t>p>k>s mit der Verschiebung k>s können wir diesem md.

slam ein vorausgehendes +klam annehmen und kommen dann zu lit. klampà (sumfiges, morastiges Erdreich, Morast, Sumpfland), klampùs (morastig, sumpfig) und Zubehör. Der Bedeutungsgleichklang klampà/schlamper stützt die Richtigkeit dieser Deutung. Daß im Litauischen die Verschiebung k>s wirksam geworden ist, beweist das von der Sprachwissenschaft nicht erklärbare lit. šlam̃štas (Unrat, Kehricht), szlamstas (vom Wasser zusammengespülte Rückstände) und Zubehör. Freilich ist die Wurzel vorerst nicht auffindbar, doch steht zumindest fest, daß es sich bei unserm Wort um ein solches vorgerm.-ideur. Herkunft handelt.

schoi! – Scheuchruf für Schweine, siehe »Mit unserer Sprache« Seiten 136 f.

Schootkarre (schōtkårrən – w.) = einräderige Kastenkarre zum Wegfahren von Erde, Sand, Schutt, Mist. Sie besteht aus dem Kasten, vor dem das Rad läuft, und nach hinten aus den beiden ebenfalls aus Holz bestehenden Handhaben, die »baimə = Bäume« genannt werden, und die in Handgriffen auslaufen. Mit Ausnahme der Achse des Radbeschlags und dem Radreifen besteht der Schootkarren aus Holz. Die gleiche einräderige Karre ohne Kasten, jedoch mit einem aus Latten gezimmerten »Bock« heißt Schubkarre oder Schiebekarre. – Der Bedeutung des Wortes ist nur beizukommen, wenn berücksichtigt wird, daß noch zu Beginn des zwanzigsten Jahrhunderts der Gemeindekuhhirte im Schootkarren seinen Schoot (bestehend aus Getreide), also seinen Schoß oder die Naturalien-Entlohnung, von den Bauern abholte. Der Lautform entsprechend steht fest, daß das Wort nicht deutsch (mhd. schoȥ = Abgabe, Steuer) ist, sondern zu nl. schot, ags. scot (Zeche, Rechnung) gehört, die zur Bedeutung »schießen« gerechnet werden. Es ist eher an ein ideur. +kew, +ku (hohl sein; schwellen) mit t-Erweiterung zu denken; denn diesem Wurzelwort entstammen gr. koilos (zu Gefäßen oder Geschirr verarbeitet), aber auch gr. kotỳlē (Napf, Becher, Schälchen als Maß für trockene und flüssige Dinge, lat. cotula (kleines Gefäß als Maß). Gsp. schōt hätte dann die Verschiebung k>s,sch durchlaufen.

schöpfen (schäpfən – Ztw.) = mit einem Gefäß Flüssigkeit entnehmen. – *Schöpfborn* (schäpfborn – m.) = untiefer oberflächlicher Born, aus dem unmittelbar mit dem Borneimer Wasser geschöpft wird. – *Schöpftopf* (schäpfdiͤpfən – s.) = über der »ëmmərbånk = Eimerbank« an der Wand hängender Tontopf zum Wasserschöpfen. Ist der Schöpftopf aus Emaille,

Blech, Aluminium, dann heißt er »schäpfdůpf«. – Die Etymologen mengen schöpfen und schaffen durcheinander, weil sie gsp. schäpfən aus +schapfen nicht berücksichtigen, wodurch sie zu falschen Zusammenhängen kommen. Belegt sind nur mhd. schepfen, schöpfen, ahd. scephan, skepfen und dazu as. sceppjan (Flüssigkeit mit einem Gefäß entnehmen). Im Germanischen ist das Wort in dieser Bedeutung nicht belegt, weshalb nichtgermanischer Ursprung angenommen werden kann. Da aber vorgerm.-ideur. Ursprung nicht nachweisbar ist, untersuchen wir die zweite Möglichkeit: falisko-italischen oder venetischen Ursprung. Wir treffen auf lat. capis (mit Henkeln versehene, besonders zum Opfern gebrauchte Schale) capula (kleine gehenkelte Schale) zum Begriff lat. capere (nehmen, entnehmen, aufnehmen). Die Grundbedeutung des Wortes schöpfen ist also »nehmen«, was wohl stimmen dürfte. Das Wort muß in der Urbedeutung aus einer der italischen Sprachen ins vorgerm.-ideur. entlehnt worden sein, um die Lautverschiebung k>s,sch und der in Mitteldeutschland häufig vorkommenden p-Doppelung mitzumachen. Als solches ist es als vorgerm.-ideur. +schapp ins Germanische aufgestiegen, um die »Hoch«-deutsche Lautverschiebung pp>pf zu durchlaufen. Ein Schöpftopf, eine Schöpfkelle, ebenso eine schöpfende hohle Hand ist demnach »das Nehmende«. Vgl. »Mit unserer Sprache« Seiten 155 f.

schuchen – angstvoll rufen, siehe »Sind wir Germanen?« Seite 72 ff.

schwabben – (schwåbbən – Ztw.) = schwankend an oder über den Rand des Eimers schlagen (vom Wasser oder auch einer anderen Flüssigkeit gesagt). – *schwabbeln* (schwåbbəln – Ztw.) = Iterativ hierzu, angewendet auf einen dicken und fetten Bauch, ein Doppelkinn. – Das erstmalig am Ende des fünfzehnten Jahrhunderts als schwaplen auftauchende Wort ist b-Erweiteung von ideur. +su̯ei (schwingen, lebhaft bewegen) entsprechend lett. svaipīt (= peitschen) und der g-Erweiterung in lit. swaĩgti (taumeln, schwanken usw.) und zahlreichem Zubehör.

Siecher (sͤichər – m.) = Bornstange – Der Bauer versteht unter dem Siecher fälschlich den »Sucher«, aber sein Sinn ist ja vor allem das Herausholen des verlorengegangenen Eimers. Das Wort ist weder im Neu-, Mittel-, Althochdeutschen noch Germanischen nachweisbar. Im Baltischen treffen wir auf lit. sìekti (nach etwas langen, etwas zu erreichen suchen), prisìekti (erreichen können), sàikioti (nach etwas langen, nach etwas reichen) wohl aus ideur. +sēi (= binden). Zu diesem noch heute gebräuchlichen baltischen Zeitwort hat unsere Grundsprache ein Dingwort in der Bedeutung »der Heraufholer« gebildet. Es muß ins Germanische aufgestiegen sein, um die »Hoch«deutsche Lautverschiebung k>ch mitmachen zu können.

Sterze (štertsən – w.) = etwas weniger als einen Meter hohe hölzerne quadratische Umrahmung eines natürlichen Borns oder auch eines gegrabenen Brunnens. – *Bornsterze* (bornštertsən – w.) = dasselbe. Ein mit Sterze abgesicherter Born war als Schöpfborn nicht mehr verwendbar; es mußte ein Bornhaken hinzugenommen werden. Später wurde ein hölzerner Zylinder aufgesetzt: es entstand so der Weifborn. – Das Wort ist weder mit dem Stërz (Pflugsterz, Schwanz) zu vergleichen, noch mit nhd. stürzen (fallen). Es entstammt vielmehr unmittelbar ideur. +ster (starr) mit t-Erweiterung entsprechend lett. stersk (Wagenrunge), lit. stérti (wie eine Bildsäule dastehen) und Zubehör.

Stutz – Gefäß, siehe »Tiere auf dem Bauernhof«

vollstotzig (vůllštůtsj – E.) = prall mit Milch gefüllt. Kühe sind vor allem frischmelkend vollstotzig. Das Wort wird auch auf einen beleibten Menschen mit hohem Blutdruck bezogen.

übernabsch – leckerhaft, siehe »Tiere auf dem Bauernhof«.

überstenkern – überfüttern, siehe »Tiere auf dem Bauernhof«.

wienern (wīnərn – Ztw.) = Schuhe solange mit voller Inbrunst wichsen, Metall jeglicher Art andauernd fleißig bearbeiten, bis sie auf Hochglanz gebracht worden sind. – Es bleibt nicht aus, daß in diesem Wort eine Bezugnahme auf die Stadt Wien gesehen wird. Tatsächlich wird erklärt, das Wort entstamme der Soldatensprache, habe ursprünglich den Wiener Putzkalk gemeint und sei dann auf andere Putzmittel übertragen worden. Die Bedeutung des Wienerns ist aber nicht das Putzen schlichthin, sondern die Inbrunst, mit der es ausgeführt wird. Nur derjenige wienert, der des Putzens nicht müde wird. Ich vermute unmittelbaren Zusammenhang mit mhd. winnen, ahd. winnan (sich abmühen und abarbeiten; in heftiger Aufregung sein), as. winnan (sich plagen, durch Tätigkeit erlangen), im Germanischen ags.

vinnan (sich abarbeiten, abmühen, arbeiten), an. vinna (Arbeit verrichten, bearbeiten, leisten, ausrichten) gt. winnan (sich plagen, leiden), wobei die das Kämpferische meinende Nebenbedeutungen unberücksichtigt geblieben sind. Die Bedeutung wäre dann »gewinnen«, nämlich »durch Anstrengung Hochglanz gewinnen« zu ideur. +vin (wie man es, was man gern hat). Das Wort wäre durchaus germanisch, jedoch durch die vorgerm.-ideur. Grundsprache (aus der es erneut »aufgestiegen« wäre) gedehnt wie etwa gsp. līcht (Licht), schnūmən (Schnupfen) usw. Unser Wort wienern wäre dann Iterativ zu +winen.

Zunder (zůndər – m.) = Feuerschwamm, Zunderschwamm, Polyporus formentarius Fr., der solange geschlagen wurde, bis er weich war und sich leicht entzündete. »s brënnt wī zůndər = es brennt wie Zunder« ist ein noch heute allgemein gebrauchter Ausdruck.

Zunder (zůndər – m.) = schlechter Webstoff, der leicht reißt. – *herumzundern* (riͤmzůnnər – Ztw.) = eigentlich von Liebe entzündet sein und sich nach dem andern Geschlecht sehnend herumtreiben. »zůnnər niͤch iͤmmər suə riͤm = zundere nicht immer so herum!« – Dazu Herumzundern, Herumgezunder, Herumzunderei. – Das zum Begriff »zünden« gehörende Wort kann die Etymologie über mhd. zunder, ahd. zunt(a)ra und im Germanischen ags. tynder, an. tundr rückwärts verfolgen. Dann aber erklären beispielsweise Kluge/Mitzka: »Weitere Beziehungen sind unsicher«. Aber lit. dūlis (Baummoder zum Beräuchern der Bienen), dùlti (vermodern, wurmstichig werden), lett dūle (= Räuchermasse zum Forttreiben der Bienen, Fackel, Lunte), dulêt (mit Zunder räuchern) verweisen auf die vorgerm.-ideur. Lautverschiebung l>n und auf die Tatsache, daß dieses Wort nach erfolgter Lautverschiebung aus der vorgerm.-ideur. Grundsprache entlehnt wurde. Es entsammt ideur. +dhu (räuchern, opfern; heftig bewegen, wallen) entsprechend gr. thylma (Opferkuchen), thȳō (dampfen, rauchen; verbrennen) und Zubehör.

Die bäuerliche Vorratswirtschaft

Während Lebensmittel heute beim Kaufmann erstanden werden, war es auf dem Dorfe bis zum Zweiten Weltkrieg üblich, die auf den Feldern und im Garten, in Haus und Hof erzeugten oder auch im Walde gesammelten Nahrungsmittel selbst weiterzuverarbeiten. Bei der Darstellung dieser zur Volkskunde zählenden Arbeiten wollen wir alles erfassen, was untergegangen ist oder vor der Auflösung steht, aber selbst das Schweineschlachten mit besprechen.

Gurken und Sauerkraut

Obgleich die Gurke, Cucumis sativus L., erst im siebzehnten Jahrhundert über Griechenland und Italien nach Deutschland gekommen zu sein scheint, nimmt sie im bäuerlichen Haushalt einen überragenden Platz ein – nicht, daß sie einen erheblichen Nährwert hätte; aber sie wirkt appetitanregend und wohl auch blutreinigend. Hier sollen nur diejenigen Formen des Haltbarmachens besprochen werden, die in Westthüringen üblich sind.

Auf die verschiedenen Arten des Speisekürbis, Cucurbita L., wird nicht eingegangen, da er längst nicht in allen Haushaltungen angebaut wird. Die Verarbeitung als Zuckerkürbis gleicht derjenigen der Zuckergurken. Dagegen gewinnt die erst nach 1904 von Pfarrer Begrich in Flarchheim eingebürgerte Tomate, Solanum lycopersicum L., immer mehr Liebhaber. Sie wird zwar meistens roh als Zubrot gegessen, doch hier und da auch ähnlich wie Sauere Gurken eingelegt oder in Gläsern eingekocht. Auf die gleiche Weise werden die von Flüchtlingen aus Siebenbürgen und dem Banat nach 1945 heimisch gemachten süßen Arten des Paprika, Capsicum annuum L., verwendet.

Sauere Gurken wurden früher auch im bescheidensten Haushalt eingelegt. In kleinen Mengen und vor allem zum alsbaldigen Verbrauch wurden sie in Tontöpfe, nach umfangreicherer Ernte zusätzlich in Fässer eingelegt. Gurkenfässer wurden eigens vom »bi̊ͤttnər = Büttner«, Böttcher, zu diesem Zweck aus Eiche angefertigt. Vor Benutzung ist ein solches Faß mehrere Male mit heißem Wasser auszulaugen. Soll die Gärung beschleunigt werden, dann wird das Faßinnere zusätzlich nach dem Auslaugen noch mit Fruchtessig eingerieben. Gebrauchte Gurkenfässer werden sogleich nach Herausnahme der letzten Gurken heiß ausgewaschen und darauf zum Trocknen mit der Öffnung nach oben an eine luftige Stelle im Schuppen untergebracht. Vor erneuter Verwendung muß ein solches Faß mehrere Male heiß ausgewaschen und zusätzlich, Öffnung nach unten, ausgeschwefelt werden.

Während für den alsbaldigen Verbrauch bestimmte Gurken nicht besonders ausgewählt werden, wird bei in Fässer einzulegenden sorglicher verfahren. Diese Gurken sollen möglichst gleichmäßig groß sein, aber das Mittelmaß nicht überschreiten. Beim Pflücken sollen sie vollständig trocken sein und keinen Stengelrest tragen, weil er leicht fault. Sie werden zunächst einige Stunden, in manchen Familien sogar 24 Stunden, eingewässert, dann stückweise herausgenommen und gebürstet, mit einem Holzstäbchen oder einem Hoostock (einer Stricknadel) einigemale leicht gestochen und schichtweise eingelegt. Wer besonders kräftigen Geschmack liebt, legt eine Schicht Dill unter, darauf eine Schicht Gurken und so weiter bis zur vollständigen Füllung; andere gehen mit Dill etwas sparsamer um. Obenauf kommen einige Wein- oder auch Süßkirschenblätter. Nun wird auf einen Wassereimer ein Pfund Salz aufgelöst und diese Lösung aufgegossen, bis alles bedeckt ist. Danach wird ein in den Topf oder in das Faß passender Holzdeckel aufgelegt und mit einem sauberen Stein beschwert. Nach einigen Tagen sich bildender Schaum ist (am besten mit einem Holzlöffel) abzuschöpfen: die Gärung hat begonnen. Kurze Zeit später sind die ersten Saueren Gurken oder auch Salzgurken fertig: am liebsten verspeist sie der Bauer zusammen mit einem Fettbrot.

Werden mehrere Fässer Gurken eingelegt, dann müssen die nicht alsbald zum Verbrauch vorgesehenen verspundet werden. Zu diesem Zweck werden vor dem Einlegen der Gurken die oberen Reifen des Fasses gelockert und der oberste ganz abgenommen. Nach erfolgter Füllung wird der obere Deckel mit dem Spundloch eingepaßt, dann werden alle Reifen wieder festgeschlagen. Nun erst wird das Salzwasser aufgegossen bis es über dem Deckel steht. An einem warmen Ort wird die aus dem Spundloch heraustretende Gärung abgewartet, dann das Spundloch zugestöpselt und das Gurkenfaß an einen kühlen und trockenen Ort gestellt, meistens in den Keller. Sind die Fässer nicht sauber genug gemacht worden oder bedeckt das Wasser nicht vollständig Gurken und Dill, dann gehen sie in Fäulnis über: sie werden stinkening.

Gurkenwasser – sowohl von frischen als auch von Salzgurken – nüchtern getrunken, reinigt Lunge und Atmungsorgane. Unreine Gesichtshaut soll abends vor dem Schlafengehen zuerst mit warmen Wasser gewaschen, dann aber tüchtig mit einem Brei aus frischen oder auch Salzgurken eingerieben werden.

Ein echter Bauer läßt nichts umkommen. Das ist wohl auch der Grund für die Verwendung der noch nicht ausgereiften kleinen und kleinsten Früchte am Schluß der Gurkenernte zu *Pfeffergurken* oder auch Essiggurken. Selbst kleinere fleckige Gurken werden hierbei verwertet, indem die Flecke ausgestochen werden. Sie sollen aber noch keine ausgereiften Kerne besitzen. Die Gürkchen werden einigemale je eine halbe Stunde in Wein- oder Fruchtessig geweicht und dann mit einem Bürstchen gereinigt. Nach erneutem Einlegen in den Essig kommen sie auf ein Sieb zum Abtropfen des Essigs, darauf in einen Topf aus Ton oder Steingut, werden mit Salz bestreut und mindestens eine Nacht stehen gelassen. Vor dem Einlegen werden sie auf ein sauberes Leinentuch ausgebreitet und etwa eine Stunde der Luft ausgesetzt. Dann werden sie Stück für Stück mit einem Leinentuch leicht abgerieben und in einen Stein- oder Tontopf eingelegt, wobei Spanischer Pfeffer, Gurkenkraut, kleine Zwiebeln, Dill, etwas zerschnittener Meerrettich und wenige Lorbeerblätter dazwischengelegt werden. Nun wird Wein- oder Fruchtessig mit kleinen Zwiebeln, einigen Gewürznelken, Ingwer, weißem Pfeffer gekocht und siedend heiß übergossen und etwa vierundzwanzig Stunden ziehen gelassen. Darauf gießt man die Brühe ab und kocht sie nochmals. Ist sie erkaltet, dann wird sie erneut aufgegossen, wobei dieser Gewürzessig über den Gurken stehen muß. Nun wird der Topf mit einem Tuch zugebunden und an einen warmen Ort gestellt, bis die Gurken durchgereift sind. Es gibt selbstverständlich noch verschiedene andere Zubereitungsarten, aber sie laufen alle auf das gleiche hinaus.

Zu den beliebten *Senfkurken* werden die bereits auf dem Felde gelb werdenden Samengurken verwendet. Nach der Ernte werden sie noch einige Zeit zum Nachreifen auf ein niedriges Dach eines hofinneren Wirtschaftsgebäudes oder auch an eine andere sonnige Stelle gelegt. Dabei ist darauf zu achten, daß sie keinen Regen erhalten. Nach erfolgtem Nachreifen werden die Samengurken geschält, halbiert und entkernt. Nun werden die beiden Hälften gut mit Salz eingerieben und vierundzwanzig Stunden in einer Schüssel liegen gelassen, damit möglichst viel Wasser herausgezogen wird. Anschließend werden die Gurkenhälften mit einem sauberen Leinentuch gründlich abgetrocknet, in die gewünschte Streifengröße geschnitten und in Gläser, Ton- oder Steintöpfe zusammen mit kleinen Zwiebeln und Senfkörnern eingelegt. Je nach Geschmackswunsch kommen Estragon, einige

Lorbeerblätter, in Scheiben geschnittener Meerrettich, ganze Pfefferkörner, Spanischer Pfeffer, wohl auch einige Gewürznelken hinzu. Zu zwei Teilen Weinessig wird ein Teil Wasser gekocht, von manchen heiß und von anderen wieder abgekühlt darübergeschüttet, bis das Gemisch die Senfgurken etwa fingerdick überragt. Nun wird der Topf oder das Glas mit Papier zugebunden und etwa vier Wochen beiseitegestellt. Sobald die Senfgurken glasig erscheinen, sind sie eßbar.

Noch vor dem Ersten Weltkrieg kamen *Zuckergurken* auf und fanden rasch zahlreiche Liebhaber. Die Vorarbeiten entsprachen denen der Senfgurken. Im Verhältnis 2:1:1 werden Weinessig, Wasser und Zucker bis zur völligen Auflösung verrührt, dann mit einem Stückchen Zimt und einigen Nelken gekocht, die Gurkenstreifen hineingetan und halbweich gekocht. Dabei muß der sich bildende Schaum ständig abgenommen werden. Nach vierundzwanzig Stunden wird der Essig abgeseiht, erneut gekocht und abermals darübergegossen. Am dritten Tag erfolgt die endgültige Fertigstellung, indem der Essig abermals gekocht, die Früchte in ein Glas oder einen Topf geschüttet, vom nun aber wieder erkalteten Essig übergossen und Glas oder Topf zugebunden werden.

Von besonders schönen Samengurken wurden früher auch die *Gurkenkerne* gesammelt, um sie im nächsten, besser erst im übernächsten Jahr »legen« zu können. Der gesamte Inhalt kam in einen Stotz oder auch einen Holzeimer und blieb darin, bis er in Gärung überging. Danach wurde der Schleim mit Wasser abgespült. Die Kerne kamen zum Trocknen auf ein Brett, zu welchem Zweck sie mehrfach umgerührt werden mußten. Waren sie genügend trocken geworden, dann kamen sie in einen alten Strumpf, der in Ofennähe aufgehängt wurde. Ähnlich wurde mit Kürbiskernen verfahren. Da jedoch nur wenige Stücke benötigt werden, war der Rest eine beliebte Nascherei für Kinder, die sie in der Ofenröhre rösteten und wie Nüsse aßen.

Welcher Laie, ja welcher Wissenschaftler hätte es wohl *vor* Beginn der Grundsprachenforschung für möglich gehalten, daß nicht nur dieses Wort »Sauerkraut«, sondern selbst die Sache Sauerkraut bis in die Jüngere Steinzeit, also vier- bis sechstausend Jahre, zurückgeht? Und doch ist es so, wie sich bei der Etymologie der hinzugehörenden Wörter ergeben wird. Die Spatenforschung der Früh- und Urgeschichte hat nachzuweisen vermocht, daß die Bandkeramiker vor nun 6.000 Jahren unser gsp. sūrkrūt (Sauerkraut), den Sauerampfer, Rumex acetosa L., zur Salzbereitung verwendet haben. Wenig später wurde aus den Tontöpfen erhaltengebliebenen Resten erkennbar, daß bereits vor fünf- bis sechstausend Jahren Sauerampfer, Brennesseln, Melde, Knöterich und Baumblätter eingesäuert worden sind – was vermutlich wegen des Hauptanteils der Rumexarten schon damals »Sūrkrūt« genannt worden ist.

Das jungsteinzeitliche Sūrkrūt bestand demnach aus allerlei gsp. krītərͤich = Kräuterich. Als in frühgermanischer Zeit aus den Mittelmeerländern die dort aus Wildformen gezüchteten verschiedenen Kohlsorten nach dem Norden gelangten, stellte sich heraus, daß Weißkohl leicht zu »sūrkrūt« verarbeitet werden konnte, wehalb ihm der Name »krūt« zugelegt wurde. Und unter der Bezeichnung »Kraut« ohne nähere Erklärung wird noch heute allein der Weißkohl verstanden. Das Wort Kraut ist vorgerm.-ideur., das Wort Kohl jedoch lateinisch.

Da unsere Urahnen gewöhnt waren, gsp. krītərͤich einzusäuern, zerkleinerten sie auch den Weißkohl, sie zerschnitten oder schorbten ihn – und daraus entstand die noch heute gebräuchliche Form *Schorbekraut* (geschorbtes Kraut). Das mag ursprünglich mit einem Messer geschehen sein. Nach und nach jedoch entwickelte sich die noch heute übliche Zubereitungsart. Die Krautköpfe (Kopf ist vorgermanisch) oder die Krauthaite (Hait aus Haupt ist germanisch) sollen möglichst fest sein, weil sie sich dann besser hobeln lassen. Benötigt werden eine möglichst große hölzerne Wanne und der darüberzulegende Krauthobel (krūtshewwəl). Dieser Kauthobel besteht mit Ausnahme der drei Messer ausschließlich aus Holz, und zwar durchweg aus Buchenholz. Das Grundbrett ist etwa einen Meter lang und fünfundzwanzig Zentimeter breit. An den beiden Längsseiten besitzt es Holzschienen, in denen der Hobelkasten hin und her bewegt werden kann. In der Mitte des Grundbretts befindet sich eine viereckige Öffnung, in die drei Messer eingelassen worden sind. Der Hobelkasten zum Einlegen der Krauthaite ist etwa zwanzig Zentimeter hoch.

Die Krauthaite werden zunächst von schmutzigen und faulen Blättern gesäubert und mitten durch geschnitten. Die Strünke werden herausgeschnitten und die Krauthälften in den Hobelkasten gelegt, damit sie nun geschorbt werden können. Alle Abfälle werden verfüttert. Beim Hobeln ergeben sich nudelartige Fäden. Und da nur möglichst feste Krauthaite verwendet werden, ist die Menge dieser »Fäden« außerordentlich groß. Man spricht oft davon, daß es einen ganzen Schmadder Schorbekraut gegeben habe. Das gehobelte

Kraut kommt nun in ein Krautfaß, daß jedoch wesentlich größer als ein Gurkenfaß sein muß. Die Behandlung des Fasses vor seiner Verwendung ist die gleiche wie beim Gurkenfaß. Nun wird Schicht auf Schicht mit dem »krūštampfər = Krautstampfer« solange gestampft, bis der Saft heraustritt. Dazwischengestreut werden Salz und trockener unzerkleinerter Dillsamen – und zwar rechnet man auf ein Schock Krauthaite drei Pfund Salz und vier oder fünf Handvoll Dillsamen. Andere nehmen auf einen Zentner Kraut ein Pfund Salz und eine Handvoll Dill. Nur in einigen Familien ist es üblich, dem Schorbekraut auch noch einige unzerkleinerte Wacholderbeeren, sowie (grüne!) Weinreben zuzusetzen. Bildet sich beim Stampfen eine Art Schaum, dann wird dieser herausgenommen.

Der Krautstampfer besteht nur aus Holz, ist an der Grundfläche quadratisch mit etwa 15 cm langen Seiten, etwa 25 cm hoch und von der Grundfläche nach oben etwas verjüngt, wobei die Seitenkanten abgeflacht sind. In der oberen Mitte ist ein starker Stiel senkrecht eingelassen. Wird nur wenig Kraut verarbeitet, dann kann statt eines Krautstampfers auch eine Butterknulle verwenden werden. Ist das Krautfaß gefüllt, dann werden einige frische Krautblätter obenauf gelegt. Darauf kommt ein im Wasser angefeuchteter Leinenlappen, der etwa alle acht Tage ausgewaschen werden muß, da der eingedrungene Saft sonst faulen würde. Mit einem Holzdeckel, beschwert mit einem sauberen Stein, wird das Krautfaß abgeschlossen. Dann wird es solange in Stubenwärme gehalten, bis die Gärung eingesetzt hat; erst anschließend wird es an einem kühlen, aber luftigen Ort (meistens im Keller) aufbewahrt. Dabei ist stets peinlich darauf zu achten, daß der Saft ständig über dem Sauerkraut steht.

In manchen Landschaften heißt das Schorbekraut Zettelkraut – was soviel sagen will wie »in Fäden geteiltes Kraut«, eben: in kleinste Stückchen geschnittenes Kraut, wozu nach der Gärung in Oberdorla Zettelkumst geworden ist.

Das Schorben des Krauts war ganz gewiß außerordentlich mühsam und beschwerlich, solange der Krauthobel noch nicht erfunden war. Im späten Mittelalter fand deshalb eine andere Form des Haltbarmachens Verbreitung: die Krauthaite wurden als *Kumst* eingemacht. Dazu werden ebenfalls feste Krauthaite verwendet, von denen die faulen und schmutzigen Blätter abgenommen worden sind. Sie werden anschließend gewaschen, halbiert oder geviertelt und in siedendem Wasser kurz aufgekocht. Dann trocknet man sie kurz auf dem Hof auf ausgebreiten Flegeldrusch = Roggenstroh kurz ab, legt sie schichtweise in ein Gefäß und streut Salz und Dill, in manchen Familien auch noch Kümmel darauf. Die oberste Schicht wird wieder mit frischen Krautblättern bedeckt. Nun wird eine Salzsole – auf den Zentner nicht mehr als ein Pfund Salz – aufgegossen, die etwa einen Fingerbreit überstehen muß. Ein mit einem Stein beschwerter Holzdeckel schließt das Krautfaß ab. Soll dieser Kumst nicht so rasch »reif« werden, dann werden die Krauthaite nicht geteilt, sondern es wird nur von untenher der Strunk heraus- oder eingeschnitten. Wenn heute selbst das Schorbekraut nach er Gärung als »Kumst« bezeichnet wird oder gar – wie in Langula – Schorbekumst, dann ist dies ein Zeichen dafür, daß in unserm Landschaftsraum eine Zeitlang um der Arbeitserleichterung willen nur oder fast ausschließlich Kumst eingelegt worden ist. Als dann aber wegen des doch völlig anderen Geschmacks zum Schorbekraut zurückgekehrt wurde (was mit der Erfindung des Krauthobels zusammenhängen mag), wurde in Flarchheim wenigstens das gekochte Schorbekraut als Kumst bezeichnet.

Genau wie Kumst eingemacht werden heute *Fuschen*. Das sind die noch nicht festen Krauthaite, die also lumm sind und nicht gehobelt werden können. Diese lummen Köpfe mögen früher verfüttert worden sein, wurden aber schließlich in wirtschaftlich ärmeren Jahrhunderten ebenfalls der menschlichen Ernährung nutzbar gemacht. Sie werden leicht angekocht und nach dem Erkalten in irdene Töpfe eingedrückt und mit Salzsole übergossen oder auch auf das eingestampfte Schorbekraut gelegt. Durch die Gärung tritt schon nach kurzer Zeit die erwünschte Säuerung ein.

Fuschen werden zuerst verzehrt. Um die Jahrhundertwende waren sie ein ganz besonders beliebtes Sonntagsgericht. In Flarchheim heißt dieses Gericht Fuschen, anderwärts Fuschenkumst. Die Beliebtheit galt ihnen ganz besonders, denn es hieß von ihnen:

iͤch liͤßə Rīs ůn Reïndflaisch štiə
ůn ēßə fuschən!

Ich ließe Reis und
Rindfleisch stehen
und äße Fuschen!

Dabei muß beachtet werden, daß Reis mit Rindfleisch zu einem feierlichen Festtagsessen gehörte.

Auch Sauerkraut war früher ein recht beliebtes Sonntagsessen. Im pfannengleichen Reps wurde es gegen 8.00 Uhr ins Gemeindebackhaus gebracht, wo sonnabends noch gebacken worden war, weshalb sich genügend Wärme im Backofen erhalten hatte. Nach dem Kirchgang brachte ein Familienmitglied das Reps mit nach Hause, wo inzwischen die dazugehörenden Kartoffeln gekocht worden waren. Als Beigabe war Rauchfleisch mit gebacken worden. Früher sagte man, Sauerkraut solle achtmal gekocht und neunmal geschmalzt werden. Zu Anfang des neunzehnten Jahrhunderts wurde bei Spellstuben eine Schüssel mit rohen Fuschen, mit Zwiebeln zubereitet, statt Kaffee und Kuchen vorgesetzt: es war der Hanewackel.

Heute wird Sauerkraut mit Rauchfleisch oder auch Speck, sowie Kartoffeln meistens zu Hause bereitet, gilt aber kaum noch als Sonntagsessen. In anderen Familien ist eine fast suppenartige Verwendung ohne Kartoffeln, jedoch mit kleinen Mehlklößchen üblich. Vermutlich handelt es sich dabei um ein Gericht aus der Zeit vor Einführung der Kartoffeln, das wohl bis zum Ende des achtzehnten Jahrhunderts ganz allgemein gebräuchlich war. Es hat den Namen »Kumst und Klimperchen« (Mehlklümpchen).

Jedes Dorf besaß mindestens bis zur Einführung der Kartoffel in Gemeindeeigentum befindliche gspr. bodden (Boden) oder Krauthöfe in Dorfnähe. Dem Flurnamen »Krautmaßen« bei Etterwinden/Hörselberg kann entnommen werden, daß die einzelnen Stücke jährlich oder in größeren Abständen verlost worden sind. In Flarchheim waren die Krauthöfe am Nordost-Ausgang des Dorfes am »Seebacher Weg«, im Mittelalter jedoch anscheinend westlich des »Weberstedter Wegs« und zwar südlich des Rispel/Hispelbachs. Auch in Oberdorla gab es die »Krauthöfe« unmittelbar am Dorf, an die noch heute das Grundstück »Der Krauthof« erinnert.

Welken

Etwa gleichzeitig mit dem Sauerkrautbereiten wird gewelkt – durchweg nur Zwetschen und Birnen, ganz selten auch Äpfel. Kirschen konnten früher nicht gewelkt werden, weil die fast allein üblichen Kipsen zu wenig Fleisch besitzen, die früheren aus ihnen gezüchteten Süßkirschsorten jedoch durchweg zu madig waren. Erst als auch Sauerkirschen in unserer Gegend angepflanzt wurden, war ein Kirschenwelken möglich geworden.

Sowohl Zwetschen als auch Birnen wurden luftig unterm Dach des Obersten Bodens im Wohnhaus ausgeschüttet, damit sie schon etwas vortrockneten. Inzwischen meldete man bei einem der Welkhäuschenbesitzer, deren es in Flarchheim noch zu Beginn des zwanzigsten Jahrhunderts fünf gab, das Welken an. Dabei mußte die Anzahl der zu welkenden Obstsorten nach Tragkörben bekanntgegeben werden. Dieser Welkhäuschenbesitzer teilte die

Angemeldeten nun so ein, daß die Familien zusammenpaßten, aber auch bei jedem Geschoß wenigstens ein verläßlicher Mann beteiligt war.

Die Welkhäuschen aus einfachsten Fachwerk waren weitab der Scheunen im Obstgarten aufgebaut. Sie bestanden aus einem Vorraum, in dem mit Brettern an der Wand entlanglaufend eine Art Tisch angebracht worden war, und dem Ofenraum mit einem Sitzbrett für den Wächter. Der Welkhäuschenbesitzer erhielt für jeden Tragkorb voll zu welkenden Obstes zehn Pfennig. Und die wurden gleich bei der Anmeldung bezahlt. Seine Aufgabe war es, den Beginn der Welkarbeit anzusagen und die gemeinschaftlich welkenden Nachbarn zu benennen.

Dann nahm einer der gemeinschaftlich welkenden Nachbarn die Leitung unbeauftragt in die Hand, forderte von seinen Teilnehmern das benötigte Brennholz an und gab die Uhrzeit für das Aufschütten an: »in ainə wërd ůffgəschott = um eins (ein Uhr) wird aufgeschüttet!« Jeder brachte nun einen Tragkorb voll Zwetschen »in də dårr = in die Darre« oder auch »ins waləkhißchən = ins Welkhäuschen« und verteilte ihn auf den zugewiesenen, aus Weidenruten geflochtenen »hordən = Hürden«. Jede Obstart wurde getrennt von der anderen »gəwaləkt = gewelkt«.

Tagsüber blieb ein Heizer ununterbrochen im Welkhäuschen, aber nachts mußte ein zweiter hinzugezogen werden. Dabei wurde nur leicht gefeuert, damit das Darren ganz allmählich vor sich ging. Wurde nämlich zu stark geheizt, dann gab es Duten, das sind blasig gewordene und dadurch innen ausgetrocknete und leer gewordene Zwetschen oder Birnen. Wer Duten darrte, der brauchte während des ganzen Jahres für Spott nicht zu sorgen. Er wurde aber ein zweitesmal nicht mit dieser Aufgabe betraut. Etwa alle drei Stunden müssen die fertigen »hotsəln = Hutzel« abgelesen werden. Das hat auch nachts zu geschehen, weshalb dann einer der beiden Heizer zu den einzelnen Häusern läuft und zum Ablesen ruft.

Die Hotzeln sollen inwendig zwar keine Feuchtigkeit mehr enthalten, dürfen aber auch nicht allzu trocken sein. Sie werden zu Hause vorerst auf Hürden locker ausgelegt, damit sie noch einige Zeit nachdörren können. Diese Horden stehen in einem trockenem, aber luftigen Raum (meistens in der Wurstkammer des Bodens = ersten Stocks) auf einem dafür bestimmten Lattengestell. Durch solches langsames Trocknen und unter dem Einfluß der Luft bleiben die Hotzeln vollsaftig und fleischig und werden süß. Ist die Nachdarre abgeschlossen, dann werden sie in Säckchen gefüllt und hochgehängt oder auch in Stein- oder Tontöpfe verpackt.

Hotzeln sind nicht nur eine beliebte Näscherei gewesen, sondern sie wurden aufgekocht auch als Nachtisch (unbedingt zum häuslichen Schlachtfest) oder in Suppen, besonders zu Diebchen, das heißt Mehlklößchensuppe, benutzt. Der Bedarf im Haushalt war früher recht groß, so daß die selbst angefertigen Hotzeln oft nicht reichten. Sie wurden dann von fliegenden Händlern gekauft, die in unsere Gegend besonders aus dem Obstdorf Falken an der Werra in die Dörfer vor dem Hainich kamen. Darüber wurde das Folgende erzählt: Einst war ein Falkener im Dorftgasthaus eingekehrt und hatte seinen Hutzelsack beiseite gestellt. Nach einem Trinkgelage wollte er weiterziehen, mußte aber feststellen, daß der Sack derweile etwas »erleichtert« worden schien. Da er seiner Sache aber nicht ganz sicher war, erklärte er in seiner Falkener Dorfsprache: »ech wёll ëm grod nët šprach, daß miͤch wе̥s wagg gəkůmmən ës; ech štёll amn mīn hotsəlsåkk nët wёdər dohënn = ich will eben nicht gerade sagen, daß mir (mich!) etwas weggekommen ist – ich stelle meinen Hutzelsack eben nicht wieder dahin!« Obgleich inzwischen mehr als einhundert Jahre verstrichen sind, wird in Flarchheim noch immer – und zwar in der Falkener Dorfmundart – dieser Ausspruch vorgetragen, wenn man im Zweifel darüber ist, ob eine ursprüngliche Menge noch stimmt oder nicht.

In manchen Jahren werden lang hängende Zwetschen jedoch schon am Baum hotzelning. Und alte Leute mit vielen Falten im Gesicht werden als hotzelning bezeichnet. Hotzelmännchen sind Zwetschen- oder Pflaumenzwillinge, die so an die Fenster gehängt werden, daß sie alle Vorübergehenden sehen können. »ënn hotsəlmannchən = ein Hotzelmännchen« ist aber auch ein Spottname für einen Menschen mit vielen Falten im Gesicht.

Schnitzel

Äpfel wurden nicht im Welkhäuschen getrocknet, sondern als Schnitzel verarbeitet. Da sie sich durchweg den Winter über halten, wurden Apfelschnitze nur in geringem Umfang – und besonders von überreichlicher Frühäpfelernte – angefertigt. Sie wurden geschält, dann in nicht allzu dicke Scheiben geschnitten und der »krēbs = Griebs« entfernt. Dann wurde ein nicht zu dünner Bastfaden in eine Stopfnadel eingefädelt und durch die Schnitzel gestochen, bis ein Kranz entstanden war. Diese Kränze wurden über Nägel an der hofseitigen Hauswand aufgehängt und so der Luft und

Sonne ausgesetzt. Von Zeit zu Zeit mußten sie umgedreht, aber auch die einzelnen Schnitzel weitergerückt werden. Bei Regenwetter waren sämtliche Kränze hereinzunehmen. War das Darren ziemlich weit vorangeschritten, dann nahm man einige Schnitzel in die Hand, brach sie auf und drückte mit den Daumennägeln gegen das Fruchtfleisch – es sollte sich dann keine Nässe mehr zeigen. Bevor sie in den dafür bestimmten Tontopf gepackt werden konnten, wurden die Kränze noch längere Zeit neben den warmen Ofen zum Nachdarren gehängt. Waren nur geringe Mengen zu darren, dann geschah dies von vornherein neben dem Stubenofen. Vor Gebrauch müssen die Schnitzel in heißem Wasser gewaschen werden, da sie während des Darrens viel Staub angenommen haben, aber auch von Fliegen und Insekten beschmutzt worden sind. Vor der Erfindung des Sterilisierens war dies die allgemein gebräuchliche Form des Haltbarmachens leichtverderblicher Äpfel.

Seltener wurden Birnschnitzel gemacht und diese nur von nicht allzu saftigen. Durchweg wurde jede Birne nur gehälftelt, aber nicht geschält, und ebenso wurde der Griebs nicht herausgenommen.

Von Bauern aus Gegenden mit reichlichem Runkelanbau werden Zuckerrunkelschnitzel als Viehfutter bezogen. Liefert der Bauer selbst Zuckerrunkeln an die Zuckerfabriken, dann werden die Schnitzel zurückgeliefert, teilweise getrocknet, vielfach aber auch frisch.

Muskochen, Latwerge, Saftbereitung

In Flarchheim wird durchweg nur Zwetschenmus gekocht und dies bis zum ersten Drittel des zwanzigsten Jahrhunderts in reichlichem Maße. Zu diesem Zweck werden die Zwetschen auf dem Obersten Boden breit ausgeschüttet, damit sie noch weiter nachreifen, vielleicht auch schon etwas verhutzeln; selbst etwas angefaulte Zwetschen sind noch brauchbar. Je reifer die Zwetschen sind, desto süßer wird das Zwetschenmus. Die Zwetschen werden gewaschen und in den etwa einhundert Liter fassenden Kupferkessel (später gab es auch solche aus Emaille) geschüttet, dazu ein nicht ganz voller Eimer Wasser. Unter starkem Feuern wird solange gekocht, bis die Zwetschen breiig zu werden beginnen. Dabei muß ständig mit der Muskrücke gerührt werden, besonders am Boden, damit die Zwetschen nicht anbrennen. Danach kommen die gekochten Zwetschen in den Muskasten (mů̂stkoastən), der etwa 90 cm lang, 30 cm breit und 20 cm hoch ist. Früher vollständig aus Holz, besteht er heute mit Ausnahme des etwa 50 cm langen durchlöcherten Blechbodens aus Holz. Bei kleineren Mengen wird ein Durchschlag verwendet. Mit einem hölzernen Kochlöffel oder auch einer Handvoll besenartiger Zinkenstummel wird durchgerührt, bis alles Zwetschenfleisch in die darunterliegende hölzerne Wanne aufgenommen ist. Der Abfall (Steine und Schale) kommt auf den Mist.

Ist der Kessel geleert, dann wird er gründlich ausgescheuert, mit einer Speckschwarte abgerieben und mit dem erkalteten Fruchtbrei zum Kochen eingefüllt. Jetzt darf nur ein mäßiges Feuer unter dem Kessel gehalten werden, weil Mus leicht anbrennt. Deshalb muß mit der Musrühre ununterbrochen gerührt werden, wobei keine Stelle am Kesselboden wie an den Seitenwänden unberücksichtigt bleiben darf. Gleich bei Beginn dieses zweiten Abschnitts werden einige Welsche Nüsse (Walnüsse) mit den grünen Schalen hinzugefügt, weil das Mus dadurch dunkler wird. Aus dem gleichem Grunde, aber auch zum Würzen, kommen in der Halbzeit völlig ausgereifte Holunderbeeren hinzu, wobei das Verhältnis 1:24 möglichst nicht überschritten werden soll. Zum Schluß wird schließlich – je nach Geschmack – etwas Zitronenschale und werden Gewürznelken hinzugefügt, stattdessen aber auch das im Handel übliche Musgewürz.

Geht der Kochvorgang seinem Ende entgegen, dann wird Runkelsaft in etwa dem Verhältnis 1:10 hinzugeschüttet, das Ganze tüchtig untereinandergemischt und nochmals aufgekocht. Diese Zugabe erhöht die Haltbarkeit des Zwetschenmuses. Bleibt kein Mus mehr an einem Löffel hängen, dann ist es gar und muß herausgenommen werden. Zuvor aber wird alle Glut aus dem Feuerloch herausgenommen, weil das Mus sonst im letzten Augenblick unweigerlich noch anbrennt.

Zur Aufbewahrung eignen sich am besten Steinguttöpfe, erst in zweiter Linie solche aus Ton. Die müssen aber vorher angewärmt werden. Mustöpfe dürfen nicht für andere Zwecke verwendet werden, weil sich das Mus sonst in ihnen nicht halten würde. Vor Gebrauch müssen sie tüchtig mit heißem Wasser ausgewaschen werden. Die Töpfe werden gehäuft vollgemacht und etwas gerüttelt, damit sich das Mus setzt. Nach einigen Stunden kann erneut abgefüllt werden. Nach etwa zwei Tagen ist das Mus etwas zusammengesackt und wird nun am besten Topf nach Topf in die warme Ofenröhre gestellt, wodurch es eine dicke Rinde bekommt und nicht so leicht schimmelt. Talg dichtet die Luft völlig ab.

Noch zu Beginn des zwanzigsten Jahrhunderts nahmen manche Kinder Musbrote als Frühstück mit in die Schule. Wer viel und gerne Mus aß, der wurde gehöhnt, er sei eine »můstbabbən = Muspappe«, Musmaul. Und es wird erklärt: »vůn můst kritt mə schaiwə schůnə = von Mus kriegt man schiefe Schuhe«. Menschen mit empfindlichem Magen vertragen Mus tatsächlich nicht gut; denn es gibt leicht Sodbrennen.

Mus auf Brot wird heute selten gegessen. Aber Röhrenkuchen mit Mus gilt nach wie vor als Leckerbissen. Ebenso beliebt sind mit Mus gefüllte Kräpfel. In Suppenform sind Mehlklößchen mit Musbrühe bekannt.

Im Gegensatz zu den in der Heilkunde verwendeten Latwergen ist unsere bäuerliche Latwerge ein besonders stark eingedickter Syrup aus Zuckerrunkeln oder Birnen. Aber auch das Fleisch der Hainfuətən (Hagebutte), Rosa canina L., wird zusammen mit Zucker zu einem honigartigen Mus verarbeitet, während die Kerne einen guten »hainfuətəntē = Hagebuttentee« ergeben. Die Hainfuəten heißen auch Edelmannsdorn (ëddəlmånnsduərn). Noch am Ende des neunzehnten Jahrhunderts hieß es, sobald jemand an den scharfen Dornen hängen blieb: »niͤmm diͤch in åcht; eddəllīt sin bəgārliͤch = nimm dich in acht; Edelleute sind begehrlich.«

Wir machen uns eine völlig falsche Vorstellung von der indoeuropäischen Frühzeit, wenn wir jene Menschen und ihre Lebensweise als unkultiviert ansehen. Es sind ja zu keiner Zeit soviele Erfindungen gemacht worden wie an der Schwelle von der mittelsteinzeitlichen Jäger/Fischer/Sammler-Wirtschaftsweise zur bäuerlichen vor nun sechstausend Jahren. Wenn Gustav Schwantes erklärt, in ihren Grundzügen sei die bäuerliche Wirtschaft zu Goethes Zeiten, also gegen 1800, noch die gleiche gewesen wie in der Jüngeren Steinzeit (zwischen 4200 und 1800 vZtr.), so finden wir dies bei unsern Untersuchungen zur Grundsprachenforschung auf Schritt und Tritt bestätigt. Wir könnten dies noch sehr viel umfassender *beweisen*, wären nicht so zahlreiche Kenntnisse vom Alltagsleben verlorengegangen. Unsere Aufgabe ist es ja deshalb, zu unserm Teil – und gründlicher als es von der sanktionierten Volkskunde geschieht – dazu beizutragen, daß die letzten Erinnerungen an Denken und Tun, an Werken und Wirtschaft unserer Vorväter schriftlich festgehalten werden.

Beim Saft geht es um das menschliche Bedürfnis, Speisen und Getränke zu süßen. Daß dies früher weitgehend mit Hilfe des Bienenhonigs geschehen ist, bedarf keiner näheren Begründung. Bienen muß es ja in den weitgestreckten Urwäldern in großer Menge gegeben haben, zumal in der Jüngeren

Steinzeit ein Klima herrschte, das dem heutigen Mittelmeerklima verglichen werden muß. Ganz offensichtlich reichte schon in der Frühzeit der von Wildbienen gewonnene Honig (denn Bienenzucht im heutigen Sinne ist ja nicht nachweisbar) nicht aus, oder man liebte auch schon damals Geschmacksabwandlungen, denn aus letzten Erinnerungen ist zu schließen, daß nebenher auch noch Ahornsaft und ganz sicher auch Birkensaft gewonnen und eingedickt worden sind. Möglicherweise sind auch noch andere Baumsäfte ähnlich verarbeitet worden.

Birnensaft kann von dem Augenblick an gekocht worden sein, da es gelungen war, aus der Holzbirne bessere Sorten zu züchten – doch ist der Zeitpunkt kaum zu ermitteln, weil uns (im Gegensatz zur Vogelkirsche oder Kipse = die Veredelte) vorerst kein Name für veredelte Holzbirnen bekannt ist. Bis zur Mitte des zwanzigsten Jahrhunderts wurden in Flarchheim Craiweröder, Spitz- und Platschbirnen, Döckchens- und Flaschenbirnen, weiße und rote Honigbirnen, Grünbirnen, Wilgerbirnen und Bergamottbirnen zur Saftgewinnung verwendet, niemals aber die besseren Tafelbirnen. Die eigentlichen Saftbirnbäume tragen jährlich zwölf bis fünfzehn Zentner. Saftbirnen werden nur gewaschen.

Bei der Überlegung, von wann an Runkeln zur Saftgewinnung verwendet wurden, müssen wir bedenken, daß es ursprünglich nur Wasserrüben, Brassica rapa rapifera, doch wohl unsere gsp. růmən oder Pferdrübe, gegeben hat. Da sie an den westlichen Nordseeküsten wild vorkommen soll, wäre es möglich, daß sie schon sehr früh in Kultur genommen worden ist, doch sind nähere Zeitangaben nicht zu ermitteln. Der Ausdruck, Saft von der (sehr viel jüngeren) Futterrunkel sei gsp. priədə, könnte uns einen Hinweis geben. Denn in den baltischen Sprachen ist lit. príedėlis die Bezeichnung für »Zutat, Zusatz, Anhängsel, Beilage«, so daß vermutet werden kann, ein gsp. priədər såft ein Saft mit Nachgeschmack ist. Da die mitteldeutschen Vorgermanen mit den Balten um 2500 vZtr. in engere Beziehung gekommen sind, wäre ein Zeitpunkt gewonnen, wann die Pferderübe in Kultur genommen worden war und zu Saft verarbeitet wurde: etwa um 2500 vZtr. Das würde heißen, daß in Westthüringen seit nun 4500 Jahren Runkelsaft gekocht worden wäre.

Werden Futterrunkeln zum Saftkochen verwendet, dann müssen sie vorher gewaschen und geschält werden. Dabei muß der Deckel (das ist der Blätteransatz) möglichst tief abgeschnitten werden, denn »in dn dĕkkəl koxt dr såft nīn = in den Deckel kocht der Saft hinein«. Darauf werden sie geschnitzelt.

Seit bei uns die Zuckerrunkel eingeführt worden ist (in kleinen Bauernwirtschaften geschah das erst am Beginn des zwanzigsten Jahrhunderts zwangsweise im Zweiten Weltkrieg, wobei die Trockenschnitzel zurückgeliefert werden mußten), wird sie fast ausschließlich zur Saftgewinnung angebaut. Zuckerrunkeln werden ebenfalls gewaschen, brauchen jedoch nicht geschält zu werden. Sie werden geschnitzelt, was in der ersten Zeit weitgehend im Hacktrog mit dem Hackstößer geschah, seitdem in der handbetätigten und neuerdings auch elektrischangetriebenen Runkelmühle.

Der Kupferkessel (später auch aus Emaille) wird bis obenhin gefüllt. Ein starkes Feuer sorgt für rasches Kochen der Masse, die jedoch mit der Saftkrücke ständig gerührt werden muß, damit nichts anbrennt, vor allem aber wird alles gleichmäßig durchkocht. Das Kochen darf jedoch nicht zur breiigen Masse führen, weil sich sonst der Saft nicht von ihr löst. Die Schnitzel dürfen also nur weich, aber nicht zerfallen sein.

Der nächste Arbeitsgang ist das Keltern, das heißt das Auspressen der Schnitzel. Von Keltern sind noch heute drei verschiedene Formen in Gebrauch. Die älteste ist ein Steintrog aus Vogteier Muschelkalk, etwa 50 cm breit und 80 cm lang, der am Boden eine Auslauföffnung besitzt. Im Innern befinden sich keine Rillen, weshalb ein Holzleistengestell auf den Boden gelegt werden muß. Darauf kommt eine Schicht sauberes hartes Kornstroh, darüber schließlich das bis über den Rand herabhängende Keltertuch. Dahinein wird die gekochte Masse der Rübenschnitzel oder gehälfteten Birnen geschüttet. Hinter der Kelter befindet sich in einer Säule des Hauses oder eines Wirtschaftsgebäudes ein viereckiges Loch zur Aufnahme des Kelterbaumes. Der ist etwa vier Meter lang und zwölf bis vierzehn Zentimeter stark. Nun wird das Keltertuch über die zu pressende Masse gebreitet und eine etwa fünf Zentimeter starke Eichenbohle aufgelegt. Auf sie wird in der Mitte der »štampfəl-(Kelter)Stempel« aufgesetzt, der bis zum Kelterbaum hinaufreicht. Nun wird an das äußere Ende des Kelterbaums eine Gewichtsschale gehängt, die Steine bis zu einem Zentner tragen kann. Die auslaufende Saftmenge rinnt in einen Topf. Tropft es nur noch wenig, dann wird die Kelter geöffnet, die Masse aufgelockert und erneut gepreßt.

Die zweite Form der Kelter ist ein Eichenstamm in einer Länge von etwa einhundertzwanzig und einer Breite von vierzig Zentimeter. In ihn ist mit Axt und Meißel eine rechteckige kastenähnliche Vertiefung eingearbeitet worden, die am Boden Längsrillen bekommt. An der Schmalseite der so entstandenen Kelter ist am Boden ein Loch für den Saftabfluß gebohrt. Das Preßverfahren ist das gleiche.

Die dritte Form war von meinem Großvater Ernst Röth für die gesamte Familie gezimmert worden; sie wird je nach Bedarf weitergegeben. Der auf Beinen ruhende Kasten aus etwa fünf Zentimeter starken Eichenbohlen ist etwa 60 cm hoch. Der Innenraum beträgt etwa 80 x 100 cm und hat auch an den Seitenwänden einige senkrechte Rillen. Auf den Boden wird ein Rost aus Holzleisten gelegt, der zur leichteren Reinigung herausnehmbar ist. Die Auslauföffnung befindet sich an einer Schmalseite. Wie bei den ersten beiden Formen wird ein Keltertuch eingelegt, in das die zu pressende Masse geschüttet wird. Darauf kommt ein etwa fünf Zentimeter starker Bohlendeckel. An beiden Schmalseiten ist eine Holzstrebe senkrecht angebracht, in die der Preßbalken greift. Der hat auf je einem Viertel Länge von den Streben ein Loch mit Gewinde zur Aufnahme der beiden Preßbalken. Am Kopf dieser Preßbalken nimmt ein Loch die Eisenstange auf, mit deren Hilfe beide Preßbalken nacheinander gleichmäßig heruntergeschraubt werden. Schraube und Gewinde bestehen aus Holz. Die Schraubenspindel hat eine Stärke von 35 mm.

Ist alles Ausgekochte ausgepreßt, dann wird der Kessel gründlich ausgescheuert und mit dem Saft höchstens bis zur Hälfte gefüllt. Die Feuerung darf nur gelinde weitergeführt werden, denn »dr såft brūst licht ůff = der Saft braust leicht auf« und läuft über den Kesselrand. Deshalb ist ständige Aufsicht erforderlich. Mit einem durchlöcherten Schaumlöffel wird ohne Unterlaß etwas Saft hochgehoben, damit er sich abkühlt. Dabei muß der Schaum, der vielfach noch Unreinlichkeiten enthält, abgeseimt werden.

Vorsorglich muß immer ein Topf mit erkaltetem Saft griffbereit daneben stehen, der beim Hochschäumen rasch teilweise oder ganz eingeschüttet wird. Das Eindicken dauert oft bis Mitternacht und darüber hinaus. Der Saft ist fertig, wenn er von einem Löffel nicht mehr wässerig abläuft, sondern kladert, das heißt dickflüssig sich langzieht. Tropft man en wenig auf eine Untertasse, dann muß er die Tropfenform beibehalten und nicht wässerig auseinanderlaufen. Am Schluß wird die Glut aus dem Feuerloch herausgenommen und der fertige Saft in Töpfe und Krüge gefüllt, am besten in Koblenzer Steinkrüge.

Wie schon erwähnt, sind ursprünglich die Pferderüben zur Saftbereitung verwendet worden. Wenn heute erklärt wird, der Saft schmecke priëde, dann bezieht sich dieser Ausdruck auf die urzeitliche Saftbereitung. Heute wird dieser Ausdruck selbstverständlich nur bei Verwendung von Futterrunkeln angewandt. Aber auch heute kommt es wohl ab und zu noch vor, daß statt der Zuckerrüben die Futterrunkeln benutzt werden müssen. Die enthalten jedoch eine kleine Menge Säure, was einen willerigen Geschmack verursacht. Deshalb wird einigemale eine glühend gemachte Ofengabel in die kochende Masse getaucht, die darauf brausend zischenden Dampf aufsteigen läßt. Dadurch verliert sich der willerige Geschmack etwas. Sind Birnen der Grundstoff des Saftes, dann werden in den fertigen Saft bis zu einer Schüssel voll geschälte Birnen geschüttet. Dadurch wird der Geschmack verfeinert, aber besonders diese Birnenstücke selbst sind beliebt.

Die Rückstände bei der Saftbereitung heißen Treber. Die Runkeltreber werden – naß oder getrocknet – verfüttert. Aus Birntrestern wird Birnessig bereitet. Die Rückstände aller anderen Obstsorten kommen auf den Mist.

Das Sprichwort »såft gët kråft = Saft gibt Kraft« ist zwar nur scherzhaft gemeint, aber doch ein Hinweis auf die Beliebtheit dieses Brotaufstrichs. Noch bis ins erste Drittel des zwanzigsten Jahrhunderts gab es in vielen Familien morgens und nachmittags zum Kaffee den beliebten Röhrenkuchen mit Saft. Wer nicht aufpaßte, hatte schon bald »ënnə såftschlērən = eine Saftschleere, einen Saftstreifen« auf der Jacke, da Saft ja dünn ist und nicht sehr dick aufgestrichen werden kann. Vielfach wurde er deshalb gedischelt, das heißt Brot- oder Röhrenkuchenstücke wurden in eine Untertasse mit Saft eingetunkt. Man soll aber aufpassen, daß keine Brot- oder Kuchenkrümel in den Saft geraten, denn dann »wachsen Ameisen«.

Bei Spinn- und Spellstuben gab es zum Hanewackel (letzte Abendmahlzeit gegen 22.00 Uhr) stets auch Saft, diesmal aber mit einfachem trockenem Kuchen. Und die so gern gegessenen Wickelhietsen können ohne Saft überhaupt nicht gebacken werden. Auch Saft- oder Schaumkuchen gleich nach dem Saftkochen, aus dem Saftschaum bereitet, ist hier zu nennen. Ebenso werden die selbstgebackenen Pfefferkuchen zu Weihnachten mit Saft bereitet.

Wer sich durch schmeichlerische Worte beschwatzen läßt, »dar lett siͤch såft ån dn båkkən schmear = der läßt sich Saft an die Backe schmieren«. Und ein Schönredner und Schmeichler ist »ënn riͤmənsiͤßchən = ein Rübensüßchen«.

Von den Musikinstrumenten heißt es, der Baß spiele (mit tiefer Stimme sprechen):

můst! můst!
ënn rachtən diͤkkən floadən!

Mus! Mus!
einen recht dicken Fladen!

aber die Geige wimmere (mit hoher Stimme sprechen):

såft! såft! — *Saft! Saft!*
nuər ënn klainəs dischelchən! — *nur ein kleines Dischelchen!*

was soviel heißen soll, daß man gerne Saft essen möchte und wäre es auch nur eine Untertasse voll zum Ausdischeln, zum Austunken also mit Brot oder Röhrenkuchen.

Essig

Bis zur Gegenwart gibt es Familien, die grundsätzlich nur selbstbereiteten Essig verwenden. Zur Herstellung werden alle Obstsorten verwendet, besonders auch Stachel- und Johannisbeeren. Solange es im Walde oder in der Flur noch Holzapfelbäume gab, wurden die Äpfel eifrig für diesen Zweck gesammelt, doch werden noch immer Abfälle aller Art von Äpfeln, vor allem aber angefaulte zur Essigbereitung verwendet.

Beim Kochen von Birnsaft werden die Trester in eine hölzerne Wanne geschüttet, mit Wasser übergossen und einige Tage ziehen gelassen (Äpfel müssen entsprechend vorher zerkleinert werden). Darauf werden die Trester abermals ausgepreßt. Die so gewonnene Flüssigkeit wird in ein hölzernes Faß gefüllt und stubenwarm gestellt. Gegen März des darauffolgenden Jahres ist durch Gärung Birnessig entstanden. Am Karfreitagmorgen wird der Essig von der Hefe abgezogen, das Faß gründlich gereinigt und wieder mit dem fertigen Birnessig gefüllt. Es wird gerade der Karfreitag gewählt, wie nach der Bibel Jesus an diesem Tage gekreuzigt und ihm ein Schwamm mit Essig gereicht wurde, als ihn dürstete. Dieser Essig wird sowohl in der Küche als auch zum Auswaschen von Wunden verwendet.

Samenöl

Öl ist ein so bedeutendes Nahrungsmittel, das auch für die Ölfunzel benötigt wurde, daß jede Hausfrau es in genügender Menge zu gewinnen versuchte. Raps und Rübsen scheinen schon frühzeitig angebaut worden zu sein, während Mohn erst später aus Südeuropa nach Deutschland gekommen ist. Im Herbst wurden eifrig Bucheckern gesammelt, von denen das beliebte »akkərēl = Eckernöl« gewonnen wird.

Samenöl entstammt dem Hederich und der Datschenblume (Klatschmohn), die es noch am Ende des neunzehnten Jahrhunderts in überreichlichem Maße als Getreideunkräuter gab. Beim Dreschen mit dem Flegel wurden oft einige Pfund gesammelt. Die Samen von Raps und Rübsen, von Mohn und Lein, auch Bucheckern wurden in der Ölmühle verarbeitet, der Unkrautsamen bis etwa zum Ende des neunzehnten Jahrhunderts aber im Haushalt selbst. Voraus ging die außerordentlich mühsame und zeitraubende Reinigung des Samens. Über einem Klengtuch wurde bei leichtem Windzug – ähnlich wie der Leinsamen – diese wilde Ölfrucht »laufen gelassen«, das heißt aus einem Topf oder einer Schüssel ließ man, hoch über den Kopf gehoben, ganz allmählich diesen Samen herunterrieseln. Der leichte Wind wehte die Spreuteile und Unreinlichkeiten beiseite, zu starker Wind jedoch zugleich auch den Ölsamen. Es mußte also jeweils der richtige Augenblick abgepaßt werden.

Anschließend kamen die gereinigten Samen auf eine rauhe Tischplatte, damit auch Erdstückchen, Hülsen und andere Fremdkörper mit der Hand ausgelesen werden konnten. Anschließend wurden sie im Mörser mit ganz wenig warmen Wasser möglichst zu Brei mit dem Stößel gestampft. Ob ein Kochvorgang und anschießend das Pressen erfolgte oder umgekehrt, vermag ich nicht mehr zu sagen.

Samenöl wurde bis zum Ende des neunzehnten Jahrhunderts noch für die in jedem Haushalt vorhandene Ölfunzel verwendet. Aber selbst Kräpfel und Wickelhietsen wurden noch immer in Samenöl gebacken, während die feineren Öle für Salate aller Art vorgesehen waren. In der Heilkunde verwendete die Hausfrau das Samenöl zum Massieren des Bäuchleins, wenn eines der Kinder sich verzogen oder verrenkt hatte.

Wildfrüchte

Von den zahlreichen Wildfrüchten, die früher gesammelt und der menschlichen Ernährung nutzbar gemacht worden sind, soll hier nur auf diejenigen eingegangen werden, soweit aus ihnen Säfte bereitet oder sie eingemacht worden sind. An sich bietet der Kalkboden nur karge Mengen an Erdbeeren, die meistens an Ort und Stelle oder gezuckert oder in Milch verzehrt werden.

Reichlicher ist die Ausbeute bei Himbeeren, die deshalb schon früher zu Himbeersaft verarbeitet worden sind, meistens jedoch ohne Zucker. Sie wurden einige Tage an einem nicht zu warmen Ort im Tontopf aufgehoben und dann durch einen sauberen leinenen Beutel gepreßt. Der so gewonnene Saft stand einige Tage zum Absetzen im Keller und wurde dann durch ein wollenes Tuch gefiltert. Darauf wurde er in Flaschen gefüllt, aber nicht bis obenhin, und mit einer dünnen Schicht zerlassenen Bienenwachses abgeschlossen. Bevor die Flaschen an einem trockenen Abstellraum aufbewahrt wurden, sollten sie nochmals wenige Minuten in kochendes Wasser gestellt werden.

Schlehen gibt es in manchen Jahren in außerordentlicher Menge. Sie sind jedoch greamsch (sauer) und ungenießbar, solange sie nicht gefroren waren. Deshalb erfolgte die Ernte erst nach dem Frost. Die einfachste Art des Einmachens mit Zucker erfolgte so: in ein Glas wurde eine Schicht Schlehen gelegt, darauf eine Schicht Zucker und so weiter bis zur Füllung des Glases. Das Glas wurde dann bis der Zucker »Fäden« zog, der Wärme in der geheizten Stube ausgesetzt. Dann wurde es zugebunden und in der Vorratskammer aufbewahrt. Auf diese Weise konnten eingemachte Schlehen einige Jahre gehalten werden. Verzehrt wurden die Schlehen allein oder auch mit etwas Birnensaft versetzt. An Schlehenwein, der ähnlich wie Südwein schmeckt, soll hier nur erinnert werden.

Getränke

Das Wort »Kaffee« ist arabisch und mit den Kaffeebohnen nach Europa gekommen – die Sache könnte es durchaus schon gegeben haben, wenn auch weder das mittel- und althochdeutsche noch das germanische Schrifttum von ihm berichten. Untersuchen wir einmal unsere heimatliche Grundsprache daraufhin, ob schon Jahrhunderte *vor* Einführung des Bohnenkaffees, der in Deutschland erst seit 1700 allgemein bekannt wurde, ein ähnliches »braunes Getränk« genossen worden ist. Wir erinnern uns des gsp. ditschən, des »deutschen Kaffees«, der teilweise noch heute dem teuren Bohnenkaffee zugesetzt wird, um ihn zu färben. Er wird aus Zichorienwurzeln (Cichoriūm L. = Wegwarte) gewonnen, und es ist noch allgemein bekannt, daß früher auch Zichorienbrühe ohne Bohnenkaffee gekocht worden ist.

Die oft gebrauchte Bezeichnung »ënnə lorkən = eine Lurke« für einen schlechten Bohnenkaffee könnte ebenfalls auf eine frühere »braune Brühe« hindeuten.

Möhrenkaffee (br^{e}itsch) wurde noch zu Beginn des zwanzigsten Jahrhunderts in einigen bäuerlichen Haushalten selbst hergestellt. Die Möhren wurden nach gründlicher Reinigung mit dem Messer in Schiwwer (Scheibchen) geschnitzelt und auf einem Kuchenblech im noch warmen Gemeindebackofen gedörrt. Anschließend wurden sie mit einem hölzernen Stampfer im Hacktrog zu Mehl gemörsert, das dann in einem Tondipfen an einem trockenen Ort aufbewahrt wurde. Der Geruch verbreitete sich so eindringlich, daß die gesamte Nachbarschaft davon behelligt wurde. Noch zu Beginn des neunzehnten Jahrhunderts muß es (ähnlich wie Welkhäuschen für Zwetschen und Birnen) besondere Möhrendarren gegeben haben, obgleich sich keinerlei Erinnerung daran erhalten hat; denn das geht aus der Tatsache hervor, daß der nach einem großen Dorfbrande im Jahre 1802 nur mit einer schlichten Ziegelhaube gekrönte Flarchheimer Kirchturm in der ganzen Umgebung spottweise »Floamschə Miərəndarr = Flarchheimische Möhrendarre« genannt wurde. Eine Hökerin, die um 1890 aus Mühlhausen Möhrenkaffee und Sämerein auf die Dörfer brachte, hatte den allgemein verbreiteten Spitznamen »Ruəwəsōmən (Rübensamen)«. Da um 1890 wie auch noch heute die Lautform von Rüben »růmən« war, ist eine schon damals an die Gemeinsprache angeglichene Lautform für vorhergehend »ruəwən« erkennbar.

Bohnenkaffee kam erstmals 1517 nach Europa, wurde aber von Staat und Kirche stark bekämpft. Um 1675 gab es ihn zuerst am Hof des Großen Kurfürsten von Brandenburg, und seit etwa 1700 verbreitete er sich allmählich in allen Volksschichten. Da aber Zichorienkaffee bereits um 1550 fabrikmäßig hergestellt wurde, kann nicht ausgeschlossen werden, daß es Möhrenkaffee schon sehr viel länger gegeben hat, zumal die Möhre bereits in der Jüngeren Steinzeit zwischen 4200 und 1800 vZtr. bekannt war.

In Flarchheim wurde »Kaffee« auch noch aus Gerste gebrannt, notfalls auch aus Weizen, *Korn* oder sogar Erbsen. Von Wildfrüchten waren Eicheln, Mehlfäßchen oder Heinzelmännchen des Weißdorns beliebt. Ist der Bohnenkaffee nicht in der gewünschten Stärke, dann wird er als Britsch bezeichnet – ganz sicher in Erinnerung an den Möhrenkaffee, der Britsch hieß. Ist er nur noch lauwarm, dann wird er als laatschning beschimpft. Auch der Name *Tee* ist fremdländisch, nämlich südchinesisch, die Sache aber durchaus bodenständig. Die »deutschen« Teesorten entstammten selbstverständlich nicht dem Teestrauch, sondern einheimischen Kräutern. Der Name für diese Kräuterabgüsse könnte Sud gewesen sein. Als im Jahre 1657 der Schwarze Tee erstmalig nach Deutschland kam und sehr bald Liebhaber gewann, eroberte das chinesische Wort Tee bald auch die Grundsprachen, und der Name für die heimischen Kräuterabgüsse geriet in Vergessenheit.

Als zu Beginn des zwanzigsten Jahrhunderts das Geld noch nicht so locker saß wie heute, bereiteten sich manche Familien »Schwarzen Tee« aus den Blättern des Schwarzdorns, »Grünen Tee« aus den Blättern des Weißdorns. Möglichst junge Blätter wurden leicht überbrüht bis gekocht, dann getrocknet, schließlich in der Ofenröhre geröstet und dann zerstampft. Besser als das Überbrühen sollte jedoch das Dämpfen sein.

Lassen wir die Absud-Arten außer Betracht, die zu Heilzwecken getrunken werden, dann verbleiben nur wenige für den Abendbrottisch. Am beliebtesten scheint der Absud von Pfefferminzblättern zu sein. Andere bevorzugen ein Gemisch von Erdbeer-, Himbeer-, Brombeerblättern oder auch jede Sorte für sich allein. Wo Lindenbäume vorhanden sind, da werden in der Blütezeit allenthalben die Blüten gesammelt, die einen besonders lieblichen Geschmack besitzen. Bei allen diesen »deutschen Tees« sollen möglichst junge Blätter gesammelt werden, jedoch nur bei trockener Witterung. Getrocknet werden sie nach vorsichtiger Säuberung, ohne sie gewaschen zu haben, in der Luft ohne sie der Sonnenbestrahlung auszusetzen. Dabei müssen sie mehrere Male gewendet werden. Der Geschmack verfeinert sich, wenn sie anschließend auf einer warmen Ofenplatte noch kurz angeröstet werden. Man kann sie dann mit der Hand rollen – mit Ausnahme der Lindenblüten – und nach Erkalten in einem Glas aufbewahren.

Bier. Die Meinung der Kulturwissenschaft, nach welcher das Bier eine Erfindung der Klöster sei, ist ganz sicher falsch. Das wird sich bei der Besprechung der einzelnen Wörter erweisen. In der Flarchheimischen Feld-, Brau- und Holzordnung vom 19.6.1588 ist sowohl das Bier, als auch Kovent und Trinken abgehandelt. Einleitend wird erklärt, der Kurfürst August (von Sachsen, zu dem Flarchheim gehörte) habe das Errichten eines Brauhauses genehmigt. Und nun erfahren wir, daß auf den Häusern des Dorfes die »Braugerechtigkeit« ruhte, das heißt, sie konnten neben der Gemeindeschenke sich am Bierbrauen nach genau festgesetzter Reihenfolge beteiligen, mußten dann aber auch das gebraute Bier, Konvent und Trinken zum Zechen vierzehn Tagelang im eigenen Hause ausschenken, aber auch die Treber anteilig abgeben. An diese Zeit des reihenweisen Brauens erinnern noch heute die »brûiwəlistən = Brauleisten«, das sind die nur knüppeldicken Teile zerspaltener Scheite und Huller, die mit der Handsäge zerschnitten werden können. Das Brauhaus stand zuletzt am Eichbach gegenüber dem heutigen Gasthaus Braun, dem früheren »Gasthof zum Kaiser Wilhelm«. Daß in früheren Zeiten auch Hopfen zur Verfügung stand, ist dem Flurbuch von 1575 zu entnehmen, in welchem es heißt »ein hopfen hoeflein bunderm dorffe an der Rosenborgk«, also östlich der Wassergasse. Besonders geeignete Gerstensorten tragen noch heute die Bezeichnung »brůiwəgarschtən = Braugerste«, wobei beachtlich ist, daß die Grundsprache noch immer die mittelhochdeutsche Lautform mhd. brouwen, briuwen (brauen) enthält.

Zumindest die Herstellung von Trinken ist noch heute genauestens bekannt, da am Nisteltage (22. Februar) teilweise noch immer Süßkuchen gebacken wird, zu dem Malz erforderlich ist. Bis zum Anfang der dreißiger Jahre des zwanzigsten Jahrhunderts bereitete die Bäuerin dieses Malz selbst. Sie reinigte etwa fünfundzwanzig Pfund Gerste fein säuberlich, schüttete sie in ein größeres hölzernes Gefäß und übergoß sie mit Wasser. Nach achtundvierzig Stunden wurde die nun gequollene Gerste in einen sauberen Korb geschüttet, damit alle Flüssigkeit abtropfen konnte. Dann kam sie in eine Holzmulde, wurde mit einem Tuch zugedeckt und in einem warmen Raum, meistens unter das Sofa im ständig geheizten Wohnzimmer, zum Keimen der Körner gestellt. Täglich mußte die keimende Gerste wenigstens zweimal durchgeschaufelt werden, weil sich sonst die Keime verfilzten. Sobald die Keime etwa anderthalb Zentimeter lang geworden waren, wurden die Körner in die heiße Ofenröhre geschüttet, um sie zu »darren«. Die richtige Trocknung war erreicht, wenn die Körner sich mit den Zähnen gerade noch zerbeißen ließen. War die gesamte Gerstenmenge gedörrt, dann mußte sie mit den Händen zerrieben werden, um die Keime abzulösen. Nach dem Durchsieben erfolgte das Grobschroten der gewonnenen Gerstenkörner in der Mühle. Und damit war die Vorbereitung des Malzes beendet. Seit den dreißiger Jahren des zwanzigsten Jahrhunderts kann vor der Nisteltagszeit (22. Februar) fertiges Gerstenmalzmehl vom Gemeindebäcker bezogen werden, so daß die verhältnismäßig umständliche Malzgewinnung entfällt.

Ein Mäßchen Malz wird mit der doppelten Menge Wasser vermischt eine Nacht stehengelassen, am nächsten Nachmittag durchgeseiht und das Malz ausgedrückt. Besser aber wird das Malz in eine Pfanne geschüttet, die bis obenhin mit Wasser gefüllt und gegen Abend ins Backhaus getragen. In dem allmählich erkaltendem Backofen kommt das »gəbrůiwə = Gebräu«

nur langsam und geringfügig zum Kochen. Dadurch wird das Malz besser ausgelaugt. Bis zum nächsten Morgen ist ein brauner Malzsaft entstanden, der nun durchgeseiht und zum Backen von Süßkuchen verwendet wird.

Zur Herstellung von Trinken übergießt man das Gerstenmalz erneut mit Wasser und bringt es auf gelindem Feuer zum Kochen. Am andern Morgen wird der so gewonnene Absud mit Wasser verlängert, mit Hefe und Roggenmehl versetzt und auf Tonflaschen gefüllt. Bei mäßiger Wärme tritt schon bald der Gärungsvorgang ein. Die Flaschen bleiben bis zur Beendigung des Gärens geöffnet und werden erst dann geschlossen. Schon in den nächsten Tagen ist ein recht schmackhafter Haustrunk fertig.

Bis zur Mitte des neunzehnten Jahrhunderts gab es in jedem größeren Bauernhaus einen Trinkenstahn. Das war ein etwa meterhohes eichenes dreifüßiges Faß, das aufwärts stand und am Boden einen Ablaßhahn besaß. Dieser Trinkenstahn wurde vom Dorfbüttner angefertigt. In ihm wurde selbstbereitetes Gerstenmalz mit kochendem Wasser übergossen und nach dem Abkühlen auf etwa 25°C mit Bierhefe versetzt, um die Gärung hervorzurufen. Nach erfolgter Gärung war das »Trinken« fertig und konnte nach Bedarf abgelassen werden. Es war das allgemein übliche sommerliche Getränk. Ebenso gern wurde Trinkensuppe gegessen, die nicht nur kühlte, sondern auch den Durst gut löschte. Dazu wurde Trinken mit Runkel- oder Birnsaft gesüßt und dann Brot hineingebrockt. Trinkensuppe wurde an heißen Sommertagen besonders von der ärmeren Bauernbevölkerung gegessen. Das Verlangen stand jedoch mehr nach Biersuppe aus »Einfachbier«, wie sie in reicheren Bauernhäusern und den Gütern beliebt war. Auch die enthielt Runkel- oder Birnsaft und Brotbrocken. Diese Kaltschale hieß »biͤrmartən = Biermärte«, und das Verlangen nach ihr kam in der wehmütig-entsagenden Bezeichnung »des ormən månnəs biͤrmartən = des armen Mannes Biermärte« für ein erfrischendes Lüftchen während der Ernte an heißen Sommertagen zum Ausdruck.

Heute ist »Trinkensuppe« die abfällige Bezeichnung für einen nicht viel taugenden, zu keiner ordentlichen Arbeit fähigen Menschen. Besonders schlafmützige Menschen werden als Trinkensuppe beschimpft.

Im Flarchheimer Gemeindebrauhaus wurde nur das vorgenannte »Einfach Bier« gebraut, eine Art Malzbier. Mit einem hölzernen Schöpfstutz wurde der Malzabsud ins Kühlschiff geschöpft, um darin den Gärungsvorgang durchzumachen; eine Pumpe gab es nicht. Der erneute, zweite Aufguß der Maische ergab das »Trinken«. An den Brautagen kam der Steuerkontrolleur Barthmus auf seinem Schimmelchen aus der Kreisstadt Langensalza und zog die anfallenden Brausteuern ein. Wie »hoch« sie gewesen sein mögen, ist dem Preis für einen Eimer Trinken zu entnehmen. Der betrug bis zur Schließung der Brauerei im letzten Jahrzehnt des neunzehnten Jahrhunderts drei Pfennig. Die anfallende »nasse Hefe« wurde sowohl zum Brot als auch zum Kuchenbacken gekauft; aber vielfach benutzte sie der Bauer zum nochmaligen Trinkenbereiten. Um 1900 kostete ein Liter Einfachbier zwölf, ein 0,4-Glas sieben Pfennig. Gern wurde Einfachbier auch zu dem an besonderen Festtagen beliebten Warmbier verwendet, zu dem neben Eiern und Sahne etwas Zucker oder Saft und wenig Roggenmehl gehört, hier und da auch eine Prise Muskatnuß.

Weinbereitung

Der Name gehört eigentlich nur den Weinstöcken, Vitis vinifere L., an und hat sich erst später auf ähnlich hergestellte alkoholische Getränke aus anderen Obstarten übertragen. Der echte Wein stammt aus den Gegenden südlich des Kaspischen Meeres, von wo aus er sich schon vor der Zeitwende über alle Länder rund um das Mittelländische Meer verbreitete. In den Raum des heutigen deutschen Sprachgebiets kam Wein zuerst nur als vergorenes Getränk auf dem Handelswege aus dem Süden. Weinanpflanzungen an Rhein und Mosel scheinen schon kurz nach Beginn unserer Zeitrechnung nachweisbar. Aus der gleichen Zeit sollen die Weinberge im heutigen Österreich stammen. Besondere Förderung erfuhr der Weinanbau durch Karl den Großen zu Beginn des neunten Jahrhunderts; denn zwischen 770 und 800 ließ er überall auf seinen Gütern Weinberge anlegen. Die Herausforderung des Ritterstandes hatte dann eine Ausweitung der Weinbaugebiete seit dem zehnten Jahrhundert bis nach Ostpreußen zur Folge. Aber besonders harte Nachtfröste im Jahre 1437 vernichteten die meisten mitteldeutschen Weinanpflanzungen – und da zur gleichen Zeit das Hamburger Bier größere Verbreitung fand, unterblieb meistens eine Neuanlage. Heute werden Weinstöcke nur noch an den Südseiten der Häuser und Wirtschaftsgebäude gezogen, die aber nur zum Verzehr der Weintrauben ausreichen. Sprachgeschichtlich bedeutsam ist die Bezeichnung Wiemerstock. Die Trauben heißen allgemein gsp. Winnsdriwwəl (Weinträubel).

Die in Thüringen zahlreich anzutreffenden Weinberge erinnern nur teilweise an jenen Weinanbau. Der Flarchheimer Weinberg (wīnbērgh) am Südabhang einen von Westen nach Osten ziehenden Höhenrückens besaß bis zum Ende des Zweiten Weltkriegs auch noch die üblichen Terrassen, hat also tatsächlich Weinanpflanzungen getragen. Wo »Weinberge« ihre Abdachung nach anderen Himmelsrichtungen haben, da handelt es sich durchweg um ehemalige Bergweiden besonders für die Kuhherden. So war die etwa zwei Kilometer von der Wüstung Graiwerode entfernte Wüstung Wienhusen, die »Behausung am Weideland« gemäß an.vin = Weideplatz, weshalb (völlig ordnungsgemäß verdeutscht) heute von Mühlverstedt zum Ihlefeld der Triftweg an ihr vorbeiführt.

In der Flarchheimer Brauordnung vom 19. Juni 1588 werden noch Vorschriften für den Weinausschank aufgeführt. Die Kenntnisse über Anbau der Weinpflanzungen und die Weinbereitung sind jedoch untergegangen. Aber an jene Zeit erinnern noch Kelter und Presse. Die Rückstände hießen gsp. treastər (Trester), und diese Bezeichnung ist heute auf die gleichen Rückstände bei der Obstweinbereitung übertragen worden. Wenn heute »dünner« Bohnenkaffee als »ënnə lorkən = eine Lurke« beschimpft wird, dann erinnert dies an jene Weinbauzeit, da die Weinbergarbeiter als Zugabe zum Naturallohn den als Lauer bezeichneten Tresterwein erhielten und ihn zum Frühstück tranken.

Obstweine aller Art wurden fast in jedem Haushalt gekeltert. Am verbreitetsten ist der Apfelwein, zu dem früher mit Vorliebe Nikolausäpfel verwendet wurden. Sie haben einen süßsäuerlichen Geschmack, der an den Fallflekken einen schon weinartigen Nebenton besitzt. Diesen Äpfeln wurden gern die bis 2 cm langen birnen- oder apfelförmigen gelben, an der Lichtseite roten Früchte des Speierlings oder auch Spierlingsbaums (Sorbus domesticus L.) zugesetzt, und dieser Apfelwein soll an Güte und »Blume« den besten noch übertreffen. Die Früchte wurden kurz vor der Reife gepflückt und mußten zum Nachreifen auf Stroh gelegt werden, wo sie dann teigig wurden und süßsäuerlich schmeckten. Aber auch alle übrigen säuerlichen bis saueren Äpfel eignen sich zum Keltern von Apfelwein, doch werden Herbstäpfel im allgemeinen vor Sommer- und Wintersorten bevorzugt. Die Weinbereitung im bäuerlichen Haushalt entspricht weitgehend der in Kochbüchern ausführlich geschilderten, so daß auf sie nicht näher eingegangen zu werden braucht.

Birnenwein wird in unserer Gegen nur noch selten hergestellt. Am Beginn des zwanzigsten Jahrhunderts war er jedoch in einigen Familien beliebter als Apfelwein. Sie besaßen im Hof (Obst- und Grasgarten) einen eigens für diesen Zweck angepflanzten Birnbaum mit außerordentlich saftigen Früchten, die im Geschmack jedoch nur wenig besser als Holzbirnen waren. Einen Namen besaßen diese Birnen nicht; sie wurden als »wīnbërn = Weinbirne« bezeichnet. Mit ihnen wurden alle grindigen und verkrüppelten Birnen von den übrigen Birnbäumen verarbeitet.

Beerenweine gewinnen im bäuerlichen Haushalt in zunehmendem Maße an Bedeutung. Zwar muß es nach den Erzählungen unserer Eltern und Großeltern von jeher in den zu jedem Bauernhaus gehörenden Hefchen Johannes-, Stachelbeersträucher und Himbeeren gegeben haben, aber die Früchte waren nur klein und wenig zahlreich. Johannes- und Stachelbeeren wurden auch zu Kuchen benötigt, Himbeeren zur Herstellung von Himbeersaft. Neuerdings wird mit Vorliebe Johannes- und Stachelbeerwein gekeltert.

Dagegen machen sich nur noch wenige Familien die Mühe, im Herbst die oft überreichliche Schlehenernte zu bergen, um den sehr geschmackvollen »schlīͤnnwīn = Schlehenwein« zu keltern. Nicht anders ist es mit den Hagebutten, obgleich »hainfuətənwīn = Hainfutenwein« nicht weniger gut mundet. Kirschwein konnte erst gekeltert werden, als Sauerkirschen in größerer Menge angepflanzt wurden, was in unserer Gegend erst seit dem letzten Drittel des neunzehnten Jahrhunderts geschehen zu sein scheint. Denn heimisch ist ja nur die Süßkirsche, die aus der Holzkirsche entwickelt worden ist und deren erste Veredelung Kipsen heißt, die sich aber zur Weinbereitung nicht eignet.

Met

Wesentlich älter als die Fruchtweine aller Art scheint der aus Honig bereitete Met zu sein, den man vermutlich als *das* gegorene Getränk der indoeuropäischen Urzeit ansehen darf. In früheren Jahrhunderten mag er in allen Familien üblich gewesen sein, weil Bienenvölker wildlebend in den zahlreichen hohlen Waldbäumen leicht Unterkunft fanden. Heute kennen ihn nur noch die Imker und diejenigen Bauern, die aus Liebhaberei in wenigen Stöcken neben ihrem eigentlichen Beruf etwas Bienenzucht betreiben.

Wenn im Sommer die Honigwaben geschleudert werden, müssen sie vorher mit dem Schabmesser abgedeckelt werden. An diesem abgedeckelten Wachs haften aber noch geringe Reste des Honigs, die den Grundstoff des Mets bilden. Diese Wachsteile werden möglichst in einer Tonschüssel gesammelt, mit Regenwasser übergossen und einige Tage stehen gelassen. Nach vier, fünf Tagen wird das Wachs mit den Händen ausgepreßt (und zu Wachskerzen verarbeitet), wobei das Honigwasser zurückbleibt. Das wird nun ausgeseiht, auf Flaschen gefüllt und zugestöpselt in den Keller gestellt. Nach etwa vierzehn Tagen werden diese Flaschen in andere saubere umgefüllt, der ausgegorene Bodensatz aber weggeschüttet. Das wird solange fortgesetzt, bis der Met glasklar ist und beim Öffnen Gischt erscheint, der als gsp. jirscht bezeichnet wird. Im Herbst ist der Met fertig; er schmeckt etwa wie Sekt, jedoch lieblicher als der.

Schlachtfest

Solange es Bauern gibt, und das ist immerhin seit sechstausend Jahren in unserm mitteldeutschen Lebensraum der Fall, ist auch geschlachtet worden – und zwar *neben* den Erträgnissen der Jagd. Aber Tiere der Wildbahn werden nicht »geschlachtet«, sondern geschossen oder gebloutst mit Pulver und Blei, früher auch mit Pfeil und Bogen erlegt, mit Speer oder Spieß gestochen, mit der Keule erschlagen, wohl auch in Fallen gefangen. Geschlachtet werden demnach nur vom Menschen gezähmte und zum Zweck des späteren Verzehrs in Zucht und Pflege genommene Tiere.

Vom Schlachten zu kultischen Zwecken ist uns nur wenig bekannt – obgleich es noch vor achthundert bis eintausend Jahren im religiösen Leben eine bedeutende Rolle gespielt hat. So wissen wir Thüringer über das Pferd als Opfertier fast gar nichts – nur die Verteufelung des Pferdefleisches durch die Kirche gibt uns einen Hinweis.

Deutlicher ist uns der Ziegenbock als Opfertier bekannt geblieben. Denn das Nisteltagsliedchen (22. Februar)

Kū̊schwång –	*Kuhschwang –*
dɪͤpfənklång –	*Töpfenklang –*
hārɪͤngsnoasən!	*Heringsnasen!*
jůngfər, də woasən,	*Jungfer, die Base,*
sɪͤtzt in štū̊lə,	*sitzt im Stuhle,*
mɪͤləkt ënnə kū̊,	*milkt eine Kuh,*
schɪͤngt ënn bokk	*schindet einen Bock*
zů dɪͤssər glokk…	*zu dieser Glocke…*
Hänschən, sprɪͤng herob, herob!	*Hänschen, springe herab, herab!*

verweist auf das Schinden, das heißt Schlachten, eines Ziegenbocks und wohl auch zur Verhöhnung der christlichen Kirchenglocken. Auf den vorgermanischen und zugleich auch germanischen Bock-Kult habe ich in »Sind wir Germanen? Das Ende eines Irrtums« auf Seiten 337 ff. aufmerksam gemacht. Ich mußte ihn mit dem griechischen Mythos in Verbindung bringen, in dem ebenfalls im Frühling während der Dionysosfeste ein Bock geopfert wurde. Wenn in Flarchheim zu Ostern ein Ziegenböckchen geschlachtet wird, dann ist zu fragen, ob dies nicht die ältere Festtagsspeise gewesen ist, die erst in christlicher Zeit in ein Schaflämmchen umgewandelt wurde. Denn das Schlachten eines Schafbocks – oder auch eines weiblichen Schafs – gehört zweifellos in den Herbst. Das möchte man dem in zahlreichen thüringischen Dörfern üblichen Hammelreiten zur Kirmse entnehmen, in Flarchheim bis etwa zur Mitte des neunzehnten Jahrhunderts auf dem Breiteckenwege, der zum urzeitlichen Kultplatz Pfingstfleck/Garben führt. In Oberdorla findet zur Kirmse die Hammelfahrt durch alle drei Vogteidörfer statt. Und wenn in Flarchheim gesungen wird:

Wënn s kërmsə wërd,	*wenn es Kirmse wird,*
wënn s kërmsə wërd,	*wenn es Kirmse wird,*
do schlåxt min Voatər ënn Bokk.	*da schlachtet mein Vater einen Bock.*
do dãnzt minnə Můttər,	*da tanzt meine Mutter,*
do dãnzt minnə Můttər,	*da tanzt meine Mutter,*
do schwënkt sə ērən Rokk.	*da schwenkt sie ihren Rock.*

dann muß in diesem »Bock« ganz offensichtlich ein Hammel gesehen werden. Der Schafschmaus am Nikolaustag (6. Dezember), an dem Schafhalter und Schäfer zusammen einen Hammel(bock)braten verzehren, ist zwar eine weltliche Angelegenheit, könnte aber auch im Zusammenhang mit kultischen Erinnerungen gesehen werden.

Die Martinsgans, die am 11. November als Schoß den Lehnsherren zu überbringen war, führt sicher in den kultischen Bereich zurück. Der Gansert war der heilige Vogel der Erdmutter Berchta. Wenn sie heute besonders zu Weihnachten gegessen wird, dann ist dies eine aus der Zeitlage verständliche Verschiebung.

Zu Weihnachten gehört aber der Schweinebraten, zumal mit Winterbeginn das große Schweineschlachten einsetzte, da die heute zur Verfügung stehenden Futtermittel (besonders Kartoffeln, aber auch Runkeln, Getreide in der jetzigen Menge) fehlten, ohne die größere Schweineherden nicht über die harte Winterzeit gebracht werden konnten.

Schlachtfest ist ewas ganz anderes! Seit Ende des neunzehnten Jahrhunderts wird in größeren bäuerlichen Haushalten vielfach zweimal geschlachtet, das erste Mal im Herbst, das zweite Mal im zeitigen Frühjahr. Einstmal hieß es

Sånkt Mårtin –	*Sankt Martin (11. November) –*
schlåχt dr ōrmə månn sin schwīn.	*schlachtet der arme Mann sein Schwein.*
Liͤchtmaß –	*Lichtmeß (2. Februar) –*
hät ha s wëdər ůffgəfrassən.	*hat er es wieder aufgefressen.*

Das war in jenen Jahrhunderten vor Einführung der Kartoffel (in Flarchheim im achtzehnten Jahrhundert) und der künstlichen Düngung (in Kammerforst durch meinen Großvater Johann Michael Ziegenhardt nach der Mitte des neunzehnten Jahrhunderts) erforderlich, da die Ernteerträge überaus gering waren. Beispielsweise erklärte ein Landbesitzer vom Graiwerode: »iͤch hån ënn kerbchən kårtůffəl gəlait ůn ënn kerbchəchn vůll wëdərgəkrëjjt, kënn miə ůn kënn wiͤnniͤjər = ich habe ein Körbchen Kartoffeln gelegt und ein Körbchen voll wiedergekriegt, keinen mehr und keinen weniger«.

Zum Schlachtfest gehören Gewürze, soll die als berühmt zu geltende Thüringer Wurst hergestellt werden. Bis zum Beginn des neunzehnten Jahrhunderts gab es in den Dörfern kaum einen Krämer, der sie führte. Man war weitgehend auf die fliegenden Händler angewiesen. Deshalb wurde mit Herbstbeginn immer wieder sehnsüchtig gesagt

drůll, drůll, drůll –	*Drull, drull, drull –*
kiͤmmt dr månn uß Fůll,	*kommt der Mann aus Fulda,*
kiͤmmt dr månn uß Isənåχ:	*kommt der Mann aus Eisenach:*
morjən wůnn mə schwinnchən schlåχt.	*morgen wollen wir Schweinchen schlachten.*

Diese Händler aus Fulda und Eisenach brachten nämlich die benötigen Schlachtgewürze in die westthüringischen Dörfer.

Aber auch noch mancherlei andere Vorbereitungen mußten bereits am Tag vor dem Schlachtfest getroffen werden – kein Wunder, daß es so sehr aus allen anderen dorfüblichen Arbeiten und Verrichtungen herausragte. Mehr als einmal ist in den Dorfschulen auf die Frage nach den höchsten Jahreslauffesten geantwortet worden: Weihnachten, Ostern und Schlachtfest. Bis zum letzten Drittel des neunzehnten Jahrhunderts bekamen die betreffenden Kinder für diesen Tag schulfrei (wofür natürlich für den Lehrer eine Schlachtschüssel abfiel).

Wenn vom Metzger Tag und Stunde des Schlachtfests bestimmt worden ist, wird das Haus wenigstens soweit gescheuert und ausgeräumt, wie es am nächsten Tage erforderlich ist. Dann wird alles »ambi« geholt: heute Fleischwolf, Wurstmaschine, Brühtrog, Hängeholz, wohl auch schon die Wurststekkel, dazu Berge von Brennholz. Als Zutaten: Ziͤppəl (Zwiebel), Knowwəlox (Knoblauch), Kēməl (Kümmel), Mairoal (Majoran), Faffər (Pfeffer), Nůiwə Werz (Neue Würze = Piment), Innəwər (Ingwer), Muschkoatnůß (Muskatnuß) und Sālz (Salz).

Gegen 6.00 Uhr des Morgens wird unterm Kessel gefeuert, damit das Wasser bereits kocht, wenn (meistens) gegen 8.00 Uhr der Metzger eintrifft. Dazu sind alle selbst mit der Axt nicht zu zerkleinernden Knorze herbeigeholt worden, denn das Feuerloch unter dem Kessel ist groß genug, um auch sie einschieben zu können.

Es ist fast ein feierlicher Anblick, wenn der Metzger sich dem Hause nähert. Um den Leib trägt er ein Koppel aus Leder mit Ziernägeln und Koppelschloß aus Messing. In dem daranhängenden Köcher befinden sich fünf bis sieben Messer, nämlich ein Stechmesser, mindestens je ein Grieben- und ein Hackmesser neben den etwas kleineren, dazu ein gsp. schlīmhåilz (Schleimholz) aus Hartholz zum Entschleimen der Dünndärme, eine einzinkige Gabel (gsp. špīln = Spiele oder Nadel) zum Stechen der Bratwürste und eine zweizinkige zum Umdrehen der noch sehr heißen Fleischstücke aus dem Kessel. Auf der Schulter trägt er das große Hackbeil, die ebenfalls große flache kupferne oder messingene Fleischkelle, einen dreizinkigen Fleischhaken, sowie den Borstensack mit den Blasen und Därmen, die früher von ihm geliefert wurden. Am Lederriemen waren drei Schellen und drei Trichter aus Messing angeschlungen, heute vielfach aus Aluminium. Seit Blasen und Därme vielfach anderweitig bezogen werden, sind Schellen und Trichter wohl auch im Borstensack untergebracht. Auf dem Rücken hing ihm das Schnitzbrett aus Lindenholz.

Inzwischen sind die helfenden Paten sowie einige Männer aus der »Freundschaft« (Verwandtschaft im weitesten Sinne) eingetroffen. Nachdem der Metzger das Wasser im Kessel überprüft hat, gibt es zunächst für alle erst einmal Kaffee und Kuchen. Danach wird das Schwein aus dem Koben herausgeholt. Geschieht dies durch den Metzger, dann sträubt es sich oft nach allen Kräften, weil er Blutgeruch an sich hat. Deshalb besorgt diese unangenehme Arbeit vielfach der Bauer selbst. Ein starker Strick, eine Siemen, der zwecks besseren Halts vorher in heißes Wasser getaucht worden ist, wird ans rechte Hinterbein geschlungen und einem bereitstehenden Helfer in die Hand gegeben. Dann wird das Schwein mit vereinten Kräften hinausgeschoben und -gezogen. Bis kurz vor 1900 bestand die barbarische Sitte, das Schlachtschwein ohne Betäubung umzureißen und es mit einer zweizinkigen Reichgabel auf die Erde zu drücken und festzuhalten. Als dies verboten wurde, schlug es der Metzger mit dem Axtrücken gegen die Bloutse, daß es umfiel. Da aber mancher Schlag nicht richtig traf und das Tier unnötig gequält wurde, mußte die Tötung mit Bolzen erfolgen, der dem Tier auf die Stirn gehalten wird. Heute wird mit Hilfe einer Platzpatrone ein solcher in den Kopf getrieben, sofern nicht das Schlachten in einem dörflichen Schlachthaus vorgenommen wird. Nach erfolgter Betäubung sticht ihm der Metzger mit dem Stechmesser in die Schlagader am Hals, darf aber nicht die Gurgel treffen, weil sonst das Blut nach innen läuft. Das Messer darf nicht frisch geschliffen und nicht mit Essig in Berührung gekommen sein, weil sonst das Blut nicht fließen würde. Die Hausfrau oder eine andere weibliche Person fängt es in einer Tonschüssel auf und quirlt es ununterbrochen, damit es nicht labbert (gerinnt). Denn Blut wird für die Buntwurst gebraucht, aber auch für die süß-saure »Schwarz-Pfeffer«-Suppe.

Manches Kind ist fai und geht nicht in die Nähe, wenn der Metzger das Schwein totgiekst. Andere gelten dagegen als dreist, denn sie folgen dem Metzger auf Schritt und Tritt, halten das Schwänzchen, weil sie unbedingt mithelfen wollen.

Ist das Schwein ausgeblutet, dann wird es an den Brühtrog getragen und in ihn hineingekippt, wobei die Füße unter dem Leib liegen müssen. Dann wird es mit kochendem Wasser, das mit etwas kaltem Wasser »abgeschreckt« worden ist, da sonst die Haut anbackt, übergossen. Dabei wird es an den Borsten angefaßt und hin und her bewegt, damit auch die aufliegenden Teile überbrüht werden. Mit den »schallən = Schellen« werden nun die Borsten »obbgəschorpst = abgeschorpst«, wobei auch die obere Schicht der Haut, »də borkən = die Borke« mit abgeht. Zugleich reißt der Metzger mit den an den Schellen befindlichen Haken »də kitərchən = die Köterchen«, die Köten, heraus und steckt sie mitsamt den Borsten in den Borstensack. Borsten und Köten gehören zur Naturalentlohnung des Metzgers; erstere verkauft er später an den Bürstenbinder, letztere an den Leimsieder. Danach wird das gebrühte Schwein zur Weiterverarbeitung auf den Knetstuhl gehoben, der auch beim Brotbacken Verwendung findet. Erst jetzt wird so richtig augenfällig, wie das Schwein zu bewerten ist. Wurde es schon beim Heraustreiben aus dem Koben begutachtet, dann erfolgt das jetzt ein zweites Mal. Danach ist es ein Schlaps, ein Rüpel, »ënn Prääjəl«, »ënn bårwårschəs Diͤr«, aber auch nur ein Ratzchen, »ënn nārliͤchəs schwinnchən« das sich »hiͤngərm Basən vərštëkkəl kånn = hinterm Besen verstecken kann«.

Auf dem sonst für das Brotbacken benötigtem Knetstuhl wird das Schwein mit kaltem Wasser begossen und von den Helfern zur Beseitigung aller noch stehengebliebenen Borsten mit den scharfen Schabemessern (gsp. hārmassər) geschabt. Die hier und da noch gebrauchte Bezeichnung »hären« ist wohl falsch, weil das Schwein ja keine Haare, sondern Borsten besitzt.

Bevor man einen Flaschenzug verwendete, wurde eine etwa drei Meter lange Leiter neben den Knetstuhl auf die Erde gelegt und das Schwein mit den Hinterbeinen nach oben daraufgelagert. Das Hängeholz wird nun mit seinen Enden in einen Einschnitt zwischen Knochen und Sehnen geschoben und in der Mitte mit einem starken Seil an einer Spale befestigt. Darauf fassen alle kräftigen Männer die Leiter an ihrer oberen Seite an und heben sie an eine Hauswand. Dabei muß das Gleichgewicht gehalten werden, weil sonst das Schwein nach der einen Seite abrutschen würde. Es wird vom Metzger »ůffgəbroxən = aufgebrochen«, das heißt auf der Bauchseite von oben bis unten aufgeschnitten, so daß er Därme – »də kålunn« – und Gehänge (Herz, Lunge, Leber, Milz, Nieren) herausnehmen kann. Inzwischen ist der Fleischbeschauer eingetroffen, der die von ihm zu untersuchenden Fleischstücke auf das Vorhandensein von Trichinen überprüft. Der Metzger löst inzwischen Schmer (Bauchfett) und Flumen heraus und breitet sie auf einer bereit gehaltenen, mit Salz bestreuten oder nur naßgemachten Kuchenschüssel zum Trocknen aus. Die Därme werden vom Metzger geleert, mit dem messerartigen eschenen Schleimholz entschleimt, ausgespült und in einen Eimer zur späteren Verwendung geworfen. Die Blase bläst er auf, bindet sie zu, und die wird in der Nähe des Stubenofens zum Trocknen aufgehängt. Der Nabelschaft, das ist der Nabel mit dem dazugehörendem Strang, wird herausgetrennt und ebenfalls an der inneren Hauswand zum Trocknen aufgehängt; er dient später zum Einfetten der Sägeblätter oder wird im Winter als Vogelfutter verwandt.

Bevor das eigentliche Schlacht»fest« beginnt, wird erst einmal gefrühstückt. Dazu soll es unbedingt Würste vom vorjährigen Schlachten geben – sicher als Beweis dafür, wie gut die Hausfrau wirtschaften und einteilen kann. Während in Kammerforst zum erstenmale Schnaps angeboten wird, wenn das Schwein an der Leiter hängt (»wënn dås schwīnn ån Hokən hängt, wërd erscht ainər īngəschënkt«), gibt es in Flarchheim den ersten zum Frühstück und darf auch keinesfalls fehlen. Es ist jedoch verpönt, schon vom augenblicklichen Schlachten etwas zu verzehren. Vom Metzger wird der Rücken des Schweins auf dem Küchentisch genau entlang des Rückgrats in zwei Hälften zerlegt (und nebenbei schorpst immer noch einer der Helfer stehengebliebene Borsten ab), die nun eine nach der andern verarbeitet werden. Zuerst wird »ūsgəbaint = ausgebeint«, das heißt die Knochen werden herausgelöst, mit der Säge zerschnitten oder auch mit dem Hackbeil nachgehackt und in eine besondere Mulde für das spätere Einsalzen gelegt. Darauf werden die Speckseiten »gemacht«, die »reamən = Rippen« für den Rippenbraten ausgesondert, die Schinken herausgelöst und wohl auch der Kehlbraten vom Brustbein für einen der darauffolgenden Sonntage beiseitegelegt. Die Weichen und andere Fleischteile kommen in den Kessel, das magere Fleisch mit einer kleineren Menge fettem wird in einer besonderen Mulde als »brotflaisch = Bratfleisch« für das herzustellende »brot = Brat (Gehacktes)« ausgesondert. Alles weniger gute Fleisch, auch die Schwarten (soweit sie nicht an Speck und Schinken bleiben), kommen in den Kessel.

Nebenher werden »zi̊ppəl gəschealt = Zwiebel geschält« eine große Schüssel voll, »knowwəloX gəhåkkt = Knoblauch gehackt«, »mairoal obbgəštrepfəlt = Majoran abgestreifelt«, »faffər gəmerschəlt = Pfeffer gemörsert«, soweit das noch nicht am Tage vorher geschehen ist. Der Metzger zieht frisch vorbereitete Gewürze den tags zuvor bereitgestellten vor.

Inzwischen ist ein Teil des Fleisches gar geworden, ist der Backtrog auf Stühle gestellt und das Schnitzbrett aus Lindenholz (anderwärts Schneidbrett oder Schieber genannt) darübergelegt worden. Der Metzger löst nun die Schwarten von den Fleischteilen aus dem Kessel ab und schneidet das Fleisch für die gleich anschließend zu fertigende »Buntwurst = Bůintworscht«. Diese Arbeit wird vom Mittagessen unterbrochen. In Flarchheim gehört eine Fleischbrühsuppe mit eingeschnittenen Brötchenwürfeln zu einem echten Schlachtfestessen. Die Hauptmahlzeit besteht aus »můllənfleisch (Mulden-, Kessel- oder auch Wellfleisch)« und »lawwər« mit Kartoffel- und Krautsalat, beide mit Rahm (saurer Sahne) und Speckgrieben zubereitet. Dazu werden aufgekochte Zwetschenhotzeln (Dörrpflaumen), seltener Apfelmus gegessen. In einigen Familien ist für Wellfleisch und Leber beim Mittagessen am Schlachttag der Ausdruck »Gescheet« noch üblich, und es heißt dann wohl »hůll əmōl ënn orndlichəs gəschēt har = hole einmal ein ordentliches (umfangreiches, gewichtiges) Gescheet her!« Das mag an Zeiten erinnern, als Fleisch und Gemüse, später auch Kartoffeln, einfach auf die Tischplatte geschüttet wurden, in die Vertiefungen eingearbeitet waren. Die Überreste der Fleischmahlzeit werden als »Schlachtschüssel« oder Klemme den Verwandten und besonders beliebten Nachbarn überbracht, von denen zu gegebener Zeit das gleiche erwartet wird.

Schon am Vormittag sind allerlei Scherze gemacht worden, vor allem mit den am Schlachtfest teilnehmenden Kindern. Die werden auf jede nur mögliche Weise »verkuəlt = verkohlt« und zu allerlei unmöglichen Aufträgen geschickt: so sollen sie während des Herausschneidens der Speckseiten den Speckhobel oder auch das Speckmaß holen oder sie sollen während des Wurstmachens das »Wurstmaß« herbeischaffen. Ruft der Metzger nach dem »kēməl = Kümmel«, dann stellt ein Helfer fest, er sei ja noch gar nicht gespalten, weshalb eines der Kinder laufen muß, um den Kümmelspalter zu holen, und da der zu schwer zum Tragen wäre, soll es einen Sack mitnehmen. Der ins Vertrauen gezogene Nachbar steckt den »Kümmelspalter« tatsächlich in den Sack – aber es sind nur Steine. Hat der Metzger alle Gewürze beisammen, dann fehlt plötzlich »Staketensamen«, und den soll ein Kind beim Dorfkrämer holen.

Kommt eines der Kinder beim Blutwurststopfen dem Metzger zu nahe, dann mißt ihm der mit dem blutigen Finger eine »Wurst an«, das heißt zeichnet ihm einen Bart von einem Ohr bis zum anderen. Und das Schweineschwänzchen kann jedermann, selbst älteren Leuten, mit einer Sicherheitsnadel hinten angesteckt werden, ohne daß das verübelt werden dürfte.

Ist alles Fleisch zu Würfeln zerschnitten, dann wird es mit Blut, feingekrümeltem Majoran, zerstoßenem Pfeffer, Neuer Würze (zerstoßenem Nelkenpfeffer), Kümmel, Knoblauch, Ingwer und Salz vermischt. Dabei kostet der Metzger ständig das Gemisch, bis er den richtigen Geschmack getroffen hat. Wie fein seine Geschmacksnerven entwickelt sind, geht aus seiner Aufforderung »nuər nåx ënn fiff = nur noch einen Fiff« Majoran (oder Ingwer, Pfeffer, usw.) hervor. Und diese Kleinigkeit bringt dann tatsächlich die letzte Geschmacksfeinheit.

Zuerst werden aus den starken Schweinedärmen Kiddelwürste, dann die vom Metzger mitgebrachten Blasen, zu denen noch die Schweinsblase und wohl auch Butten von Rindern kommen, mit dem Gemisch gefüllt: es wird »bůindworst = Buntwurst« gemacht. Blasen und Butten hat er in einer hölzernen Gelte eingeweicht, und die werden nun mit Hilfe eines Messingtrichters gefüllt. Der Schnerpfel wird mit einem Wurstband fest zugeschnürt, ganz schwere werden mit einem dünnen hölzernen Speil zusätzlich gesichert und außerhalb des Wurstbandes durch den Schnerpfel gestochen, damit es nicht abrutschen kann. Ebenso werden vielfach Speck- und Schinkenseiten aufgehängt, indem man ein Wurstband durch ein Loch zieht und es an der gegenüberliegenden Speil festhält. Für ein geschlachtetes Dreizentnerschwein werden zwölf bis fünfzehn Blasen benötigt.

Aus besonders dünnen Därmen werden sodann Leberschleifchen (lawwərschlaifchen) gemacht, das sind kleinste, mit Wurstmasse gefüllte Würstchen, von denen stets ein grsp. »pārchən = Pärchen« ein Ganzes bilden, weshalb sie heute in Oberdorla auch heute so heißen. Beim Stopfen füllt der Metzger die ganze Länge der dünnsten Därme. Nach etwa zwölf Zentimetern schlenkert er den gefüllten Darm um sich selbst, und nach abermals zwölf Zentimetern zum zweiten Mal, worauf beide Pärchenteile mit einem Wurstband verbunden werden. Daraus hat sich der Name Schlenkerschleifchen gebildet, der heute am verbreitetsten ist. Ist so die gesamte Länge des Darms gefüllt, dann wird er in den Kessel geworfen. Die Trennung der einzelnen Teile (je zwei Stück) erfolgt erst nach dem Kochvorgang. Bis zu Beginn des zwanzigsten Jahrhunderts war es üblich, daß Kinder ärmerer Familien sich ein Leber-, Schlenkerschleifchen ersangen, weshalb stets möglichst viele angefertigt werden mußten. Da der im Fleischtrog befindliche fettarme Rest der Blutwurstmasse dazu nicht ausreichte, wurde er mit Wurstbrühe ausgespült. Die verursachte dann das Gallertwerden, das »Gerinnen« oder Labberigwerden dieser Würstchen, das ihnen den Namen gab.

Buntwürste müssen ungefähr drei Stunden kochen. Sie werden immer wieder einmal mit der Spiele (oder Nadel) gestochen, damit die Luft und das überflüssige Fett entweicht. Sind sie gargekocht, werden sie herausgenommen, zuerst in eine flache hölzerne Mulde und nach dem ersten Erkalten auf Kuchenbleche gelegt. Darauf kommen sie in die luftige Wurstkammer (die Vorratskammer im ersten Stock) und werden gegen Abend mit einem zweiten Kuchenbleck bedeckt, damit sie etwas abplatten. Während des Kochens wird das Wurstfett abgeschöpft, das viele Monate den Brotaufstricht ergibt.

Sülze war neben den Buntwürsten bis zum Beginn des zwanzigsten Jahrhunderts die einzige Wurstart. Kopffleisch, gekochtes mageres Fleisch, zweimal feingemahlene Schwarte, das ungekochte Hirn und eine Handvoll Gehacktes mit Zwiebel, Knoblauch, zerstoßenem Pfeffer, Kümmel, Ingwer, Salz – aber kein Blut – sind die Bestandteile. Alles wird fein durchgemischt, ein Teil zum alsbaldigen Verzehr als Schüsselsülze in eine Schüssel geschüttet, ein anderer in einer kleinen Blase als Sülzwurst mit gekocht.

Kopffleisch, Stich, Gurgel werden vom Metzger besonders zurückgelegt, da sie am nächsten Tag für die beliebte Suppe »Schwarz Pfeffer« benötigt werden.

Seit Beginn des zwanzigsten Jahrhunderts haben sich »lawwərworscht = Leberwurst« und »zippəlworscht = Zwiebelwurst« eingebürgert. Fettes Fleisch, Krusel- und Netzfett und Leber werden zweimal ganz fein gemahlen und in dünne Därme (neuerdings auch in Einmachgläser) gefüllt, als Gewürz sollte Muskatnuß nicht fehlen. Leberwurst darf nur eine halbe Stunde lang »ziehen«, nicht kochen, da sie sonst platzen würde. Zur Zwiebelwurst werden dunkle, zweimal gemahlene Schwarten, Milz, Herz und Hirn, wohl auch Lunge mit sehr viel Zwiebeln verwertet und in Kiddeldärme gefüllt. Zwischendurch wird das Sumbrot – heute meistens Drei-Uhr-Brot genannt – verzehrt, das am Schlachtfest aus Bohnenkaffee und Zwiebelkuchen bestehen sollte. Heute werden vielfach ein Obst- und ein Streußelkuchen vorgesetzt, beide aus Hefeteig.

Nebenher läuft die zweite Form der Wurstbereitung: Gehacktes wird hergestellt für die thüringischen Bratwürste. Das Wort hat nichts mit »braten« zu tun, sondern ist das uns in Wildbret (Fleisch von Wild) überlieferte, meint also die Fleischwurst. Schon beim »Ausbeinen« hat der Metzger das für die Fleischwürste geeignete Fleisch beiseitegelegt und auch bereits in gatliche Streifen geschnitten. Bis zum Ende des neunzehnten Jahrhunderts setzte nun die schwerste Arbeit der Helfer ein: im Hacktrog, in dem für gewöhnlich für die Fütterung mit dem Hackstößer die Runkeln oder auch Disteln zerkleinert werden, wurde das Fleisch gehackt (deshalb Gehacktes!). Daran beteiligten sich meistens drei kräftige Männer, die während des Hackens den Trog umkreisten. Im letzten Jahrzehnt des neunzehnten Jahrhunderts kaufte der Metzger einen Fleischwolf, in welchem seitdem das Fleisch zu Brat gemahlen wird, zuerst mit einer groben, dann mit einer feineren Scheibe. Einer der Helfer legt die passend geschnittenen Fleischstücke ein, der andere faßt den »driəlịng = Drehling« und mahlt, dann wird umgewechselt. Heute ist vielfach ein Elektromotor eingebaut.

Das fertig gemahlene Fleisch heißt Brat. Es wird in einer Mulde zum Abkühlen beiseite gesetzt. Sobald der Metzger Zeit findet, macht er es wurstfertig. Für jeden Zentner Brat benötigt er 2 ½ Pfund Salz, ¼ Pfd. gemahlenen Pfeffer, ¼ Pfd. Kümmel, zwei bis drei Haitchen Knoblauch (in manchen

Familien auch sehr viel weniger). Das alles wird mindestens eine Viertelstunde lang tüchtig durchgeknetet. Damit die Wurst rot bleibt, wird manchmal Salpeter oder Zucker dem Brat zugesetzt. Inzwischen warten schon alle darauf, daß sie sich einen Bratfladen machen können. Und wenn schon der eine oder andere beim Fleischkochen des Morgens erklärt hat, er habe den Galm danach, dann wird diese Behauptung jetzt vielfach wiederholt. Aber der Metzger warnt, ja keine Brotkrumen hineinfallen zu lassen, weil dann die Würste sauer würden.

Bevor der Metzger sich gegen 1890 eine Wurstmaschine kaufte, mußten die Därme mit der Hand durch die Trichter »gestopft« werden. Die Schweinedärme hat er bereits beim Entleeren mit dem »schlīmhåilz = Schleimholz« entschleimt und in einer Gelte mit Wasser aufgehoben. Jetzt kommen sie zuerst an die Reihe (soweit sie nicht bereits beim Buntwurstbereiten verwertet wurden). Darauf werden die vom Metzger mitgebrachten Rinderdärme gefüllt, was in manchen Familien auch in umgekehrter Reihenfolge geschieht. Das Stopfen muß luftleer erfolgen, weil die Würste sonst »Klufte« bekommen und grau werden würden. Zugebunden werden sie mit dem Wurstband. Werden die dünnen Därme nur leicht geschabt, dann bleibt das Darmfett daran, das sind die »Zöpferchen«, die geflochten, zusammen mit dem Stich gekocht wurden. Je nach Form der Därme werden die Würste ringförmig, halbrund oder lang. Fertige Bratwürste werden auf Wurststeckel aufgeschnürt und dann in einem luftigen, aber trockenen Raum niedrig auf Stühle gestützt. Die etwa einen Meter langen Steckel werden ganzjährig vor dem Räuchern zum Trocknen der Würste (soweit sie nicht zu schwer sind und liegend getrocknet werden müssen) gebraucht. Die vierzig Zentimeter langen dienen nur zum Aufhängen der Würste im Rauchloch der Feuermuer, des Schornsteins.

Inzwischen hat die Hausfrau die beiden Schmerseiten enthäutet und jede Haut zu einer Butte zusammengenäht. Sie werden ebenfalls mit Brat gefüllt und ergeben eine Zervelatwurst unter dem Namen »schmarhūt = Schmerhaut«. Vielfach wird auch eine Butte (das ist der Blinddarm einer Kuh) oder eine Engbutte, in der Vogtei Dorla Engkiddel genannt (das ist der Blinddarm eines Schafes oder einer Ziege), mit Brat gefüllt. Die feinste Bratwurst aber ergibt der gefüllte Dickdarm, in Flarchheim als »Faltlaifər (von Falte)« bezeichnet, im Eichsfeld als »Feldkieker«. Diese schweren Würste – wie auch schon die vorher gefertigten »dicken« Bratwürste werden nicht sofort auf Wurststeckel gehängt, sondern erst einen oder zwei Tage auf grobe Säcke zum Vortrocknen gelegt.

Das Schlachtfest-Abendbrot besteht aus einer Vorsuppe aus Wurstbrühe mit Brotstücken. Danach kommen Sauerkraut, Salzkartoffeln und Kopffleisch auf den Tisch. Wenn in Nachbarorten (wie in der Vogtei Dorla, in Kammerforst usw.) zum Abendbrot gebratene Würstchen geboten werden, dann ist das zweifellos eine Neuerung, denn früher wurden alle Därme zu Dauerware verarbeitet. Am Geschmack der Wurstbrühe ist bereits festzustellen, ob die Blutwürste richtig gewürzt sind – oder zu scharf, zu latschig, lasch, »leise«. Und der Metzger muß gutwillig das Urteil ertragen.

Die Buntwürste müssen mehrere Stunden kochen, und wenn zwei Schweine geschlachtet worden sind, dann wird der Metzger selten vor Mitternacht mit seiner Arbeit fertig. Die Hausfrauen scheuern gleich nach dem Abendbrot alle Schlachtgeräte und auch die nicht mehr benötigen Räume. Nachbarn und Verwandte bekommen eine Brut voll Wurstsuppe mit einem tüchtigen Brocken Fett, sowie auf einem Teller ein Stück Schüsselsülze, eine dünne Buntwurst, wohl auch eine kleine Bratwurst. Auch am folgenden Tage wird noch Wurstsuppe verschickt oder von Verwandten und Nachbarn auch geholt.

Früher war es üblich, und heute wird es zum Scherz vielfach noch befolgt, daß ärmere Familien ihre Kinder schickten, um sich einen kleinen Anteil zu ersingen. Sie sangen dann:

Ich hab gehört, ihr habt geschlacht't
und habt so viele Würst' gemacht.
Gebt mir eine,
nicht so eine kleine –
gebt mir eine lange,
die häng ich an die Stange,
die häng ich in den Rauch,
dann geht sie in den Bauch.
eine aus der Mittelraß,
die in meinen Magen paßt.

Das Liedchen »Ich bin ein kleiner König, gebt mir nicht zu wenig...« wurde von den Kindern nicht zum Schlachtfest gesungen, sondern am Dreikönigstag, dem 6. Januar.

Ich kam zum Dorf herein,
da hörte ich ein Schwein,
das muß bei ... sein (wenn jemand unverhofft zum Schlachten kommt).

Solange der Metzger im Hause ist, bleiben auch die Helfer beim Kartenspiel. Gegen 22.00 Uhr wird der Hanewackel (letzte Abendmahlzeit) aufgetragen, nämlich die inzwischen schnittfest gewordene Schüsselsülze, eine dünne Buntwurst, dazu Leber- und Zwiebelwurst. Dazu gibt es unbedingt Schnaps zu trinken.

Aus der Religionsgeschichte ist bekannt, daß Opferfleisch nur gesotten und nicht gebraten wurde. Deshalb gehörte der Kessel zu den Weihegegenständen. Daraus wird verständlich, daß die Kimbern ihren heiligsten Weihekessel an Kaiser Augustus (63 vZtr. bis 14 nZtr.) als Versöhnungsgabe schickten, weil ihre Vorfahren zwischen 113 und 101 vZtr. dem Römischen Reich (zusammen mit den Teutonen) Leid zugefügt hätten. Daher lassen die Erzählungen unserer Väter und Großväter vermuten, daß bis zur Mitte des neunzehnten Jahrhunderts oder doch wenig früher allein oder fast ausschließlich Buntwürste (also von gekochtem Fleisch) angefertigt wurden, denn alles rohe Fleisch wurde ja eingepökelt. Jeder Haushalt besaß ein oder auch mehrere Pökelfässer. Meistens wurde dazu noch ein Kalb oder sogar ein Rind geschlachtet.

Verlorengegangen ist die Bezeichnung »bar = Bär« für das männliche Schwein. Sie taucht aber ab und zu noch einmal auf, so wenn in Oberdorla der Metzger beim Umwenden des geschlachteten Schweins auf dem Knetstuhl oder auf dem Küchentisch erklärt: »riͤm mët dn bar = herum mit dem Bär!« Und mit dem Erbsbär, der am Nisteltag im Heischegang herumgeführt wird, ist eigentlich der in Erbsenstroh eingekleidete Eber gemeint.
Unerklärbar ist vorerst der Ausspruch:

ī, du důmmər kēməl in	*I, du dummer Kümmel in*
dr worscht:	*der Wurst:*
giə dåx hënn haim!	*gehe doch hin heim!*

Mit dem Schlachttag ist die Arbeit für die Hausbewohner noch nicht beendet – sie setzt sich noch eine ganze Zeit fort. Daß tagelang zum Abendbrot Wurstsuppe getrunken wird, daß die Reste der Schlachtfestmahlzeit nun nach und nach verzehrt werden, bedarf kaum einer Erwähnung. Wichtig ist die am Tag nach dem Schlachtfest von der Hausfrau aus Blut, geriebenem »dicken Pfefferkuchen«, Zwetschenhotzeln und Kopffleisch, Gurgel, dem »Stich« zubereitete Suppe »Schwårtsfaffər = Schwarzpfeffer«, die wohl der bekannten Blutsuppe der Spartaner (Dorer!?) ähneln dürfte.

Da Fleischfett am leichtesten verdirbt, wird es nun nochmals gründlich gekocht, ohne es jedoch zu würzen. So erhält man das schiere Fett, der Bodensatz bleibt und wird als Fleischbrühe für Suppen zum alsbaldigen Verzehr beiseite gestellt. Auch die Töpfe mit Wurstfett werden nach dem Erkalten abermals vorgenommen. Das Fett wird erneut zusammenlaufen gelassen; der Bodensatz kommt zur Wurstbrühe.

Das auf einer Kuchenschüssel getrocknete Schmer wird einige Tage nach dem Schlachten in Würfel geschnitten und in einem Topf »üsgəlōßən = ausgelassen«, wodurch sich das Fett von den Grieben trennt. Das Schmerfett kommt zu späterem Verbrauch in einen Tontopf. Die Grieben ißt man auf Brot oder mit Salzkartoffeln und Sauergurken. Bauch- und Nierenfett unter der Sammelbezeichnung Flaumfett werden heute zusammen mit dem Schmer »ausgelassen«. Als die Menschen noch genügsamer waren, wurde aus dem für die Bratwurst bestimmten mageren Fleisch das Fett herausgeschnitten und nach dem Schlachtfest als Failchenfett »ausgelassen«. Die Failgrieben schmecken besser als die Schmergrieben. Die Bratwürste verlieren keineswegs an Geschmack, werden aber bedeutend fester. Ist der vorjährige Speck noch nicht aufgebraucht, dann wird er im Laufe der nächsten Wochen zu Griebenfett verarbeitet, da er bei längerem Aufheben ranzig wird. Äpfel und Zwiebeln mitgekocht, erhöhen den Wohlgeschmack. Alles Zerschneiden erfolgt mit dem Speckmesser.

Das Pökeln hat heute nicht mehr die Bedeutung, die ihm früher zugekommen ist, doch kann es keineswegs entbehrt werden. In einer Holzwanne oder im Pökelfaß, die mit einer hölzernen Schraubenspindel zum Zusammenpressen des eingelegten Gutes versehen sind, werden in Salzlake alle Knochen vom Schwein eingepökelt, wobei mehrfach täglich Lauge über alles Fleisch geschöpft werden muß. Ab und zu sind alle Knochen umzudrehen. Noch am Ende des neunzehnten Jahrhunderts wurde zusätzlich auch ein Rind oder ein Schaf mit eingepökelt. Dies ist heute weitgehend weggefallen. Die Knochen werden möglichst rasch verbraucht; ein Pökelfaß ist nirgends mehr üblich. Aber auch Räucherfleisch, Speck und Schinken müssen etwa zwei bis drei Wochen lang eingepökelt werden, bis sie gut durchgezogen sind. Wie die Knochen sind sie immer wieder naß zu lecken. Dabei soll das Salzwasser so stark sein, daß ein frisches Hühnerei darauf schwimmen kann (1 kg Salz auf 10 Liter Wasser). Ist der Winter besonders kalt, dann werden Knochen, Räucherfleisch, Speck und Schinken nur eingesalzen, aber nicht mit Salzlake übergossen. Nach dem Abtrocknen werden die Schinken geräuchert.

Das Räuchern folgt teilweise noch heute im Räucherloch der »fīrmurn = Feuermauer« (Esse, Schlot), das auf dem Obersten Boden unmittelbar unter dem Hausdach in den Schornstein eingearbeitet ist. Während des Räucherns darf nur Buchenholz verbrannt werden. Heute besitzen manche Bauern eine Räucherkammer oder sogar einen Räucherschrank, in denen mit Buchenholz-Sägespänen geräuchert wird. In den Räucherschränken bleibt die »Räucherware« vielfach auch nach dem fertigen Räuchern. Bei der ältesten Form, dem Räucherloch in der Feuermauer waren zwei oder auch drei Roste übereinander eingearbeitet, in die passende Steckel mit den Würsten eingeschoben werden konnten. Zuerst wurden die dünnen Buntwürste »ů̄fgəbåmmbəlt = aufgebambelt«. Die Blasen (also Buntwürste) kommen erst etwas später in den Rauch, vielfach zusammen mit den Bratwürsten. Die sollen jedoch erst dann geräuchert werden, wenn die Schnerpfel trocken sind, da die Würste einer gewissen Säuerung benötigen, die bei langsamer Trocknung erst nach drei oder fünf Wochen beendet ist. Es hieß: wenn sie während des Säuerungsprozesses in den Rauch gehängt würden, dann würden sie inwendig grau. In der Trocknungsphase dürfen sie auch nicht kalt hängen und schon gar nicht einfrosten. Will man die Würste bereits drei oder fünf Tage nach dem Schlachten frisch in den Rauch hängen, dann müssen sie in einer relativ warmen Stube vorgetrocknet sein. Das wurde früher oft in der überschlagenen »guten Stube« gemacht, wobei man unter die Wurstknüttel Säcke legte, auf die das Wasser der Würste abtropfen konnte. Besonders schwere Würste wurden mit weiteren Schnüren gesichert oder auch auf die Wurststeckel gelegt. Bratwürste wurden drei Tage geräuchert, Buntwürste zwei bis drei Tage oder mehr.

Wenn diese Arbeit sich auch über mehrere Wochen hinziehen, so gilt doch der dem Schlachtfest folgende Sonntag als die Abschlußfeier, beim Schlachten in der zweiten Wochenhälfte ist es der übernächste. Dann wird an diesem Tag zum Mittagessen eine gebratene Bratwurst mit Kartoffelsalat verzehrt, letzterer natürlich mit dickem Rahm (saure Sahne) und Speckgrieben zubereitet.

Jeder in der Stadt lebende Mensch, der seine Wurstwaren im Laden kauft, wird sich vielleicht wundern, was bei ihrer Herstellung nicht nur vom Metzger, von seinen Helfern und auch von der Hausfrau bedacht werden muß. Hier hat sich Wissen und Erfahrung von Generation zu Generation getreulich erhalten.

Beleuchtung

Es ist zwar bekannt, daß neben dem Herdfeuer in Urzeiten ein Kienspan zur Beleuchtung verwendet wurde. Aber sein Name ist verlorengegangen, sofern er sich nicht im Spreißel erhalten hat, der von einigen Familien noch bis zum Beginn des zwanzigsten Jahrhunderts in größerer Menge angefertigt wurde, um Streichhölzer zu sparen. Spreißel wurden aus kienig-harzigem Holz in Stärke zweier oder dreier Streichhölzer und in doppelter bis dreifacher Länge geschnitten und griffbereit in Ofennähe niedergelegt. Zur Verwendung kam Fichten- und besser noch Kiefernholz. Da es in unserer Gegend bis gegen 1600 weder Fichten noch Kiefern gab, bleibt der urzeitliche Werkstoff unbekannt – es sei denn, daß er auf dem Handelswege vom Thüringer Walde hereingekommen ist.

Nebenher gab es schon früh das *Zogelicht* aus Schöpsenfett, das vom Bauer an Winterabenden fürs ganze Jahr »gezogen« wurde. In einzelnen Flarchheimer Familien war es noch zu Beginn des zwanzigsten Jahrhunderts im Gebrauch. Zur Herstellung ist eine Blechform erforderlich, die oben weiter als unten ist. Sie ist etwa zwanzig Zentimeter hoch, hat einen oberen Durchmesser von etwa anderthalb bis zwei Zentimeter, sowie am Boden ein etwa drei Millimeter messendes Loch. Bei der Füllung wird ein aus Wollfäden gedrehter Docht an ein Hölzchen gebunden, das quer über die Einlauföffnung gelegt wird und beiderseits die Blechwandungen überragt. Das freie Ende des Dochtes wird durch das Loch am Boden gezogen und mit einem Hölzchen straff festgeklemmt. Alsdann wird das heiße Schöpsenfett in die Form gegossen und die wird nach der Füllung zum Erkalten aufgehängt. Danach wird das Hölzchen am Boden herausgezogen, mit zwei Fingern das obere Querhölzchen gefaßt und das Zogelicht herausgehoben. Schöpsenfett und Docht haben sich innig miteinander verbunden. In einem trockenen Holzkasten werden die Zogelichte aufgehoben, sollen aber möglichst im Laufe eines Jahres verbraucht werden, weil ältere leicht mehlig werden. Bildlich wird ein Schleim»lichtchen« an der Nase kleiner Kinder als Zogelicht bezeichnet: »häst jə ënn zogəlͤichtchən ån dinnər noasən = hast ja ein Zogelichtchen an deiner Nase!«

Dochte aus Wollfäden kohlen außerordentlich stark und brennen nicht gut, weshalb von anderen Familien Baumwoll- oder auch Leinenfäden verwendet wurden. Das Zusammendrehen mußte verstanden werden; weil sonst leicht sich ein Nebendocht bildete, der Dippel, woraus im Schrifttum fälschlich der »Dieb« und daraus schließlich sogar der »Räuber« wurde. An jedem Zogelichtdocht bildet sich schließlich eine Butze, nämlich das verkohlte Endstück, das mit der Schnuppenschere geschnuppt werden muß. Ein kleiner Junge mit närrischen Einfällen ist bildlich ein Schnuppenkopf, dem die närrischen Gedanken »wie Lichtschnuppen von der Kerze, wie Sternschnuppen vom Himmel aus dem Kopfe« herausfallen.

Sehr früh schon muß es auch die Ölfunzel gegeben haben, das wie eine Gießkanne geformte Öllämpchen, das mit Samenöl gespeist wurde. In den Küchen war es noch am Beginn des zwanzigsten Jahrhunderts allgemein im Gebrauch. Was vom Verkohlen des Dochtes gesagt wurde, das gilt von dem des Öllämpchens ganz besonders. Als das Steinöl aufkam (das Petroleum), wurde die verbesserte Form der »štainēlslåmpən = Petroleumlampe« eingeführt, die aber vielfach als Funzel beschimpft wurde, wenn sie schlecht brannte oder nur dunkles Licht verbreitete. Ist der Docht zu hoch geschraubt, dann qualmt er in Westthüringen nicht, sondern er blakt.

Jeder Lichtträger, mag es ein Kienspan oder eine Zogelicht oder eine Ölfunzel oder auch eine Lampe sein, ist im Sinne der Westthüringer »ënnə liͤchtən = eine Leuchte«: »giə uß dr liͤchtən = gehe aus der Leuchte«... »hůll miͤch əmōl ënnə liͤchtən = hole mir (mich!) einmal eine Leuchte!«

ambi (åmbī – U.) = herbei (holen, bringen). »hůll əmōl glich dinnə schůlsåxən åmbī = hole einmal gleich deine Schulsachen ambi«, herbei! – Das nirgends belegte Umstandswort will sagen, daß etwas Benötigtes von allen Seiten zu einem bestimmten Punkte zusammengetragen wird. Es ist deshalb unmittelbar zu stellen zu ideur. +(am)bhi (beiderseits, um, herum), dazu gr. amphiͤ (ringsum, um...herum), lat. ambi, amb (um, herum, von zwei oder mehreren oder allen Seiten her), kelt. amb (herum).

bambeln – herabhängen, siehe »Lebens- und Jahresfeste« Seite 58.

Bär (bar – m.) = männliches Schwein, Eber. Heute nur noch selten für jedes ganz besonders kräftige Schwein gleich welchen Geschlechts verwendet. Der Name ist belegt mhd. ahd. bēr und im Germanischen ags. bār, bāer (Eber), langob. -pair (in sonorpair = Herdeneber). Von diesem Namen erklärt Weigand, er sei dunkeler Herkunft, während Kluge/Mitzka keine »außergermanischen Beziehungen gesichert« finden, was richtig ist, aber nichts besagt.

Das Wurzelwort ideur. +gwer (verschlingen, schlucken) hat beispielsweise ergeben skr. gàrgaras (Schlund), lit. gargaliúoti (gurgeln, röcheln, krächzen), gar̃gti (gurgeln, röcheln) lett. gãrgt (in der Brust schnarchen, mit heiserer Stimme sprechen, röcheln) mit umfangreichem Zubehör, mit Ablaut a>u gr. grýzein (grunzen der Schweine). Dieses Wurzelwort ideur. +gwer (verschlingen, schlucken) ist bereits urzeitlich lautverschoben worden g>b und hat ergeben beispielsweise gr. bárathron (Schlund), borós (verschlingend, gefräßig), bróchthos (Gurgel, Kehle). Auf deutschem Boden hat sich ein vorgerm.-ideur. Wort +bēr, +bār in der Bedeutung »Der grunzend-Gefräßige« gebildet, das ins Germanische aufgestiegen ist als ags. bār, bær und langob. -pair (Eber). Siehe »Mit unserer Sprache« Seiten 45 f.

barteln (bårtəln – Ztw.) = täuschen, wenn beim Federschleißen nichtverzupfte Federn zwischen die fertig gezupften gemischt werden. Sind die helfenden Nachbarinnen nach Hause gegangen, dann wird vielfach über die große Leistung des Abends gesprochen, wobei dem Lobredner möglicherweise ein Dämpfer aufgesetzt wird mit der Feststellung: »sə hån åi niͤch schlacht gəbårtəlt = sie haben auch nicht schlecht gebartelt« (was sagen will: sie haben viel gebartelt). Auch beim Kartenspiel kann gebartelt werden. Von Kindern, die Spielzeug miteinander ausgetauscht haben, wobei eines übervorteilt wurde, heißt es: »sə hån zəsåmmən gəbårtəlt = sie haben zusammen gebartelt«. – Das Wort ist belegt mhd. barāt, parāt (Täuschung, Betrug; betrügerischer Tausch), partieren (betrügen), wurde entlehnt aus afrz. barate (betrügerischer Handel oder Tausch), entstammt aber mgriech. pràttein (handeln, Geschäfte machen; Kniffe brauchen), so daß Urverwandtschaft mit unserm mitteldeutschen Vorgermanisch nicht ausgeschlossen werden kann.

Bein (bain – s.) = Knochen, in dieser Bedeutung nur noch enthalten in den Redensarten »s friͤrt štain ůn bain = es friert Stein und Bein (so hart wie Stein und Knochen)« oder auch »ha štritt štain ůn bain = er streitet Stein und Bein (beim Opferstein und den Kochen der Geopferten)«. – *ausbeinen* (ūsbainən – Ztw.) = beim Hausschlachten die Knochen aus dem Fleisch herauslösen. Dieses Wort ist noch allgemein gebräuchlich. – Es ist belegt mhd. ahd. bein, as. afries. bēn, im Germanischen an. bein, ags. bān, aber bezeichnenderweise im Gotischen nicht belegt. Weigand meint, das Wort sei »dunkler Herkunft«, Kluge/Mitzka sehen in ihm »eine Neubenennung, der schon die ostgerm. Entsprechung fehlt«, möchten es aber mit dem »Adj.

anord. beinn, norw. ben ›gerade‹« verknüpfen und führen aus, man nehme an, »eine Bezeichnung der geraden Röhrenknochen habe den idg. Knochennamen, der z. B. in aind. asthi, gr. ostéon und lat. osseum vorliegt, bei uns verdrängt«. Lutz Mackensen glaubt sogar entdeckt zu haben, daß eine »nichtindogermanische Bezeichnung« vorliege. Dabei handelt es sich um ein vorgerm.-ideur. Erbwort, das nur deshalb keine außerdeutschen Entsprechungen hat, weil es auf mitteldeutschem Lande erst *nach* Entstehung der Völker sich herausgeformt hat. Unser »ausbeinen« gibt die Erklärung: die Knochen (eben: das Gebein) sind erst entsprechend gr. phaínō (sichtbar machen, sehen lassen) aus ideur. +bhan (erscheinen lassen, sich zeigen) nach dem Herauslösen aus dem Fleisch »das zum Vorschein Kommende«. Wenn heute die unteren Gliedmaßen als »Beine« bezeichnet werden, dann entstammt dies ebenfalls dem vorgerm.-ideur. entsprechend gr. baínō (die unteren Gliedmaßen spreizen; schreiten, wandeln, gehen), bēma (Schritt, Tritt; Gang, Geleit) aus ideur. +g(w)em (gehen), bēma (gehen). Siehe auch »Mit unserer Sprache« Seiten 141–144.

blaken (blåkən – Ztw.) = qualmen. Solange das Zoglicht, die Ölfunzel, die Petroleumlampe in Gebrauch waren, aber auch bei Verwendung der Stallaterne ein oft gehörtes Wort. »də låttər blåkt, schnupp sə mōl = die Laterne blakt, schnuppe sie einmal!«, nimm den verkohlten Dochtteil ab. – Nach Weigand, Hermann Paul, Kluge/Mitzka ist das Wort aus dem Niederdeutschen übernommen, was aber unmöglich ist. Wenn sie übereinstimmend ein urgerm. +blakjan erschließen und dies mit gr. phlégō (brenne, leuchte), lat. flagro (brenne) verbinden, dann übersehen sie die genau gegensätzliche Bedeutung: ein blakendes Licht »brennt, leuchtet« ja gerade nicht, sondern qualmt nur. Es ist eher ein ideur. +bhlá (schlecht) zu erschließen, das beispielsweise ergeben hat gr. phlaurizō (schwach, gering, wertlos), blākós (schlaff, träge), nach Lautverschiebung bh>f lat. flaccus (matt, schwach, kraftlos). Tatsächlich ist doch die Leuchtkraft einer blakenden Kerze nur schwach, kraftlos, matt.

Bloutse – menschlicher Kopf, siehe »Sind wir Germanen?« Seite 79 f., 260 f.

Boden (boddən – m.) = Flurteil im Gewann Graiwerode (Graferode oder verundeutlicht: Graurode), unmittelbar westlich des »Wolfsangers«. In ihm befindet sich die eigentliche Quelle des Eichbachs. Anscheinend auf der südwestlichen Anhöhe des »Boddens« stand die zu Groß- und Klein-Graiwerode gehörende Windmühle. – Da mit diesem Flurnamen unmöglich der »Erd«boden gemeint sein kann, weil es den überall und ringsum gibt, muß die Bedeutung eine andere sein. Zur Zeit der Dreifelderwirtschaft besaß jedes Dorf unmittelbar in Siedlungsnähe die in Gemeineigentum befindlichen Krautmaßen, zuletzt als Krauthöfe bezeichnet, in einigen Familien auch Grabeland genannt, für den Gemüsebedarf. Die auf Ackerstücken in Dorfnähe angelegten Runkelmieten hießen nach ihrer Leerung allgemein »groawəlând = Grabeland«, weil hier nur Gemüse angebaut wurde. Da »Boden« im Deutschen und Germanischen nicht zu erklären ist, vergleichen wir mit apreuß. boadis (Stich), lett. badît (Grube), gr. bothró (graben), gall. +bodĩka (frisch gepflügtes Land), lat. fodere (graben), fodicare (wiederholt wühlen) und kommen damit zum neuzeitlichen »Grabeland« (Gemüseland) als Erberinnerung an das vorgerm.-ideur. Boden (Gemüseland).

Borke (borkən – w.) = rauhe die Bastschicht umhüllende Außenschicht der menschlichen und tierischen Haut, aber auch der Baumrinde. – Übereinstimmend wird erklärt, das Wort entstamme dem Niederdeutschen, was aber nichts erklärt und außerdem falsch ist. Nach Kluge/Mitzka sieht Petersson in diesem Wort »eine g-Erweiterung des Verbalstammes +bher- ›schneiden‹. Er kann sich dabei auf das Verhältnis von lat. cortex ›Rinde‹ zu gr. keírein ›schneiden‹ usw. berufen«. Was aber der Begriff des Schneidens mit der Borke zu tun haben soll, bleibt unerfindlich. Dabei ist das Wort außerordentlich bedeutsam, weil es erkennen läßt, daß die unmittelbare Weiterentwicklung aus indoeuropäischen Wurzelwörtern auf *deutschem* Boden erfolgt ist. Zugrunde liegt ideur. +bher (tragen), dazu beispielsweise gr. phoréō (fortwährend tragen, nämlich Kleider, Waffen, Schmuck) und umfangreiches Zubehör, dazu auch gr. pòrkēs (Zwinge, Ring, Ortband zum Befestigen der Lanzenspitze am Schaft), das also nicht zu ideur. +perk (umschließen) zu stellen ist, sondern eine k-Erweiterung von ideur. +bher (tragen) sein dürfte. Die Borke ist »das fortwährend Getragene« und also eigentlich das »Kleid« von Menschen, Tieren, Bäumen. Es ist ein vorgermanisch-deutsches Wort, das auf deutschem Boden erst nach Ausgliederung der übrigen indoeuropäischen Völker entstanden ist.

Brat (brōt – s.) = das durch Zerkleinern weich und eßbar gemachte rohe Schweine- und Rindfleisch. »hůll əmōl ënn knistchən bruət mët brōt = hole einmal ein Knüstchen Brot mit Brat«. – *Bratfladen* (brōtfloadən – m.) = Brotschebe mit Gehacktem, Schabfleisch. Beim häuslichen Schlachten wird am späten Nachmittag unbedingt ein Bratfladen den Gästen angeboten. – *Bratfleisch* (brōtflaisch – s.) = kein Fleisch zum Braten, sondern ausgewählt gutes zur Herstellung von Gehacktem für die Fleischwurst. – *Brathuller* (brōthullər – m.) = Fleischklößchen, Bulette, Klops, Frikadelle aus Gehacktem oder Schabefleisch. Während des häuslichen Schlachtfestes wird oft statt des Bratfladens ein »brōthullər« gewünscht, der zusammen mit den Würsten im Kessel gekocht und eitel (also ohne Brot) gegessen wird. – *Bratwurst* (brōtworscht – w.) = keine Wurst zum Braten, sondern Fleischwurst. – Das noch in unserm Wort Wildbret (Fleisch von Jagdwild) erhaltene Wort hat sich weiterentwickelt zu »zerkleinertes und damit weich und eßbar gemachtes Fleisch«, bezeichnet aber stets *nur* rohes Fleisch. Es ist belegt mhd. (wilt) præte (schieres Fleisch, Fleisch ohne Speck und Knochen), ahd. brāt(o) (schieres Fleisch) und im Germanischen ags. bræd, an. brādh (rohes Fleisch). Weiter rückwärts vermag die Sprachwissenschaft nur auf die Möglichkeit zu verweisen, es könne eine Verwandtschaft mit »mürbe« angenommen werden. Ich stelle daneben gr. bròtos (geronnenes Blut), brotóō (mit Blut besudeln), brotóeis (blutig, blutbespritzt) als urverwandt, was nach vorgerm.-ideur. Lautverschiebung r>l die Grundlage zu unserm Wort Blut ergeben hat. Bedeutsam ist, daß unser gsp. brōtworscht (Bratwurst, Fleischwurst) bereits mhd. ahd. brātwurst (Fleischwurst) belegt ist.

Brauleisten (brůiwəlistən – w.) = eine an das dörfliche Haus-Bierbrauen erinnernde Holzgröße. Da die Maische nur ganz langsam kochen mußte, durften keine Knorren, Klötzer, Scheite oder Huller unter dem Braukessel verbrannt werden. Mit Holzkeil und Holzkeule wurden die Scheite oder Huller in nicht einmal armdicke Holzleisten zerspalten und untergelegt. Der alleinstehende Bauer spaltete noch bis zum Beginn des zwanzigsten Jahrhunderts die aus dem Walde herangefahrenen Scheite oder Huller in solche Brauleisten, um sie mit der Handsäge in ofenfertige Stücke zerschneiden zu können.

Britsch (britsch – m.) = Möhrenkaffee, seitdem dieser nicht mehr verwendet wird, die allgemeine Bezeichnung für schlechten (Bohnen)Kaffee. – Das Wort ist weder im Deutschen noch im Germanischen belegt, und auch in anderen indoeuropäischen Sprachen finden wir keine Gleichungen. Jedoch treffen wir auf lat. fritilla (von geröstetem Mehl hergestellter Opferbrei) aus lat. frīgo (rösten, am Feuer dörren), gr. phrýttein (rösten), phrýgō (Gerste zu Graupen rösten) aus ideur. +bhresg (rösten). Danach ist also der Britsch ein »Getränk aus Geröstetem«. Da die Lautverschiebung bh>b vorliegt, möchte man auf ein nichtbelegtes germanisch-deutsches Wort schließen – doch verweisen die griechischen und lateinischen Belege darauf, daß das Wort Britsch bereits »versteinert« war, als es vom Vorgermanischen her in diese Sprachen eindrang.

brühen (briͤən – Ztw.) = mit heißem Wasser übergießen. – *verbrühen* (vərbriͤən – Ztw.) = heißes Wasser über ein Körperglied gießen, wodurch Brandblasen entstehen. »ha hät siͤch vərbriͤt = er hat sich verbrüht«. – *überbrühen* (ewwərbriͤən – Ztw.) = mit kochendem Wasser übergießen. – *Brühe* (briͤ – w.) = heißes Getränk aus Fleisch oder Gemüseauszügen, in abfälligem Sinne auch schlechter Kaffee. – *Brühtrog* (briͤtrog – m.) = großer kastenförmiger Holztrog, in den ein geschlachtetes Schwein hineinpaßt, und in dem es gebrüht wird. – Das Wort steigt aus einer Grundsprache erst auf zu mhd. brüejen, brüen (mit Heißem sengen), brüeje (gekochte Flüssigkeit). Im Althochdeutschen und auch in den germanischen Sprachen ist es nicht belegt. Es entstammt unmittelbar ideur. +bhrē, +bhrēw (heiß aufwallen).

Brut = Henkeltopf. Siehe »Lebens- und Jahresfeste« Seite 50.

Buntwurst (bůintworscht – w.) = Blutwurst, die unbedingt aus im Kessel gekochtem Fleisch gefertigt wird, vermischt mit Blut und Gewürzen. – Das Wort ist weder im Deutschen noch Germanischen belegt, aber auch in anderen indoeuropäischen Sprachen nicht nachweisbar. Wenn nicht alle Wurstarten mit Wurstbändern gebunden sein müßten, könnte es zu »binden« gestellt werden. Da sie helles fettes Fleisch und das dunkle Blut enthält, könnte mit dieser Bezeichnung auch die »bunte« Farbe gemeint sein. Gehen wir davon aus, daß noch Ende des neunzehnten Jahrhunderts der größte Teil des Schweinefleisches eingepökelt und kaum Därme und Blasen für Würste hinzugekauft worden sind, in Urzeiten vermutlich auch keine Fleischwurst angefertigt wurde, dann bleibt nur die Wurstanfertigung aus Kesselfleisch. Diese Wurst konnte teils in Schüsseln für kürzere Zeit, und als Dauerware in Blasen und Därmen gefertigt werden. An erstere erinnert noch heute die

Schüsselsülze. Die Buntwurst könnte dann entsprechend gr. bȳnéō (vollstopfen, anfüllen) neben der Schüsselwurst die »gestopfte Wurst« gewesen sein. Völlige Klarheit ist erst nach Überprüfung weiterer Grundsprachen möglich.

Butte (bůttən – w.) = getrockneter Blinddarm von Rindern, der beim Hausschlachten zum Füllen mit gspr. brōt (Brat, Gehacktes oder Schabefleisch) gefüllt wird. Siehe »Sind wir Germanen?« Seite 116.

Büttner (biͤttnər – m.) = Böttcher, der die Bütten anfertigende Dorfhandwerker. Siehe »Sind wir Germanen?« Seite 116.

Butze (bůttsən – w.) = verkohltes Ende vom Docht des Zogelichts, der Kerze, der Ölfunzel, der Petroleumlampe, auch Schnuppe genannt. Die Butze ist danach etwas Nichtiges. – *Butze* (bůttsən – w.) = Blütenrest beim Kernobst, aber keineswegs das Kerngehäuse. Die Obstbutze ist der vertrocknete auf Äpfeln und Birnen aufsitzende Blütenrest. – Die Etymologen stellen auch (abgesehen von der völlig falsch dem Kerngehäuse des Obstes zugelegten Bezeichnung Butze) den Eiterputz und selbst »die verdickte Feuchtigkeit in Nase, Auge, einem Geschwür« hierher. – Das erst im fünfzehnten Jahrhunderts aus einer Grundsprache »aufsteigende« Wort wird mit der Grundbedeutung »abgeschnittenes Stück« zu nd. butt (stumpf, plump) gestellt. Aber die Grundbedeutung ist in Wirklichkeit »nichtig, wertlos (geworden)«, was sowohl von dem verkohlten Dochtende als auch für den am Kernobst sitzenden verdorrten Blütenrest gilt. Es ist deshalb ein ideur. +bhut vorauszusetzen, das beispielsweise lat. fūtilitās (die Nichtigkeit), futilis (unnütz, wertlos) ergeben hat, entstanden aus einem ideur. gheud (hinstrecken, gießen), dazu beispielsweise gr. choys (Schutt, Staub) und Zubehör. Wir haben also ein Wort vor uns, das in keiner anderen indoeuropäischen Sprache irgendeine Entsprechung hat, aber aus ihnen doch in seiner Bedeutung erschlossen werden kann.

Datschenblume – Feuermohn – siehe »Sind wir Germanen?« Seite 273.

Dippel (dippəl – m.) = im schlechtgearbeiteten Zogelicht, sowie in der Ölfunzel der neben dem eigentlichen Docht herlaufende »Nebendocht«. Dieses gsp. dippəl ist mit »hellem i« zu sprechen und genauestens zu trennen von gsp. diͤppəl (Tüpfel) mit »dunklem iͤ«. – Das nirgends belegte Wort ist vorgerm.-ideur., zusammengesetzt aus ideur. +di (zwei) aus +dvis und ideur. +pel (flechten) entsprechend gr. diplax (doppelt gelegt), diplásios (doppelte Anzahl, zweifach). Das Wort hat sich also aus zwei Wurzelwörtern gebildet und gehört deshalb der ältesten Sprachschicht an vor 2000 vZtr., woraus ersichtlich ist, daß bereits die Jüngere Steinzeit die Lampe kannte, deren Docht +dipel hieß. Die p-Doppelung ist unerheblich, weil sie in Mitteldeutschland vielfach nachweisbar ist, so nhd. Zwiebel – gsp. ziͤppəl, nhd. Giebel – gsp. gĕwwəl, nhd. Stiefel – gsp. štĕwwəl usw. Bemerkenswert ist die volksetymologische Umdeutung des Nebendochtes als »Dieb« und anderwärts daraus sogar »Räuber«. Siehe »Mit unserer Sprache« Seiten 131 f.

discheln – eintunken, siehe »Lebens- und Jahresfeste« Seite 51.

ditschen (ditschən – Ztw.) = eintunken oder eintauchen den Kuchen in Kaffee, ursprünglich wohl das Brot in die Fleischtunke. Im Gegensatz dazu bezeichnet »discheln« das Auftunken oder Auswischen etwa der Bratentunke mit Brotstückchen. »oanštandiͤjə kiͤngə ditschən dn kůxən niͤch = anständige Kinder ditschen den Kuchen nicht«, wird oft belehrend den Kindern gesagt. Daraus geht hervor, daß es sich um eine Sitte handelt, die früher anscheinend allgemein üblich war, heute aber verpönt ist. – Das nirgends belegte Wort ist vorgerm.-ideur. entsprechend dem nur als Dingwort gebrauchten gr. dỳtēs (Taucher).

Ditschen (ditschən – m.) =Zichorienkaffee, »deutscher« statt des teueren fremdländischen Bohnenkaffees, aus der Wurzel des Cichorium L. (Wegwarte).

dreist (draist – Et.) = kühn, wagemutig, voll Selbstvertrauen. Besonders Kleinkinder werden als dreist bezeichnet, wenn sie in eine Gänseschar laufen, ein Böckchen zu fassen versuchen, beim Hausschlachten sich nicht ängstlich verkriechen. – Die Etymologie bezeichnet dieses Wort als niederdeutsch, das als ahd. drīsti, as. thrīst(i) und im Germanischen ags. thrīst(e) (kühn, schamlos) belegt und von dort als nd. drīste ins Oberlausitzische als driste und ins Obersächsische als dreist(e) eingedrungen sei, um schließlich schriftsprachig zu werden. In Wirklichkeit ist das Wort vorgerm.-ideur. aus ideur. +dhers (wagen), daraus beispielsweise skr. dhrstàs (kühn, dreist), gr. thrasỳnō (kühn, zuversichtlich; keck, verwegen), thrásos (Mut, Kühnheit) und Zubehör. Das Wort ist demnach aus dem vorgerm.-ideur. ins Angelsächsische, Althochdeutsche, Altsächsische entlehnt.

duhn (dūn – E.) = fest, haltbar. »zeïg əmōl dūn = ziehe einmal duhn«, ziehe den Bindfaden ordentlich fest! »s ës jetzt dūn gənůng = es ist jetzt duhn genug!« ist jetzt frei, haltbar genug. – Ohne Kenntnis der Grundsprache würde das Wort zur Bedeutung »dehnen« gestellt werden. Es gehört jedoch als vorgerm.-ideur. zu gr. dýnē (sprich dūnē) (die Kraft zu etwas haben, kräftig und fähig sein zu etwas usw.), dynamikós (kräftig, stark, wirksam), dynamóō (stark und fest machen, kräftigen), dynatōs (sehr, stark, kräftig, tüchtig). Unser Mitteldeutsch hat lediglich zusätzlich ein Eigenschaftswort geschaffen, das im Griechischen in unserer Bedeutung nur anklingt.

Dute (dutən – w.) = Pfeife aus einem Federkiel. Der wird am Beginn der »Fahne« abgeschnitten, dann wird »də siəl = die Seel« herausgenommen und der Kiel am geschlossenen Ende in etwa einem Viertel der Höhe aufgeschnitten, ungefähr in einem Drittel der Länge, so daß eine Art Zunge entsteht. Wird in eine solche Dute hineingeblasen, dann gibt es einen schnarrenden quiekenden Ton. Bis zum Beginn des zwanzigsten Jahrhunderts bestanden Nachtwächter- und Hirtenhorn aus einem am spitzen Ende abgeschnittenen Kuhhorn, in das eine solche Federspule eingesetzt worden war. Sie hießen deshalb ebenfalls Dute. Auch die Gänsegurgel mit den noch ansitzenden Stimmbändern wurde früher als Dute von Kindern benutzt und auch so bezeichnet. – *duten* (dutən – Ztw.) = mit Hilfe einer Dute, aber auch einer Kindertrompete, schnarrende lautschallende Töne hervorbringen. – *Dutehorn* (dutəhorn – s. (Kindertrompete. – Das erst in neuhochdeutscher Zeit aus einer Grundsprache aufgestiegene Wort ist vorgerm.-ideur. entsprechend lit dautýtė (eine aus Birkenrinde angefertigte Pfeife), dūdà (Sackpfeife), russ. duda (Pfeife, Dudelsack), poln. dudy (Dudelsack) lit. dūdŭoti (auf dem Hirtenhorn blasen). Im thüringischen Eichsfelde heißt der Flieder Dutenbaum, weil aus ihm Duten (anderwärts Hubbedreenchen) von den Kindern angefertigt werden.

eitel (iddəl – E.) = leer; ohne etwas anderes. »iͤch glaiwə gor, du iͤßt iddəl bruət = ich glaube gar, du issest eitel Brot«, also »trockenes Brot« ohne irgendwelchen Aufstrich. Man kann aber auch »iddəl« worscht = eitele Wurst« essen, also Wurst ohne Brot. – *eitel und alles* (iddəl ůn ålləs – E.) = sein ganzer Stolz. Ein Pferd kann des Bauern »iddəl ůn ållas« sein, aber ebenso kann es ein Kind oder irgendeine Sache sein. – Das nur mhd. ītel, ahd. ītal, as. īdal und im Germanischen ags. īdel (leer, ledig, nichtig; nichts als – seiend= belegte Wort hat nach Kluge/Mitzka keine »außergermanische Verwandte«. Es ist auch vorerst von der Grundsprache her nicht zu etymologisieren.

Engbutte (ëngbůttən – w.) = Blinddarm des Schafes und der Ziege, die beim Schweineschlachten mit gsp. brōt (Brat, Gehacktes) gefüllt wird, eigentlich »enge Butte« im Gegensatz zum Blinddarm der Kuh, die »Butte« genannt wird und dem gleichen Zwecke dient. In der Vogtei Dorla heißt die Engbutte gsp. ëngkiddəl.

fai (fai – E.) = scheu, ängstlich, zurückhaltend, eingeschüchtert. Fremden gegenüber schüchterne und sich ängstlich hinter der Mutter verkriechende Kinder werden als fai bezeichnet. – Bei dem nirgends belegten Wort möchte ich an eine Grundform ideur. +bhai (ängstigen) denken, das ergeben hat lit. baidỹti (schrecken, verscheuchen), lett. baĩdît (ängstigen, scheuchen), baĩda (Angstgefühl, Befürchtung), mit l-Formans lit. bàilė (Furcht, Angst), bailùs (furchtsam), lett. baîle (Angst), baîls (furchtsam), aber auch nach vorgerm.-ideur. Lautverschiebung bh>f gr. phóbos (Scheu, Besorgnis, Angst, Schrekken) und Zubehör.

Failchenfett (failchənfatt – s.) = in den inneren Falten des Schweinefleisches befindliche Fett, eigentlich das die Muskelteile umschließende. Es wurde früher bei der Herstellung der Knackwurst herausgeschnitten und einige Tage nach dem Schlachten ausgeschmolzen. – Das Wort steigt erst aus einer Grundsprache auf zu mhd. faile (Mantel), entstammt aber dem Vorgermanisch-Indoeuropäischen entsprechend gr. phailónēs (Mantel).

Feder (faddər – w.) = Hautbedeckung der Vögel; daraus zum Schreiben bereiteter Gänsekiel. – *federig* (fadərᵉij – E.) = beschädigter Teil eines Federbettes: »s kᵉissən ës fadərᵉij = das Kissen ist federig«, ist beschädigt und läßt schon beim leichtesten Druck die Federn herausquellen und davonfliegen. – *Federn* (fadərn – Ztw.) = Davonstäuben der Federn infolge eines Luftzugs, wie es leicht beim Federschleißen geschieht. – *Federschleißen* (faddərschlᵉißən – s.) = früher eine wichtige Beschäftigung an Winterabenden.

Feldläufer (faltlaifər – m.) = Knackwurst, Schlackwurst, besonders aber Zervelatswurst, jedoch nur bei Verwendung des Dickdarms oder der Butten vom Rind oder der zu Butten zusammengenähten Schmerhäute. »Feldläufer« bestehen immer nur aus Brat (Hack- oder Schabefleisch). – Die falsche volksetymologische Umdeutung des Grundsprachenwortes ist bereits ins volkskundliche Schrifttum eingegangen. Zugrunde liegt die Bedeutung »Falte = Hülle«, dazu mhd. valte (Hülle zur Aufbewahrung), ahd. falt, im Germanischen an. falda (Tuch zum Umwickeln des Kopfes) zur Grundbedeutung »falten«. Auch der zweite Wortteil ist eine volksetymologische Falschdeutung zu »laufen«. In Wirklichkeit ist die Grundbedeutung »verschließen« zu ideur. +(s)qlew, (s)qlāw (verpflöcken, schließen) entsprechend gr. kleiō (schließen, verschließen, einschließen). Es ist ein nirgends belegtes Wort, entstanden nach Lautverschiebung k>h und schließlich h-Ausfall. Die Grundbedeutung ist »verschlossene Hülle, Falte«. Verschlossen wird noch heute der gsp. faltlaifer mit dem Wurstband und zusätzlich mit dem hölzernen Speil.

Fett (fatt – s.) = organische stickstoffreie ölige Bestandteile der Tiere und Pflanzen. Weitgehend dienen sie der menschlichen Ernährung. – *Fellfett* (fallfatt – s.) = das unmittelbar unter der Schwarte der Schweine sitzende Fett, das abgeschabt und ausgeschmolzen wurde. Das geschah nur dann, wenn die Schweinehaut zur Ledergewinnung abgezogen wurde (was zwar heute vorgeschrieben ist, ohne jedoch zum Abschaben des Fettes zu führen). Geschmack und Güte entsprechen dem Fleischfett. – *Failchenfett* (failchənfatt – s.) = siehe dort. – *Flaumfett* (flůmmfatt – s.) = Bauch- und Nierenfett der Schweine, das früher gesondert »ausgelassen«, heute aber zusammen mit dem Schmerfett verarbeitet wird. – *Fleischfett* (flaischfat – s.) = beim Kochen des Kesselfleisches ausgekochtes Fett, das von der Fleischbrühe abgeschöpft wird. – *Griebenfett* (griͤmənfatt – s.) = Failgrieben aus Failchenfett; es schmeckt besser als das aus Schmer. – Schmergrieben werden nur heiß zu Brot oder Kartoffeln gegessen. – Speckgrieben werden durchweg dann hergestellt, wenn der Speck ranzig zu werden beginnt. Mit Zwiebeln und auch einigen Apfelstückchen versetzt, sind sie der feinste Brotaufstrich. – *Nabelfett* (noawəlfatt – s.) = der ausgeschnittene Nabel wird mit der Nabelschnur zum Trocknen gehängt und zum Einfetten der Sägen verwendet. Im Winter dient er als Vogelfutter. – *Schmerfett* (schmarfatt – s.) = roh aus dem Schweinekörper genommene Fettschichten. Sie werden während des Schlachtens auf einer hölzernen Kuchenschüssel mit der Hautseite nach oben ausgebreitet, damit sie trocknen können. Gegen Abend wird die Haut abgelöst und zu einer Art Beutel zusammengenäht, die mit Gehacktem gefüllt werden und die Feldläufer ergeben, meistens jedoch »schmarhut = Schmerhaut« genannt. Erst nach einigen Tagen wird das Schmer in Würfel zerschnitten und ausgeschmolzen. Die Schmergrieben werden entweder auf Brot oder zusammen mit Salzkartoffeln heiß gegessen. – *Wurstfett* (worschtfatt – s.) = während des Kochens der Blutwürste oder Buntwürste von der Wurstbrühe abgeschöpftes Fett. *Gänsefett* (gänsəfatt – s.) = feinstes tierisches Speisefett, das oft durch Hinzufügen von etwas Schmerfett gestreckt, aber damit auch haltbarer gemacht wird. *Talg* (tåləg – m.) = Fett von Kühen, Schafen, Ziegen, das fast nur beim Backen und Braten verwendet wird. Die Zogelichte wurden aus Talg gegossen. Bildlich heißt es: »wënn də haim k^{e}immst, krist də dinn fatt = wenn du heim kommst, kriegst du dein Fett!« wirst du gehörig ausgezankt. Daneben heißt es etwa: »W^{e}illëm ës bī sinnər brūt ins fattnapchən gətratən = Wilhelm ist bei seiner Braut ins Fettnäpfchen getreten.

Fiff (fiff – m.) = Wenigkeit, Winzigkeit. »då mů̂ß nå$_{X}$ ënn fiff mairoal droan = da muß noch ein Fiff Majoran dran«, eine Winzigkeit zur Erreichung des richtigen Geschmacks. – Das weder im Deutschen noch im Germanischen, aber auch in keiner anderen indoeuropäischen Sprache belegte Wort kann ein bisher noch nicht bekanntes Wurzelwort ideur. +pit (Stückchen) sein, das beispielsweise ergab gr. pittákion, lat. pittacium (Stückchen von Leder, Papier usw.). Nach vorgerm.-ideur. Lautverschiebung t>p würde daraus entsehen ideur. +pip (Stückchen) und nach germanischer Lautverschiebung p>f unser gsp. fiff. Wir hätten also ein nirgends belegtes germanisches Wort vor uns.

Flatsch (flåtsch – s.) = großes Stück Fleisch, großer Fetzen Tuch. Auch der Hautfetzen an einer Brandblase ist ein »flåtschən«. – Das nirgends belegte Wort gehört zu ideur. +plat(h) (ausbreiten), daraus gr. plátos (großer Umfang, Dimension; Breite), pélanos (Fladen, Opferkuchen) und Zubehör. Im Mittelalter wurde aus dem gleichen Grundsprachenwort mhd. vlatsche, vletsche (Schwert mit breiter Klinge) gebildet, das allerdings nur die Grundbedeutung »breit« weiterführte.

Flumen (flumən – s.) = rohes Bauchfett der Schweine und Gänse, das von den Bauchlappen oder Nieren als reines Fett abgeschnitten wird und das keine Haut besitzt. – Da mhd. vlœme (innere Fetthaut), ahd. floum (= Fett, Sahne; Spülicht) belegt sind, erklären Kluge/Götze, »es ist urspr. das oben schwimmende Fett« (was es ausgerechnet nicht ist), weshalb sie zur Grundbedeutung »spülen, waschen« kommen. Sie behandeln das Wort unter nhd. Flomen, während Hermann Paul erklärt »verhochdeutscht Flumen«, was abermals unrichtig ist, denn diese Lautform entspricht der mitteldeutschen Grundsprache, von der aus es schriftsprachig geworden ist. Ebenso ist es unrichtig, Flumen als niederdeutsch zu bezeichnen, denn die niederdeutsche Lautform ist germanisch entsprechend mnd. vlōme, während das Wort mit an. flaumr, dazu norw. flaum, ostnorw. flōm (Strömung), dän. flom (Sumpf) überhaupt nichts zu tun hat, deshalb auch nicht mit gr. plȳma (Spülicht) verglichen werden kann. Es liegt vielmehr ein ideur. +plu (bedecken) vor, das mit m-Erweiterung beispielsweise lat. plūma (Flaum, Flaumfeder), mit s-Erweiterung lit. plùskos (Haarzotten), lett. pluska (Fetzen, Zotte), pluzganas (Schuppe, Schelfer) ergab und in unserm nhd. Vlies wiederkehrt. Tatsächlich ist das Flumen das innere »Vlies« der Schweine und Gänse. Das Wort ist offensichtlich germanisch und unmittelbar auf deutschem Boden entstanden.

Funzel (fůnsəl – w.) = schlecht brennendes oder auch dunkles Licht gleich welcher Art. – Ölfunzel (ēlfůnsəl – w.) = das noch bis zum Beginn des zwanzigsten Jahrhunderts benutzte Öllämpchen, das mit Samenöl und später mit Baumöl gespeist wurde. – Die Lampenbezeichnung ist erst in neuhochdeutscher Zeit aus einer Grundsprache aufgestiegen, ist also nirgends belegt und kann deshalb nicht etymologisiert werden. Da neben dem r-Stamm in unserm Wort Feuer der n-Stamm in gt. fōn (Feuer), funisks (feuerig), an. funi (Glühasche) belegt ist, darf unser gsp. fůnsəl der ost(nord)germanischen Zeit zugerechnet werden, und da sie anderwärts Funze heißt, haben wir darin wohl den Namen der urzeitlichen germanischen Lampe zu sehen, in Funzel dagegen den des Lämpchens. Ausgangswort ist germ. +fōn aus ideur. +pu̯ōn zu ideur. +pū (hell sein, leuchten, flammen).

Fuschen (fuschən – w.) = lockeres Weißkraut, das nicht für Sauerkraut gehobelt werden kann. – Das nirgends belegte Grundsprachenwort scheint zu ideur. +pu (aufblähen, anschwellen) zu gehören entsprechend lit. pùžti (hinfällig, schwächlich werden), pūžòti (porös werden) und Zubehör.

Galm – Gelüst, siehe »Sind wir Germanen?« Seiten 59 f.

Gescheet (gəschēt – s.) = Fachausdruck beim häuslichen Schweineschlachten für das zum Mittagessen bestimmte Wellfleisch und die Leber. »hůll əmōl ënn orndliͤchəs gəschēt har = hole einmal ein ordentliches (umfangreiches, gewichtiges) Gescheet her!«

giegsen – stechen, siehe »Tiere auf dem Bauernhof«.

Gischt (jiərscht – m.) = beim Gärvorgang von Bier, Wein, Gurken, Sauerkraut sich auf der Oberfläche bildender Schaum, beim Bier auch der Beweis für das Vorhandensein von Kohlensäure. Auch beim Jauche-Einfüllen bildet sich Jierscht, ebenso kann er sich am Mund von Menschen, am Maul von Tieren bilden. – *gischen* (jiərschən – Ztw.) = schäumen. »s triͤnkən ës schůn gůt, s jiərscht = das Trinken (Leichtbier) ist schon gut, es gischt«. – Das zur Grundbedeutung »gären« gehörende Wort ist belegt mhd. gist, gëst, jëst (Gischt, Schaum), mhd. gërn, gësen, jësen, ahd. gësan, jësan (gären, schäumen). Der Verbalstamm ist ideur. +ies (wallen, schäumen) entsprechend aind. yásyati (sprudelt, siedet), awest. yaēšyeiti (siedet), toch. A yäs (sieden). Schon in althochdeutscher Zeit wird die Lautverschiebung s>r wirksam, die in unserer Grundsprache noch heute belegt ist ahd. jësan, gësan, jārum (in Gärung geraten), jerien, mhd. gerjen (in Gärung versetzen). Es ist bedeutsam, daß unsere westthüringische Grundsprache den urzeitlichen j-Anlaut bis heute erhalten hat.

Graiweroder Birne (graiwərēdər bërn – w.) = außerordentlich ertragreiche, früher zum Saftkochen gern verwendete Birne. – Es handelt sich vermutlich nicht um eine in der benachbarten Wüstung Graiwerode gezüchtete Birnsorte, sondern um eine volksetymologische Umdeutung der Gernröder Birne.

Griebe (griͤmən – w.) = ausgeschmelzter fester Bestandteil von Flumen, Schmerfett, Speck, während das »ausgelassene Fett« vorerst flüssig ist. – Die Etymologie vermag vorzulegen mhd. griebe, griube, ahd. griobo, griubo (Griebe) und im Germanischen ags. elegrēofa (Ölgriebe) aus ideur. +ghrēu, +ghrī (zer'reiben) mit bh-Erweiterung. Es wurde nicht erkannt, daß es eine ags. 'Öl'griebe gar nicht geben kann und dieses Wort auf »einölen, salben, einreiben« zurückzuführen ist. Entsprechend gilt gr. chrīma (Öl, Fett, Schweineschmalz als Salbe) und Zubehör.

Griebs (krēbs – m.) = Kerngehäuse des Kernobstes, besonders des Apfels. »wënn dr krebs råppəlt, do ës dr åpfəl riff = wenn der Griebe rappelt, dann ist der Apfel reif«, heißt es noch heute bei der Reifeprüfung des Obstes, denn die Kerne lösen sich ja erst bei völliger Reife vom Kerngehäuse. – Das Wort wird ohne die geringste Begründung zu Griebe gestellt. Es ist belegt mhd. grübiz, aber weder im Althochdeutschen noch Germanischen bekannt. Ich stelle es zu ideur. +(s)kret (lautmalend das Geräusch des Aneinanderschlagens, Knackens), dazu gr. krotalízō (klappern, rasseln; rasseln lassen), krótalon (Klapper), nach vorgerm.-ideur. Lautverschiebung t>p und im Baltischen nochmals p>b lit. skrebëti (klappern, rasseln, knistern), skrẽbinti (trocknen, dörren; zum Klappern, Rascheln, Knistern bringen; rasseln, klappern, knistern), skrebìnis (etwas Raschelndes) und Zubehör. Das Wort ist vorgerm.-ideur., das die germanischen Lautverschiebungen durchlaufen hat.

grimisch (greamsch – E.) = den Mund zusammenziehend, beim Essen Bauchgrimmen verursachend. »də schliͤnn sin greamsch, sə zeïn s mūl zəsåmmən = die Schlehen sind grimisch, sie ziehen das Maul (Mund ist ungebräuchlich) zusammen«. – Das zur Bedeutung »Grimasse ziehend« gehörende Wort kann nur zu an. grīma (Maske) gestellt werden, das in der Entlehnung frz. grimace (verzerrte Miene) ergab. Es ist zu verstehen als Nebenform zur Bedeutung »grimmig«, dieses belegt mhd. grimmec, ahd. grimmig, as. grimmag, hierzu ablautend mhd. ahd. ags. gram, an. gramr (böse) – mhd. gremen, ahd. gremmen, im Germanischen ags. gremman, an. gremja, gt. gramjan (erzürnen), im Indoeuropäischen gr. chrómados (das Knirschen), lett. grimts (hart, zornig) und Zubehör aus ideur. +ghrem (grollen, knirschen). Mit der Wurzel ideur. +ghrem (laut und dumpf tönend) hat weder nhd. gram noch nhd. grimm, grimmig, noch unser gsp. greamsch etwas zu tun.

Grünbirne (griͤnbërn – w.) = saftreiche fast kugelige grüne Birnenart, die gerne zum Saftkochen angepflanzt wird. – Der Name ist nach der Farbe entstanden. Diese Birnenart ist bereits 1691 von Stieler als Grünling aufgeführt.

Hait (hait – s.) = Kopf vom Kraut, also Krautkopf. – *Hait* (hait – s.) = Frauen mit ungekürzten Haaren legen die Zöpfe am Hinterkopf zu einem Hait zusammen, das der Form wegen auch »Nest« genannt wird, aus dem vorgerm.-ideur. stammend jedoch gsp. kūts (Kauz). – *Haitlappen* (haitlåppən – m.) = Kopflappen, der aus Leinen heute nur noch zum Schutz gegen Staub und Sonnenbestrahlung, aus Wolle gegen allzu starke Kälte getragen wird. – *Haitchen* (haitchən – s.) = Knoblauchshaitchen mit den zahlreichen Knoblauch»zehen«. Salathaitchen, nämlich der Grüne Salat. – Es ist die gekürzte Lautform des germanischen Wortes Haupt, ähnlich afries. hād, nfries. haed, hoot, nordfries. haud, hod und engl. head, woraus ethnische Zusammenhänge erkennbar werden.

Hanewackel (hånəwåkkəl – m.) = letztes Abendessen nach Beendigung der Spinn- und Spellstuben. Er bestand im ersten Drittel des neunzehnten Jahrhunderts zeitweise aus rohen Fuschen mit Zwiebeln, sonst (und dies bis zum ersten Drittel des zwanzigsten Jahrhunderts) aus Brot und Butter, Brot und Fett, Brot und Runkelsaft, Brot und Käse. Heute wird meistens Kuchen vorgesetzt oder auch belegte Brote. Das ebenfalls bis ins erste Drittel des zwanzigsten Jahrhunderts in arbeitsreichen Zeiten übliche letzte Abendessen um 22.00 Uhr mit Kaffee und Kuchen setzt zwar diese Sitte fort, wird aber nicht als Hanewackel bezeichnet. – Das nirgends belegte Wort ist vorgerm.-ideur. Dem ersten Wortteil entspricht in gr. hanō (ein Ende bereiten, verzehren; zu Ende gehen), zweite liegt in lit. vakarìnė (Abendmahlzeit; Abendessen) mit vorgerm.-ideur. Lautverschiebung r>l vor. Die Bedeutung ist also »letzte Abendmahlzeit«.

hären (haren – Ztw.) = das Schwein nach dem Brühen von Borsten befreien. – Das nur unbefriedigend erklärte Wort Haar aus ideur. +ker (in die Höhe starren) wird verdeutlicht durch das gleichwertige, aber satemsprachige lit. šerstis (Haar) aus ideur. +ker/ser (in die Höhe starren). Das gsp. harən (von Borsten befreien) muß deshalb weniger zu Haar gestellt werden als vielmehr zu lit šer̃ys (Borste), šértis (haaren, Borsten verlieren), lett. sars (Schweineborsten) und Zubehör.

Hederich (haddərich – m.) = Ackerunkräuter Rhaphanus raphanistrum L. (Echter Hederich) und Sinapis arvensis L. (Ackersenf). Noch zu Beginn des zwanzigsten Jahrhunderts war Hederich dermaßen verbreitet, daß die

Getreidefelder oft völlig gelb waren. Der Bauer machte aus der Not eine Tugend und sammelte beim Flegeldrusch den Hederichsamen mit anderen Unkräutersamen und stellte daraus das Samenöl her. Es wurde früher für alle Küchenbedürfnisse verwendet, zuletzt aber vielfach nur noch für die Ölfunzel. – Die nur mhd. hëderieh, ahd. hëderīh, mnd. hed(d)erick, nl. he(de)rik belegte Pflanzenbezeichnung, möchten die Etymologie aus lat. hederāceus (efeuähnlich) entstanden wissen, währen Kluge/Mitzka vorsichtiger erklären »Wenn urspr. rankende Unkräuter gemeint sind, darf man an Umbildung aus lat. hederāceus ›efeuähnlich‹ denken, vollzogen unter Einfluß des älteren Wegerich«. Nun ist der Hederich keineswegs ein rankendes Ackerunkraut und kann auch nicht von einem anderen übertragen worden sein. Hat unsere mitteldeutsche Grundsprache den gleichen lautlichen und bedeutungsmäßigen Rhythmus mit dem Griechischen (Baltischen), dann muß von dorther Auskunft zu holen sein. Tatsächlich treffen wir auf gr. kótinos (wilder Ölbaum). Der Name bezieht sich auf den Ölgehalt. Die Lautverschiebung k>h und t>d ist germanisch.

Hutzel (hōtsəl – w.) = Dörrpflaume oder Dörrbirne, erstere als Ganzes gedörrt, letztere ebenfalls oder gehälftet ohne zu schälen (getrocknete Äpfel heißen Schnitzel). – *hutzelig* (hōtsəlnı̊ͤng – Mw.) = eingeschrumpft, etwa ein unreif gepflückter Apfel wird schließlich »hotsəlnı̊ͤng«. – *hutzeln* (hōtsəln – Ztw.) = dörren, ein nur selten gebrauchtes Zeitwort für »waləkən = welken« oder auch »derrən = dörren«. – *Hutzelmännchen* (hōtsəlmannchən – s.) = am Fenster aufgehängter Pflaumen- oder Zwetschenzwilling, der schließlich gedorrt ist. Auch von Heinzelmännchen wird behauptet, sie seien »hotsəlnı̊ͤng«, weshalb sie diesen Beinamen erhalten nhd. Hutzelmännchen. Das Wort steigt erst aus einer Grundsprache auf zu mhd. hutzel, hützel (gedörrtes Obst), weshalb es nicht etymologisiert zu werden vermag. Kluge/Mitzka stellen nd. hotten (gerinnen), mnd. hotte (geronnene Milch) daneben, mit denen es jedoch nicht verglichen werden kann. Ich stelle es zu gr. kóttana, entlehnt zu lat. cottana (kleine trockene Feigen), das vorerst unerklärt bleiben muß. Da jedoch der Name für die kleine trockene Feige nicht auf das getrocknete Obst übertragen worden sein kann, sondern umgekehrt, ist vorgerm.-ideur. Ursprung anzunehmen mit Lautverschiebung k>h und tt>ts. Sollte als Grundbedeutung »Topf, Gefäß« erschlossen werden können, dann wären die gsp. hōtsəln (das ist die richtige Lautform!) die »Topfzwetschen, Topfbirnen« im Gegensatz zu den frischen.

Kaldaunen (kålunn – w.) = eßbare Eingeweide der Schlachttiere. Im Zorn werden auch die menschlichen so genannt. – *Kaldaunensuppe* (kålunnsůppən – w.) = entweder Semmel- oder auch Kartoffelsuppe mit kleingeschnittenen Innereien vom Schaf, von der Ziege, seltener auch von der Kuh. – Das erst in später Zeit zu mhd. kaldūne aus einer Grundsprache aufsteigende Wort soll vulgärlat. +cal(i)dūna (das noch dampfende Eingeweide frisch geschlachteter Tiere) zu mlat. caldūna entstammen. Aber die d-lose Wortform ist eher an gr. kólon (Darm; Wurst) anzuschließen; merkwürdigerweise werden die zerschnittenen Fettdärme noch immer »werschtərchən = Würsterchen« genannt. Dazu auch gr. koiliā (Magen und Eingeweide; Gedärme). Die Grundbedeutung ist deshalb nicht »warm«, sondern ideur. +ku-l (hohl sein): die Därme sind nicht nur hohl, sondern die Kalunn sind auch der Inhalt der Bauchhöhle. Ist die Lautform Kaldaunen wirklich entlehnt, so ist die Lautform ein bodenständiges vorgerm.-ideur. Erbwort.

Kelle (këllən – w.) = Schöpfgefäß mit langem Stiel und löffelartig vertieft. – Das Wort ist nur belegt mhd. kelle, ahd. kella (Schöpflöffel) und im Germanischen ags. cielle (Feuerpfanne, Lampe), wobei fraglich bleibt, ob dieser germanische Beleg überhaupt hierher gehört. Deshalb sagt Weigand: »Unerklärt«. Hermann Paul sieht in ihm ein »nur deusches Wort«, während Kluge/Mitzka es zu ideur. +gelebh (schabend aushöhlen) stellen möchten. Es ist jedoch ein vorgerm.-ideur. Erbwort aus ideur. +qel (heben, herausheben) entsprechend lit. kélti (emporheben, aufheben), lett. celt (heben), dazu das falsch erklärte lit. kelmušis (Kelle beim Schlagballspiel) aus ideur. +qel (heben) und lit. mùšti (schlagen), wobei beim Schlagballspiel mit der Kelle der Ball zuerst emporgehoben und in der Luft schwebend geschlagen wurde. Über Schoßkelle siehe »Der Bauer als Ackermann« Seite 187.

keltern (kailtərn – Ztw.) = auspressen. – Die Etymologie nimmt Entlehnung aus lat. calicis (Becher, Pokal, Kelch) an, dem gr. kályx (Becher, Kelch) entspricht. Belegt ist das Wort ahd. calc(a)tūra, kelk(e)tra, mhd. kaltūr, kalter, kelter. Das Gerät scheint in mittelhochdeutscher Zeit zusammen mit dem Weinbau nach Westthüringen gekommen zu sein.

Kiddel (kiddəl – m.) = Dickdarm des Schweins mit den Einschnürungen und Ausbuchtungen.

klatern (klatərn – Ztw.) = Herunterfließen einer zähen Flüssigkeit an einem Tontopf. »dr hůnnig glatərt dich glich ůff də hosən = der Honig klatert dir (dich!) gleich auf die Hose«, etwa vom honigbestrichenen Brot. – Kluge/ Mitzka möchten in dem 1767 erstmalig belegten Wort klaterig (= unsauber, verwirrt, böse) die Grundbedeutung »Schmutz« erkennen. Ich stelle das Wort zu lett. klât (hinbreiten, decken), lit. sklìsti (zerfließen, sich ausbreiten, auseinanderfließen, herablaufen) sklỳsti (ins Rutschen kommen) und Zubehör aus ideur. +(s)kel.

Kluft (klůft – w.) = Zwischenräume in schlechtgestopften Schlackwürsten, was zum Grauwerden führt: die betreffenden Würste haben »Klufte«.

Koben (kobən – m.) = Einzelstall der Schweine, Mehrzahl ist »də kēmən«. – *Kobenlid* (komənlead – s.) = hintere Hälfte der Hose kleiner Jungen. – siehe »Tiere auf dem Bauernhof«.

Kovent (kōfent – s.) = Dünnbier, nach der Flarchheimischen Brauordnung vom 19. Juni 1588 zu urteilen, etwas stärker als »Trinken« gebraut. Im Punkt 7 heißt es, wer braut, der habe dem Schultheißen einen Korb Treber und einen Eimer Kovent dafür zu entrichten, daß dieser »das Holen des Trinkens und der Treber ansagt«. Heute ist diese Bierbezeichnung unbekannt. – Das Klosterwort ist belegt spätmhd. covent (Dünnbier) nach mlat. coventus (Kloster), so daß wir in ihm also den Namen für das alltäglich getrunkene »Klosterbier« vor uns haben.

Kraut (krūt – s.) = nichtholzige Blattgewächse, erst in deutscher Zeit auf die aus dem Mittelmeergebiet stammenden Kohlarten angewandt. – *Kräuterich* (krītərich – s.) = Gesamtheit aller im Haushalt verwertbaren Wildpflanzen. »ůnkrūt = Unkraut« ist demgegenüber nur das »unnütze«, wertlose und im Haushalt nicht verwendbare »Kraut«. – *Krauthobel* (krūthewwəl – m.) = neuzeitlich bei der Sauerkrautherstellung benötigtes Gerät. – *Krauthait* (krūtshait – s.) = Krautkopf, und zwar durchweg nur Weißkraut. – *Krautstampfer* (krūtštampfər – m.) = bei der Sauerkrautbereitung benötigtes Werkzeug aus Holz, meistens Buche. – Das noch immer unbefriedigend etymologisierte Wort steigt erst in deutscher Zeit aus einer Grundsprache auf: ahd. chrūt, mhd. krūt (eßbare Blätterpflanzen, Gemüse, Kohl) und ist deshalb nicht etymologisierbar. Aber ahd. chrūtelīh, mhd. chriutelīh (alles und jedes Kraut) zu unserm gsp. krītər^{e}ich (Gesamtheit aller im Haushalt verwertbaren gesammelten Wildpflanzen) hätte Aufschluß geben können. Denn einem lett. krât (sammeln, aufhäufen) entspricht das lediglich ablautende mhd. ahd. krūt (das zu Sammelnde »eßbare Pflanzengut«).

Kruselfett (krusəlfatt – s.) = neben dem Schmer das Fett an den Nieren und Därmen der Schlachtschweine. Früher wurde es für sich verarbeitet, heute zusammen mit dem Schmer »ausgelassen«. Es ist das gekräuselte Fett. – Zu lit. kraupùs (struppig, rau), krupt (zusammenschrumpfen).

Kümmel (kēməl – m.) = heimisches Doldengewächs, Carum carvi L., dessen Körner ein beliebtes Küchengewürz sind. – Zur Deutung des Namens nimmt die Etymologie vorderasiatische Herkunft der Pflanze an und entwickelt ihn aus assyr. kamūnu (Mäusekraut), arab. kammūn, hebr. kammōn, pun. chamãn entlehnt zu gr. kỳminōn, erneut entlehnt zu lat. cumīnum, und aus dem Romanischen zu ags. cymen und im Deutschen ahd. kumīn, mhd. kümīn. Nun wächst aber der Kümmel tatsächlich in unseren Breiten von Urzeiten her wild und wurde noch zu Beginn des zwanzigsten Jahrhunderts vielfach auf den Wiesen gesammelt. Es stellt sich deshalb die Frage, ob nicht die Nebenform ahd. kumil, mhd. kümel eher zu gsp. kēməl zu stellen ist und dies zu lit. kẽmuras (Dolde, Büschel), lett. cęmurs (Dolde, Büschel, Traube), lett. cęmurs (Dolde, Büschel; Traube). – Im Volksglauben scheint er lange Zeit eine besondere Rolle gespielt zu haben, denn noch vor einem Menschenalter hieß es, sobald es in einem Hause »umgehe«, solle man Kümmel um das Haus streuen. Noch ungedeutet ist das Wort

I, du dů̊mmər kēməl in	*I, du dummer Kümmel in*
dr worscht:	*der Worscht:*
giə då$_x$ hënn haim!	*gehe doch hin heim!*

Siehe »Mit unserer Sprache« Seiten 35 f.

Kumst (ků̊mst – m.) = vergorenes Sauerkraut. Im Worte Kumst, mhd. kumpóst (Sauerkraut) und ital composta (Eingemachtes) wird ein Lehnwort aus lat. compositum (Zusammengesetztes) gesehen. Da aber der Kumst in keiner Weise »zusammengesetzt« ist, da man ja die Würzkräuter nicht als Nahrungsteile betrachten kann, ist eher an gr. kỳmbē (Kopf) aus ideur. +qumb (biegen) zu denken. Das würde auch sinngemäß richtiger sein: im Gegensatz zu dem Sauerkraut aus geschorpten »Fäden« war ja tatsächlich ursprünglich der Kumst das Sauerkraut aus ganzen oder weniggeteilten »Köpfen«.

labbern (läwwərn – Ztw.) = gerinnen. Wenn ein Schwein geschlachtet wird, muß das Blut in einer Schüssel »gefangen« und dabei gequirlt werden, weil es sonst gsp. »läwwərt = labbert«. – *Leberschleifchen* (lawwərschlaifchən – s.) = beim Hausschlachten kleinste mit Blutwurstmasse gefüllte Würstchen. Bedeutsam ist, daß im Unterdorf Flarchheims (also der Ursiedlung) die Bezeichnung »lawwərschlaifchən« gilt, im etwa 1370 durch Zuzug zahlreicher Familien aus Tünchhausen entstandenen Oberdorf jedoch Schlenkerschleifchen. Ich selbst habe in meiner Jugend gemeint, die Schleifchen seien aus Leber gefertigt. *Schlabber-, Schlapper-, Schlackermilch* (schlawwər = schlåkkərmëləch – w.) = geronnene Milch. – Der Bedeutung von »gerinnen« ist nur nahezukommen, wenn als Grundbedeutung »sich zusammenziehen, einschrumpfen« erkannt wird, denn belegt sind nur mhd. lab, lap (Mittel zum Gerinnenmachen), lib(b)eren, mnd. leveren (gerinnen ›machen«), ahd. kēsiluppa, ags. (cīes)lybb (Lab). Weiter rückwärts versagen bisher alle Deutungsversuche. Ich führe das Wort zurück auf ideur. +qrebh (schrumpfen), daraus nach k-Ausfall lit. raũpas, (Blatter, Pocke), nach Lautverschiebung p>k lit. raũkas (Runzel, Falte), lat. rūga (Runzel), dazu lit. ràugas (Säure, Sauerteig), lett. raûgs (Sauerteig, Hefe, Hefepilz), apreuß. raugus (Lab) und Zubehör. Unserm Wort liegen demnach die vorgerm.-ideur. Lautverschiebungen r>l und g>b zugrunde. Dazu noch lit. klèkti (gerinnen).

labberig (lawwəriͤj – E.) = fade, gewürzlos. »dār matzgər kiͤmmt miͤch niͤch wēdər ins hūs, dār måxt də worscht zə lawwəriͤj = der Metzger kommt mir (mich!) nicht wieder ins Haus, der macht die Wurst zu labberig«, der würzt sie nicht unserm Geschmack entsprechend. – Hermann Paul bezeichnet das Wort als niederdeutsch, was es aber keineswegs ist. Weigand möchte Verwandtschaft mit Labbe (Lippe, Mund) und möglicherweise sogar mit Lappen sehen. In Wirklichkeit ist das Wort unmittelbar aus ideur. +lap (dünn machen) weiterentwickelt worden entsprechend skr. alpakà (gering, schwach), lit. alpnas (schwach), gr. leptós (schwach, kraftlos), im Germanischen as. lēf, ags. lēf, afries. lēf, nfries. lef, laf (schwach, schwächlich, matt).

latschig (låtschj – E.) = fade im Geschmack, nicht genügend gewürzt, kraft- und saftlos. – *latschning* (låtschniͤng – Mw.) = nicht mehr gebräuchliches Mittelwort. »də sůppən schmĕkkt låtschnᵉing, s failt sālz = die Suppe schmeckt latschning, es fehlt Salz«. – Das nirgends belegte Wort ist die ältere Form von nhd. laß zu mhd. ahd. laȥ (matt, träge, saumselig), im Germanischen afries. let., ags. lœt, an. latr. gt. lats (lässig, träge) aus ideur. +lad (lassen). Es ist vom menschlichen Tun auf die Eigenschaft der Speisen übertragen worden. Mit dem Hauslatschen, wie DWB vermutet, hat das Wort nichts zu tun.

Latwerge (låttwarjən – w.) = besonders stark eingedickter Syrup. – *Leckwerk* (lakkwarjən – w.) = volksetymologische Umdeutung als abfällige Bezeichnung aller Genußmittel, vor allem Leckereien, besonders in der Stadt gekaufter Marmeladen. – An sich ist das Wort eine Bezeichnung der mittelalterlichen Heilkunde für Arzneisäfte. Es entstammt dem Griechischen, nämlich gr. ekleiktón, ékleigma (Arznei, die man im Munde zergehen läßt) aus gr. leíchein (lecken), im Deutschen übernommen als ahd. latewārjā, mhd. latwērge, lactewērje.

leise (līsə – E.) = zu wenig gewürzt, den gewünschten Geschmack nicht erreichend. »də worst ës veal zə līsə = die Wurst ist viel zu leise«. – Das Wort steigt erst in deutscher Zeit aus einer Grundsprache auf und bereitet deshalb für die Erklärung Hindernisse. Im Germanischen führt sie noch auf ags. gelīsian (gleiten) das aber mit »leise« nichts zu tun hat. Erst der vorstehend angeführte reale Hintergrund ermöglicht die Deutung: was leise ist, das erreicht nicht den gewünschten Geschmack, Ton. Und wer leiser sprechen soll, der hat die Lautstärke entsprechend abzuschwächen, muß also unter der Tonschwelle »zurückbleiben«. Deshalb ist nicht auf lit. lỳsti (mager werden) zu verweisen, sondern auf lit. lìkti (zurückbleiben, übrigbleiben) und Zubehör, daraus nach vorgerm.-ideur. Lautverschiebung k>s ahd. līso (leise; langsam), mhd. līse (leise) aus ideur. +lei (schwinden).

Leiste (listən – w.) = hölzerner Rand, Saum, Borte, in unserm Fall als Brauleiste: in derart dünne Knüppel gespaltene Huller und Scheite, daß sie unter dem Braukessel verbrannt werden konnten. – Das Wort ist belegt mhd. līste, ahd. līsta und im Germanischen ags. līste, an. līsta und wird erläutert von Kluge/Mitzka entsprechend alb. l'eth als »erhöhter Rand eines Grundstücks«. In Wirklichkeit ist Ausgangspunkt die früher übliche Brennholzgewinnung, bei der nur Buschholz verarbeitet wurde, worauf in der

Flarchheimer Gemarkung die Waldnamen Stelzenhölzchen, Rode vor dem Birkicht (heute beide Ackerland), Ober- und Unterreisig, Struth verweisen, aber auch die Flarchheimische Holzordnung vom 19.6.1588 ausdrücklich darstellt. Leisten waren also die als Brennholz gerodeten knüppelartigen Stämme entsprechend lett. lîst (roden), lit. lydŭlti (roden, urbar machen, glätten).

Leuchte (lichtən – w.) = Helligkeit in der Aufforderung »giə uß dr lichtən – gehe aus der Leuchte!« Es ist ursprünglich kein Lichtträger gemeint, sondern ganz allgemein die Helligkeit, weshalb obiger Ausdruck besonders dann gebraucht wird, wenn jemand im unbeleuchteten Keller arbeitet und es tritt jemand in die Türöffnung. – Das zur Grundbedeutung »licht, hell sein« gehörende Wort ist belegt mhd. liuhte, ahd. liuhta (Helligkeit, Glanz; Leuchtgerät).

lumm – locker, siehe »Sind wir Germanen?« Seiten 69 f.

Lurke (lorkən – w.) = dünner Bohnenkaffee. »wås ës n dås wëdər əmōl ferr ënnə lorkən = was ist denn das wieder einmal für eine Lorke!« ein dünner und kaum genießbarer Kaffee. – Das Wort entstammt der Zeit, da auch in Flarchheim auf dem Weinberg nördlich des Dorfes Wein wuchs und die Weinbergarbeiter zum Frühstück nur den aus Trestern bereiteten Nachwein bekamen: lat. lōra, ahd. lūra, mhd. lūre (mit Wasser aufgegossener Wein). Die Sache ging unter, das Wort blieb und wurde auf schlechten Bohnenkaffee übertragen.

Mehlfäßchen (mālfaßchən – s.) = Frucht des Gemeinen Weißdorns, Mespilus (Crataegus) oxyacantha L., die früher gesammelt, geröstet und als Britsch (Kaffee-Ersatz) verwendet wurde.

Met (met – m.) = Honigwein. – Das Wort ist gemein-indoeuropäisch: skr. màdhu (Honig, süßer Trank), gr. méthu (Wein), lit. midùs (Met), medùs (Honig), air. mid (Met). Im Germanischen erscheinen ags. meodu, an. mjodhr, im Deutschen ahd. mëtu, mito, mhd. mët(e) (Met).

Mörser (merschəl – m.) = enges Gefäß aus Stein oder Metall, in dem mit einem Stößel etwas Hartes zerstoßen werden kann. – *mörsern* (merschəln –

Ztw.) = zerstampfen oder zerstoßen mit Hilfe des Stößels im Mörser. – *Mörser* (merschəl – m.) = Tabakpfeifenkopf wohl in Erinnerung an die Zeit, als im Mörser der Feuerschwamm durch Stoßen mürbe gemacht wurde. – Das Wort ist belegt mhd. morsar, mörser, morsel, mörsel, ahd. morsari, morsali, mortari, im Germanischen ags. mortere, an. mortēr, mortēl und wird als Entlehnung aus lat. mortārium (Mörser) angesehen. Da aber das Germanische und Deutsche weder die Lautverschiebung t>s noch r>l kennt, ist auch an Entstehung unmittelbar aus ideur. +mers (>auf>reiben) möglich, denn der Mörser ist schon früh- und urgeschichtlich nachweisbar: Mohn, Lein konnte nur mit Hilfe eines Mörsers zerstoßen, der täglich benötigte Feuerschwamm nur mit ihm mürbe gemacht werden. Trotzdem ist die Übernahme des scheinbaren Lehnworts lat. mortārium zur Bezeichnung der gleichen Sache möglich.

Mühle – siehe »Sind wir Germanen?« Seiten 127 f.

Mulde (můllən – w.) = einer der Länge nach geteilten Walze ähnliches ausgehöhltes Gefäß aus Lindenholz, heute noch in größeren Ausführungen Back-, Mehl-, Fleischtrog. – *Muldenfleisch* (můllənflaisch – s.) = in Scheiben geschnittenes Kesselfleisch. – Das Wort steigt erst in deutscher Zeit aus einer vorgermanischen Grundsprache auf und wird auf lat. mulctra (Melkfaß, Melkgelte, Melkkübel) zurückgeführt, da dies zu ahd. mulhtra, mhd. mulchter (Melkkübel) und seitdem untergegangen entlehnt worden ist. Kluge/Mitzka erklären, »Das alte Melkgefäß in seiner länglichen Gestalt war dem Mehl- und Backtrog ähnlich«, was aber nirgends belegt ist und auch unmöglich sein würde. Es muß vielmehr angenommen werden, daß dieses von Urzeiten her in jedem bäuerlichen Haushalt notwendige Gefäß bodenständig ist und wie Mühle zu ideur., +mel, +mal (zerreiben) gestellt werden muß, das aufsteigt zu ahd. muolt(e)ra, mhd. muolte(r), mulde. Der Ablaut a>u zur Unterscheidung ist in unserer Grundsprache immer wieder nachweisbar.

Mus (můst – s.) = breiartige Masse aus gekochten Zwetschen oder (seltener) Birnen, übertragen auch auf Äpfel, Kartoffeln, sowie Gemüse. – *Muskasten* (můstkoastən – m.) = früher vollständig aus Holz bestehender Kasten. In ihm werden die gekochten Zwetschen oder Birnen mit einem Kochlöffel oder auch einer Handvoll besenartiger Zinken durchgerührt, so daß nur die

Zwetschensteine und -häute im Muskasten zurückbleiben. – *Mustkrücke* (můstkri̊kkən – w.) = erst neuzeitliche Verbesserung der Musrühre; an der Spitze einer langen Handhabe ist rechtwinkelig ein etwa 40 cm langes ungefähr 6 cm breites Holz angesetzt, das seinerseits durch eine kleine Strebe gegen die Handhabe gestützt wird. – *Musrühre* (můstri̊rən – w.) = etwa zwanzig Zentimeter langer, zehn Zentimeter breiter und sechs Zentimeter dicker Holzklotz aus Buche, der an der Basis allseitig kufenförmig gerundet ist und in der oberen Mitte ein Loch enthält, in welchem die Handhabe befestigt wird. *Musbabbe* (můstbabbən – w.) = Musmaul. Spitzname eines Menschen, der gerne ißt. – Das angeblich nur westgermanische Wort ist belegt mhd. ahd. muos und im Germanischen ags. mōs (gekochte, breiartige Speise; Essen, Mahlzeit), weshalb es auch mit ahd. maz̧, gt. mats (Speise) verglichen wird, als ob nicht auch anderes Eßbares die Bezeichnung Speise hätte. In Wirklichkeit liegen hier zwei verschiedene Wörter vor, von denen nur unserm Mus die Bedeutung »gekochte breiartige Speise« zukommt. Es ist in Wirklichkeit ein vorgerm.-ideur. Wort aus ideur. +mut (umwechseln o. ä.) mit vorgerm.-ideur. Lautverschiebung t>s. Aus dem festen Zustand der Zwetsche wird durch Kochen das breiartige Mus.

marlich – schmächtig, schmal, »Lebens- und Jahresfeste« siehe Seite 18.

Netzfett (nëtsfatt – s.) = Fett am Nabel und an den Geschlechtsteilen der Schweine, das besonders zart ist und früher für sich »ausgelassen« wurde. Heute kommt es zum Schmer.

pökeln (pēkəln – Ztw.) = Einsalzen von Fleisch, heute nur noch der Schweineknochen. – Das erstmalig 1414 nd. peckel belegte Wort entspricht mhd. bechenvleisch (Salzfleisch des Schweines), ein nicht auf mhd. bache (Schinken, geräucherte Speckseite) zu beziehendes Wort, sondern auf den Begriff des Pökelns, denn ungepökelter Speck oder Schinken ist ungenießbar. Ich führe das Wort zurück auf +pag (festmachen, haltbar machen), das beispielsweise zu gr. pégȳmi (hart oder starr machen; gerinnen oder gefrieren machen; Haltbarkeit bekommen) und Zubehör führte. Das Wort ist offensichtlich germanisch.

Präjel (präjəl – m.) = außerordentlich fettes Schwein, vom Bauern im Stolz über die Mästungsleistung so benannt.

pressen (prassən – Ztw.) = etwas mit Gewalt zusammendrücken; Saft aus Beeren, Kernobst, Rübenschnitzel herausdrücken. – *Presse* (praß – w.) = Werkzeug zum Auspressen des Saftes, vielfach auch Kelter genannt. – Das Wort entstammt mlat. pressa, daraus ahd. prëssa, mhd. (wīn)prëssə (Kelter).

priede (priədə – E.) = unrein im Geschmack; mit Bei- oder Nachgeschmack. Stehen beim Saftkochen keine Zuckerrüben zur Verfügung, so daß Futterrunkeln verwendet werden müssen, dann bekommt der Runkelsaft einen etwas beißenden Neben- oder Nachgeschmack, er schmeckt »priədə«. – Das nirgends belegte Wort ist vorgermanisch-indoeuropäisch. Es ist nur zu vergleichen mit lit. prìedėlis (Zutat, Zusatz, Beilage, Anhängsel). Da der zweite Wortteil zu lit. dëti, pridëti (dazulegen, hinzutun) gehört, beweist sich erneut die enge Verwandtschaft des Mitteldeutschen mit den baltischen Sprachen.

Salz (sālz – s.) = scharfschmeckendes Mineral Chlornatrium. Heute überaus billig, war es in der Urzeit bis zum Mittelalter in nicht zureichender Menge vorhanden. Bergmännische Gewinnung war unbekannt, weshalb man auf die Salzquellen angewiesen war. – *Salzwege* gibt es zahlreich in Thüringen, auf denen Salz von den Salzstätten aus verhandelt wurde. – *Selde, Sölde* heißen noch heute die Siedestellen bei Frankenhausen am Kyffhäuser. Da die gleichen Siedestellen bei Artern Kot (Hütte, Haus) benannt werden, darf geschlossen werden, daß Selde auf jene Zeit zurückgeht, da die Siedestellen noch nicht überdacht waren. Tacitus erklärt in den »Annalen« 13,57 in den thüringischen Salzquellen seien die Götter den Menschen näher als anderswo. Stand den Bandkeramikern keine Sole zur Verfügung, dann zogen sie Salz aus dem Gemeinen oder Großen Sauerampfer (Rumex acetosa) aus; Versuche haben ergeben, daß aus tausend Kilogramm Sauerampfer sechzehn Pfund Salz gewonnen werden konnte. *Salzmeste* (sālzmëstən, sālzmᵉistən – w.) = kleines Gefäß in Becherform, etwa 4 cm im Durchmesser und höchstens 3 cm hoch, in welchem das Salz auf dem Tisch »zugemessen« wurde. Deshalb bekamen die jungen Eheleute nach der Trauung beim Eintritt in das eigene Haus Brot und Salz gereicht. Es hieß das »sālzgədischəl = Salzgedischel«, weil die Brotstückchen von ihnen in das auf einer Untertasse vorgehaltene Salz gedischelt werden muß. Von Verliebten, die sich wie ein Ehepaar verhalten, heißt es deshalb in vorwurfsvollem Ton: »deï håt nåx kënn sālzgədischəl zəsåmmən gəgassən = ihr habt noch kein Salzgedischel zusammen gegessen«. Ist das Mittagessen versalzen, dann heißt es, die

Köchin sei verliebt gewesen (sie hat es mit den Essern wie eine Verliebte gutgemeint). Wer dagegen Salz beschüttet, der wird nach der Volksmeinung Zank (und Streit) zu erwarten haben, denn er hat das kostbare Mineral verschwendet. Auch der Ausspruch »Salz und Brot macht Wangen rot« ist auf jene weit zurückliegende Zeit zu beziehen. Der Zwiebelkalender um die Jahreswende wird mit Salz gefüllten Zwiebelschuppen aufgestellt. In einen Hausbrand geschüttetes Salz soll das Feuer ersticken. Kleinstkinder erhalten noch heute Salz auf die Zunge als das »Salz des Lebens«. – Eine Reinigung des Salzes war urzeitlich unbekannt. Während des letzten Krieges lag aus dem Schwarzen Meer gewonnenes Salz in graublauen Haufen an den Straßenrändern, wurde also auch damals noch nicht gereinigt geliefert. – Das Wort ist belegt mhd. ahd. salz, im Germanischen as. an. gt. salt, ags. sealt, im Außergermanischen lat. sāl, lett. sāls, apreuß. sal, air. salann, akslaw. russ. sol, poln. sól (Salz), lit. sólymas (Salzlake), toch. A sāle, toch. B sālyi (Salz). Daneben gibt es eine s-lose Wortform: gr. hals (Salz), unsere Halsstraße (Salzstraße) mit den vorgerm.-ideur. Ortsnamen Halsbrücke, im einstigen kleinasiatischen Hethiterlande der Halys, Hall in Tirol, Schwäbisch Hall, Halle/Saale, Hallein, Hallstatt, Hallungen, in den keltischen Sprachen kymr. halen, akorn. haloin (Salz). Die Etymologie nimmt einen Wechsel s>h an, der aber sonst nicht nachweisbar ist. Ich möchte eher daran denken, daß das Wort Salz in seinen verschiedenen Lautformen den Satemsprachen entstammt, das vor etwa 50.000 Jahren durch die osteuropäische Gravettienkultur des Solutréen nach Mitteleuropa getragen worden ist. Dann würden die h-Lautformen kentumsprachig sein und ein ideur. +kal voraussetzen, durch die vorgerm.-ideur. Lautverschiebung k>h vor 2200 vZtr. entstanden.

Sauerkraut (sūrkrūt – s.) Vom Gemeinen oder Großen Sauerampfer, Rumex acetosa L., zogen bereits die Bandkeramiker vor etwa sechstausend Jahren ihr Salz aus, wenn sie es nicht aus Salzsole gewinnen konnten. Außerdem wurden die Blätter und Stengel, mit solchen anderer Wildkräuter vermischt, in Tontöpfen eingesäuert: und ganz offensichtlich ist diese Form der Vorratswirtschaft von der Urzeit bis heute erhalten, wobei sogar das Wort »sūrkrūt = Sauerkraut« auf den Sauerkohl übertragen worden ist. In welcher Weise dieses vorgerm.-ideur. Wort sūrkrūt auf die benachbarten indoeuropäischen Sprachen eingewirkt hat, ergibt sich aus wallon. sural (Sauerampfer), lit. sūras, lett. sũrs (salzig, sauer), sorb. syry, tschech. syrỷ (roh, unzubereitet) und großes Zubehör.

Schaum (schūm – m.) = sich auf einer bewegten Flüssigkeit bildende Menge von Bläschen. – *Schaumlöffel* (schūmläffəl – m.) = schöpflöffelgroße Kelle mit Löchern, um den Saft in den Kessel zurücklaufen zu lassen. – *Schaumkuchen* (schūmků̊χən – m.) = nach Beendigung des Saftkochens mit Weizenmehl und den sauberen Schaumteilen gebackener Kuchen. – *abschäumen* (obbschīmən – Ztw.) = mit dem Schaumlöffel von der Saftoberfläche während des Kochens den Schaum abnehmen. – Die Grundbedeutung »Bedeckendes« aus ideur. +skeu (bedecken) ist von der Etymologie richtig erkannt. Unsere Grundsprache führt unmittelbar mhd. schūm, ahd. scūm, im Germanischen an. skūm (Schaum) fort. Aber aus gleicher Wurzel ist auch gebildet gr. kymanìnein (Schäumen des Meeres) aus der Nebenform ideur. +qu (bedecken).

Schalle (schallən – w.) = glöckchenähnliches Werkzeug des Metzgers zum Abschorpsen oder Abkratzen der Borke vom Schwein, wobei die meisten Borsten mit abgehen. – Ohne Kenntnis der Grundsprache würde das Wort schon wegen der Form dieses Schlachtgeräts zu Schelle (Glöckchen) gestellt. Es gehört jedoch zu ideur. sqal (spalten, zuhauen, stoßen) entsprechend gr. skállō (scharren; graben, hacken), was auch durch frz. écailler (abschuppen) aus gleicher Wurzel bewiesen wird. Mit »schallen = schellen« hat das Wort nichts zu tun.

schier (schiər – E.) = rein, unvermischt. Fleisch ist schier, wenn keine Knochen daran sind, gleicherweise Speck ohne mageres Fleisch, Fett ohne sonstige Zutaten. – Das Wort in dieser Bedeutung wird bisher nur unvollkommen erklärt. Es ist weder im Mittel- noch Althochdeutschen belegt, jedoch md. schīr, as. skīr, skīri (rein, unvermischt, lauter; hell ›von Flüssigkeiten‹), im Germanischen ags. scīr, an. skīrr (rein, lauter; hell, glänzend). Der angeführte Beleg gt. skeirs (klar; deutlich) ist nur eine Nebenform und kann deshalb nicht verglichen werden. Dagegen ist zu verweisen auf aslaw. štiru (unvermischt, rein), poln. szczéry (lauter, rein, unverfälscht), lit. skìrti (trennen, scheiden). Der germanische Volksstamm der Skiren waren die Unvermischten im Gegensatz zu den Bastarnen. Daraus ergibt sich, daß das Wort nicht auf ideur. +(s)ker (schneiden) zurückzuführen ist, sondern als eine r-Erweiterung auf ideur. skī (gedämpft schimmern).

schinden (schiͤngən – Ztw.) = schlachten. – *Schinder* (schiͤngər – m.) = Abdecker, der das verendete Großvieh abholte, um die Haut noch zu verwerten, während das Fleisch als Düngemittel »Fleischmehl« verarbeitet wurde. – *Schindersknecht* (schingərsknächt – m.) = Scheltwort für einen abgefeimten Tunichtgut. – *Schindanger* (schingərsplåtz – m.) = abseits im Walde eingezäunter Platz, in welchem an einer ansteckenden Krankheit verendetes Großvieh verscharrt wurde. Hiervon zu trennen ist die Bedeutung »quälen«.

schibbern (schiwwərn – Ztw.) = in Scheibchen schneiden. – *Schibber* (schiwwər – m.) = Kartoffelscheibchen, in der Ofenröhre ohne weitere Unterlage gebacken und mit Schmierkäse (Weißkäse, Quark) gegessen. – Das Wort ist Iterativ zu ideur. +skeip (schneiden, trennen) entsprechend mhd. schībe, ahd. scība, im Germanischen afries. skīve, an. skīfa (Scheibe), im Vorgerm.-Ideur. lit. skiẽpti (trennen), skiẽbti (Brot in Scheiben dünn schneiden) und Zubehör. Es ist zu bezweifeln, ob gr. skípōn (abgespaltener Ast, Stock), lat. scīpio (Stab) hierher zu rechnen sind.

schlachten (schlåxtən – Ztw.) = schlagend und anschließend stechend töten. Geschlachtet werden nur Haustiere, so daß erst mit Beginn der bäuerlichen Wirtschaftsweise vor etwa sechstausend Jahren dieser Brauch aufkam. – *Schlächter* (schlachtər – m.) = ungebräuchliche Bezeichnung, dafür »matzgər – Metzger«. – *Schlachtfest* (schlåxtfast – s.) = häusliches Schweineschlachten. Ursprünglich wurde im Herbst alles nur schwer durch den Winter zu bringendes Vieh geschlachtet, so daß wohl das Schlachtfest mehrere Wochen gedauert hat. – *Schlachtschüssel* (schlåxtschissəl – w.) = den Nachbarn und Verwandten überbrachter Teller mit allen Teilen des Mittagessens, früher allgemein Klemme genannt. – Ausgangspunkt der etymologischen Überlegungen ist die Bedeutung schlagen, da im vorgermanisch-germanischen Raum nach dem Wortschatz zu urteilen jedes Schlachttier vorher durch Schlag betäubt worden ist.

schleeren – ungleichmäßig mähen, siehe »Sind wir Germanen?« Seiten 103 ff.

Schlehen (schlinn – w.) = wichtige Wildfrucht, Prunus spinosa L., die nach dem ersten Frost gesammelt und mit Zucker in Tontöpfen eingemacht wurde. Der Name ist nach Kluge/Mitzka neben Apfel, Hasel, Weichsel der einzige Obstname aus germanischer Zeit. Der Grundsprachenname Schlinn jedoch scheint entsprechend lit. slyvà (Zwetsche, Pflaume) aus wruss. sliva, dazu lit. slyviẽnė (Zwetschenmus), slyvỳnas (Zwetschengarten) serb. Slivovic (Zwetschenschnaps) vorgerm.-ideur. Erbe zu sein.

Schmadder (schmåddər – m.) = eine Menge, viel. »s ës ënn ganzər schmåddər Schorbəkrūt gəworrən = es ist (bei der Sauerkrautbereitung) ein ganzer Schmadder Schorbkraut geworden«, ist sehr viel zusammengekommen. Christoph Götz, der am Westende der Flarchheimer Buttergasse wohnte, brauchte dieses Wort so oft und bei allen eine große Menge bezeichnenden Gelegenheiten, daß er den Spitznamen »dr Schmåddər« erhielt. – Das nirgends belegte Wort ist vorgerm.-ideur., wie der zweite Wortteil von lit. prãšmata(s) (Überfluß, Üppigkeit, üppiges Leben usw.) zu lit. smagùs (schwer ›von Gewicht‹) und Zubehör beweist.

Schnerpfel (schnerpfəl – m.) = das mit Wurstband zusammengezogene Wurstende, ebenso das Sackende bildet einen Schnerpfel. – Das weder im Deutschen noch Germanischen belegte Wort hat die Grundbedeutung »Zusammengeschnürtes« zu Schnur, am nächstenliegend mhd. snërfen, ahd. snërfan und im Germanischen an. snarpr, gt. snarpjan (zusammenziehen, zusammenziehend machen; essend verringern). Die Wurzel ist ideur. (s)ner (drehen, winden).

schnitzen (schniͤtsən – Ztw.) = mit dem Messer schneiden. – *Schnitzer* (schniͤtsər – m.) = kleines spitzes Küchenmesser, ein Messer also zum Schnitzen oder Schneiden. – *Schnitzel* (schnītsəl – m.) = getrockneter Apfelring. – *Schnitzbrett* (schniͤtsbrāt – s.) = glattgehobeltes Brett aus Buchenholz (früher wohl auch Lindenholz) auf dem Fleisch, Fett, Gemüse geschnitten wird. Der Metzger hat ein besonders großes Schnitzbrett, das er auf dem Rücken baumelnd zum Hausschlachten mitbringt. Anderwärts wird es auch Schneidbrett oder Schieber genannt.

schnuppen (schnuppən – Ztw.) = das verkohlte Ende des Dochtes einer Kerze, des Zogelichts, der Petroleumlampe mit den Fingern oder der Schnurschere abnehmen. – *Schnuppe* (schnuppən – W.) = verkohltes Endstück des Dochtes. – *Schnuppschere* (schnuppschiərn – w.) = scherenförmiges Werkzeug, jedoch quergestellten Schenkeln, zum Abnehmen der Schnuppe. – *Schnuppenkopf* (schnuppənkopf – m.) = kleiner Junge mit närrischen Überlegungen, prahlerischen Redereien ohne realen Hintergrund. – *Alte*

Schnuppe (ālə schnuppən – w.) = Spottbezeichnung einer Frau, die nutzloses Zeug redet. – Das erst in neuhochdeutscher Zeit aus md. snupe aufsteigende Wort wird vorgerm.-ideur. zur Grundbedeutung »schneuzen« gestellt und als niederdeutsch bezeichnet, was beides unrichtig ist. Zugrunde liegt vielmehr die Bedeutung »kneifen« wie den baltischen Sprachen entnommen werden kann: lit. šnỹpti (ein Licht putzen), lett. šņiêpt (einklemmen) mit älterem – also verschoben k>s – lit. knyplės (Lichtputzschere). Letzterer Beleg führt auf gr. knáō (abkratzen, schaben) zu ideur. +qnēi, +qnō (schaben, kratzen) und unserm gsp. knuppərn. Die Lautverschiebungsreihe t>p>k>s gibt allein die Lösung.

schorben (schorbən – Ztw.) = schneiden, nämlich ein Krauthait zu Fäden für das Sauerkrautbereiten. – *Schorbekraut* (schorbəkrūt – s.) = ursprünglich mit dem Messer in Fäden zerschnittenes Kraut für das Sauerkrautbereiten. Dieses anderwärts auch Zettelkraut genannte Verfahren behielt den Namen auch nach der Erfindung des Krauthobels. – Das nicht mehr gebräuchliche Zeitwort ist belegt mhd. scharben, ahd. scarbōn, im Germanischen jedoch unbekannt. Es ist zu vergleichen mit lett. skripste (Hohleisen zum Löffelschneiden), skripàt (einritzen, schrammen, kratzen), lat. scrūpus (spitziger Stein), scorpiōnis, gr. sckorpíos (Skorpion) und großem Zubehör aus ideur. +(s)ker (schneiden). Das Wort ist germanisch p>b.

schorpsen – schaben, siehe »Bauer als Ackermann« Seite 37.

Seel (siəl – w.) = Häutchen im unteren Teil des Federkiels. – Dieses volksetymologisch als »Seele« gedeutete fast durchsichtige Häutchen ist ein vorgerm.-ideur. Wort zu ideur. +swel (scheinen, glühen) entsprechend gr. selís (Papyrusstreifen), selagéō (glänzen, strahlen) und Zubehör, lit. sėlenà (hauchdünnes Häutchen eines Getreidekorns) und Zubehör. Wieder ist deutlich, daß in der westthüringischen Grundsprache das Wurzelwort alleinestehend begriffsbildend geworden ist, während im Griechischen und Litauischen eine Erweiterung stattfand. Die Bedeutung ist »der Schein«, vielleicht noch richtiger »das Durchsichtige«.
Siehe Selenholz in »Mit unserer Sprache« Seiten 111 f.

Speck (špakk – m.) = Fettmasse gleich unter der Borke besonders des Schweins. – *Spreckmesser* (špakkmassər – s.) = großes Küchen- und Fleischmesser. – Speck ist im bäuerlichen Haushalt ein überaus wertvolles Nebenerzeugnis des Schlachtens. Hört man im Frühjahr endlich den Kuckuck rufen, dann wird geantwortet

kukkuk, kukkuk: — *Kuckuck, Kuckuck:*
dr špakk ës riff — *der Speck ist reif*

er ist genügend durchzogen und fest, so daß ans Verzehren gedacht werden kann. Zur Etymologie ist noch zu verweisen auf skr. pīvasphāka (von Fett strotzend) und damit auch auf gr. pachỳs (fett, feist; dick, dicht) und Zubehör. Siehe »Mit unserer Sprache« Seiten 38 f.

Speil (špail – m.) = dünnes und kurzes Stäbchen, das hinter dem Schnerpfel durch die Blase, die Butte, den Dickdarm gesteckt wird, damit die überaus schwere Wurst nicht durch das Wurstband abrutscht. Bei der Herstellung des Zogelichts hielt ein Speil den Docht an der Unterseite straff. – Das Wort steigt erst in neuhochdeutscher Zeit auf und wird von Weigand als »Span, Keil« gedeutet, was nur unvollkommen stimmt. Es ist die diphthongierte Form von mhd. spīle (dünner Stab), aber wohl unter Einfluß eines schon vorhandenen vorgerm.-ideur. Erbwortes entsprechend lett. spaile (an einem Ende gespaltener Stecken zum Einklemmen), spailes (Werkzeuge zum Fangen von Tieren), lit. spylióti (klemmen), slylióti (mit Speilen sperren). Die Grundbedeutung ist also »sperren« zu ideur. +sper (Stange, Speer, Sparren).

Spiele (špīlən – w.) = einzinkige Gabel des Hausschlachters, eigentlich »Nadel«, zum Stechen der im Kessel kochenden Blasenwürste, damit die Luft entweiche. Auch am Sensengestell sind Spiele erforderlich, doch sind sie anderer Art. – Das weder im Deutschen noch vorhergehendem Germanischen belegte Wort kann nur zu lit. spilgà, lett. spilka (Stecknadel) gestellt werden, die aus dem Polnischen stammen. Es ist jedoch ursprünglich aus ideur. +spi (spitz sein) aus der vorgerm.-ideur. Lautverschiebungsreihe t>s>r>l>n – nämlich spit(s)/Spieß/Spier/Spiele/Spiene (Pflock).

Spreißel (špraißəl – m.) = etwa zehn Zentimeter langer streichholzdünner Holzspan aus Kiefern- oder Fichtenholz. In verschiedenen Familien wurde noch zu Beginn des zwanzigsten Jahrhunderts eine größere Menge angefertigt, hinter den Ofen gelegt und zum Anzünden des Zogelichts, der Ölfunzel, der Petroleumlampe oder der Tabakpfeife verwendet. Da es früher im Hainich weder Tannen, Fichten noch Kiefern gab, kann von hier aus nicht geklärt werden, ob wir im Spreißel den Namen des Kienspans erhalten haben. – *Spreißel* (špraißəl – m.) = Holzsplitter, Holzschlitter. »ich hån mich ënn špraißəl rīngərëssən = ich habe mir (mich!) einen Spreißel hereingerissen«. »hůll ënn poar špraißəl, ich wëll fīr oanmåx = hole ein paar Spreißel, ich will Feuer anmachen!« – Das im Gemeindeutschen nur noch selten verwendete Wort ist belegt mhd. sprīzel, ahd. sprīzal (Holzspan, Holzsplitter). Im Germanischen ist das Wort nicht belegt. Die Etymologie verweist auf Splitter, hat aber nicht festgestellt, daß dies vorgerm.-ideur.-lautverschoben r>l aus ideur. +sprit (›auseinander'sprengen) in der Bedeutung »auseinanderspalten« ist.

Steckel (štakkəl – m.) = Stab zum Aufhängen der Würste in zwei Größen. – Das Wort in der Bedeutung »Stecken, Stab« ist belegt mhd. stëcke, ahd. stëcko und im Germanischen an. stikka, ags. staca. Unser gsp. štakkəl ist jedoch weder Stecken noch Stab, weshalb zur Unterscheidung die Lautverschiebung l>n auf vorhergehende ältere Bedeutung verweisen muß. Tatsächlich treffen wir auf lit. stãklė (Holzgabel im Keitelhahn zum Aufstellen des Netzbaumes), staktà (Zaunpfahl), lett. stakle (gabelförmiger Ast, zackiger Pfahl), stakles (Stützen, Gerüst), apreuß. stacle (Stütze ›beim Hause‹) aus ideur. +sthā (stehen). Tatsächlich sind unsere Wurststeckel solche Stecken, die beiderseits im Rauchloch in einer eingekerbten Rille eingestützt werden. Das Wort ist, wie auch schon die grundsprachige Lautform beweist, vorgerm.-ideur. Mit dem Begriff des »Stechens« hat das Wort nichts zu tun.

Steinöl (štainēl – s.) = Petroleum, noch bis zum Ende des Ersten Weltkriegs wichtigstes Beleuchtungsmittel. – *Steinöllampe* (štainēlslåmpən – w.) = Petroleumlampe. Das Wort Petroleum war völlig ungebräuchlich.

Stempel (štampfəl – m.) = Stütze an der Kelter, mit deren Hilfe das Preßgut zusammengedrückt wird. Auch eine Säule unter der Torfahrt zur nachträglichen Stützung des oberen Geschosses ist ein »štampfəl = Stempel«. – Das erst in neuhochdeutscher Zeit aus einer Grundsprache aufgestiegene Wort wird als niederdeutsch bezeichnet und zur Grundbedeutung »stampfen« gestellt, was beides falsch ist. Es ist, was schon auf -pf- in der Grundsprache zu beweisen vermag, ein nicht schriftsprachig gewordenes Wort germanischen Ursprungs in der Bedeutung »stützen, >dagegen>stemmen«. Zur Fehldeutung kommt man, weil nicht zuvor die genaue Bedeutung festgestellt worden ist. Mit dem Wort ist zu vergleichen skr. stambha (Pfosten, Pfeiler), stàmbhate (stützen, hemmen, anhalten, feste Stellung verleihen), stambhana (Befestigen, Kräftigen, Hemmen), lit. stambëti (stämmiger, größer, gröber werden), stambus (groß und schwer, stark ›von Wuchs‹), lett. stàmbans (gefallener ›gebrochener‹ Baum, Baumstumpf) und Zubehör.

Stich (štiͤch – m.) = Stelle an der Halsschlagader des Schweines, in die der Metzger das Stechmesser einsenkt. Der »Stich« (also das Fleisch um diese Stelle) zusammen mit Zöpferchen und Hotzeln war früher eine beliebte Suppe (sūr - sauer) kurz nach dem häuslichen Schlachtfest. Das Stichfleisch (Wellfleisch) hat einen etwas süßlichen Geschmack.

stinkning (štiͤnkniͤng – Mw.) = im Zustand des Stinkens befindlich. Das nicht mehr in der Gemeinsprache übliche Mittelwort wird in der Grundsprache ständig gebraucht. »də gorkən sin schůnt ganz štiͤnkniͤng, deï kåst də wagg-geschmiß = die Gurken sind schon ganz stinkening, die kannst du weg-schmeißen (weggeschmeißen)«.

stopfen (štopfən – Ztw.) = durch Hineinpressen zumachen. Eine Flasche wurde urzeitlich mit Werg zugestopft wie heute noch die aus Holunder angefertigte Platzbüchse der Jugend. – *stopfen* (štopfən – Ztw.) = etwas füllend in einen Behälter hineinpressen. – Die Meinung, das Wort sei in irgendeiner Weise aus dem Lateinischen entlehnt, ist irrig, denn es handelt sich um ein vorgerm.-ideur. Erbwort zu ideur. +stup (stopfen, stoßen, dicht machen). Es ist belegt mhd. stopfen, ahd. stopfōn und im Germanischen ags. forstoppian (zustopfen, schließen). Daß das Wort vorgerm.-ideur. ist, ergibt sich aus gr. stỳphō (stopfen, dicht- oder festmachen, zusammenziehen), styptikòs (verstopfend; das Blut verdickend), styppeion (Flachs- oder Hanfabfall; Wergmenge).

Stößel (štiəßəl – m.) = Mörserkeule. Das Schluß-l ist Verkleinerung, denn zum Zerkleinern von Fleisch im Hacktrog (daher Gehacktes) wie auch der Runkeln, Kartoffeln, Disteln wird ein (Hack)Stößer benötigt, der einen etwa einen Meter langen Stiel besitzt.

streifeln (štraifəln – Ztw.) = etwas Bedecktes entblößen, so daß etwa Hosenbeine oder Rockärmel am Körber bleiben; umkrempeln, hochschlagen.

»štrɛifəl də hosən huəx = streifele die Hosen(beine) hoch!« – Das Wort ist Iterativ zu »streifen«, das aber nur unvollkommen erklärt zu werden vermag. In unserm Falle liegen vor mhd. streifen (streichen, gleiten, ziehen), mhd. strīfe, mnd. strīpe und im Germanischen norw. strīpa (Streifen, die etwa durch Farbe gezogenen Striche), im Vorgermanischen air. sriab (Streifen). Zugrunde liegt nicht ein erschlossenes ideur. +ster (Streifen, Strich), da dies keine weiteren Gleichungen hat, sondern ideur. +streig (streifen, streichen). Es steht noch nicht fest, ob auch eine schon indoeuropäische Lautverschiebung g>b wirksam geworden ist oder es auch eine Verschiebung g>f gibt. Das Grundsprachenwort »strepfeln« entstammt anderen Zusammenhängen.

Sud (sud – m.) = Aufguß von Heilkräutern. – Das zur Grundbedeutung »sieden« gehörende Wort gibt zugleich Aufschluß über die urzeitliche Herstellung des Suds: die verschiedenen »Tee«sorten wurden gesotten, wohl gekocht. Die Wurzel ist germ. +suth und damit vorgerm. +sud. und das heißt, daß unser Wort in die »Wurzelperiode des Indoeuropäischen« zurückreicht, also bis gegen 2500 vZtr. und früher.

Sülze (siͤltsən – w.) = neben den Buntwürsten und den Bratwürsten bis zum Beginn des zwanzigsten Jahrhunderts die einzige Wurstart. Die Schwarte verursacht das Gallertwerden besonders der Schüsselsülze. Soll Sülze recht saftig werden, dann wird noch eine Schöpfkelle Wurst- oder Kesselsuppe dazwischengemengt. – Die Etymologie sieht in dem Wort einen Ablaut zu »Salz«, was aber kaum stimmen kann, da diese Menge gar nicht übermäßig gesalzen wird. Belegt ist das Wort mhd. sulz(e) ahd. sulza (Sülze), entlehnt jedoch ital. solcio (Gallert, Sülze), afrz. souz, souce, frz. sauce (Tunke, Brühe). Das alles führt auf lit. sùltys (Saft, besonders das Birkenwasser), sultinỹs (Bouillon, Fleisch- oder Gemüsesuppe), sultìngas (saftig) und Zubehör aus ideur. +seu (saftig).

Träubel (driwwəl – m.) = Weintraube (winsdriwwəl), aber auch zu einem Büschel zusammengewachsene Kirschen. – *Träubeling* (driwwəliͤng – m.) = kleine Traube, vor allem von Johannesbeeren und Kirschen. – Das grundsprachige Wort ist eine Verkleinerung von »Traube«, in Träubeling nochmals verkleinert. Belegt ist das Wort mhd. trūbe, ahd. thrūba, drūba f., jedoch trūbo m. (Traube, Bündel, Büschel), im Germanischen jedoch nicht belegt. Die Etymologie schließt deshalb auf die Grundbedeutung »Klumpen, Haufen«. Befragen wir jedoch das Griechische, dann begegnet uns gr. thrỳptō (zerbröckeln, locker sein oder werden usw.) aus ideur. +dhrubh (zerbröckeln, zerreiben), und darin liegt die wirkliche Grundbedeutung: im Gegensatz zur zusammenhängenden Frucht ist eine Traube »die in Bröckchen aufgeteilte«. Das Wort muß vorgerm.-ideur. sein, hat sich bodenständig entwickelt aus ideur. +dhrubh (zerbröckeln) und ist ganz richtig in althochdeutscher Zeit schriftsprachig geworden. Lautlich liegt das Grundsprachenwort, entrundet u>ü>i, der Urform am nächsten.

Trinken (leichtes Hausbier), siehe auch »Lebens- und Jahresfeste« Seite 85.

verkolen (vərkuələn – Ztw.) = einem Gutgläubigen etwas weismachen. »glaib s dåx nͤich, dar vərkuəlt dͤich jə nuər = glaube es doch nicht, der verkolt dich ja nur«, hält dich ja nur zum besten. – *kolen* (kuələn – Ztw.) = unsinniges, törichtes Gerede machen. »ha kuəlt ënn åləwərnəs zigg dohar = er kolt ein albernes Zeug daher«, legt falsches Zeugnis ab. – Dazu Kol, Gekole, Kolerei. – Als »Unsinn schwatzen« ist das Wort erstmalig 1781 belegt, als »Kohl = Unsinn« ist es angeblich 1790 »in gelehrter Aussprache von hallischen Theologen in die deutsche Studentensprache eingeführt« (Kluge/Götze). Es soll zu hebr. qōl (Stimme, Rede) zu stellen sein. Da wir jedoch immer wieder innigsten Zusammenhang der mitteldeutschen Grundsprachen mit dem Baltischen und Altgriechischen nachzuweisen vermögen, sei auf gr. kolōós (Gekreisch, Gezänk, Lärm), kolōáō (kreischen, lärmen), kolakeiā (Lügenkunst, Blendwerk, Schmeichelei), kolakeỳō (täuschen, schmeicheln) wohl zu ideur. +kel (hüllen, verhüllen, verhehlen) verwiesen. Es würde dann eine Nebenform zu »verkalen = mit verstellter Meinung sagen« sein. Stimmen diese Gleichungen, dann haben wir ein vorgerm.-ideur. Erbwort vor uns und keine Entlehnung aus dem Hebräischen.

welken (waləkən – Ztw.) = Obst in irgendwelcher Art durch Ausziehen der Flüssigkeit zusammenschrumpfen machen. Die entzogene Flüssigkeit macht das Obst, neuerdings auch das Gemüse, haltbar. Das Welken ist die urtümliche Form des Haltbarmachens vor Erfindung des Sterilisierens. – Das Wort ist belegt mhd. wëlken, ahd. (ir)welkēn, wal(a)ch, während es im Germanischen nicht vertreten ist. Kluge/Mitzka erklären: »Urverwandte nur in den baltoslaw. Sprachen: lett. vęlgs ›Feuchtigkeit; feucht‹, velgt ›einweichen, waschen‹, apreuß. welgen ›Schnupfen‹…« Das aber kann nicht stimmen, weil das Welken ja gerade die entgegengesetzte Bedeutung hat. Es ist deshalb zu vergleichen mit lit. vı̃rkšti (welken, gelb werden) und Zubehör, lit. varškė̃ (Matten, Quark), varškìnis (sich zu Matten zusammenziehen, zu Dickmilch zusammenschrumpfen) und Zubehör. Es ist ein vorgerm.-ideur. Wort zu ideur. +u̯ergh (würgen, zusammenziehen), das bereits *vor* Aufstieg ins Deutsche aus einer deutschen Grundsprache die vorgerm. Lautverschiebung r>l hinter sich hatte. Die zu Knechten herabgedrückten hatten alle bisherigen Arbeiten zu leisten, wodurch das Werken bezeichnende Wortgut bei allmählicher Emanzipation schließlich in die Sprache der Oberschicht aufstieg. Siehe »Mit unserer Sprache« Seiten 228 ff.

Welsche Nuß (walschə nůß – w.) = Walnuß, Juglans regia L. Noch zu Beginn des zwanzigsten Jahrhunderts war in den mitteldeutschen Grundsprachen nur der Name »walschə nůß« gebräuchlich. Das Wort geht ursprünglich auf den keltischen Stamm der Volcae zurück, wurde aber später auf alle Kelten, schließlich auf alle Romanen übertragen.

Wickelhietsen (wi̊kkəlhiͤts – m.) siehe »Mit unserer Sprache« Seiten 185 f.

Wienhusen = Wüstung südlich der Wüstung Graiwerode. Heinrich Wesche ist der Ansicht, daß zahlreiche -husen-Ortsnamen auf verhältnismäßig schlechtem Boden liegen, sie wohl in einer Zeit der ersten Binnensiedlung vor Beginn der Christianisierung entstanden sind. Darauf verweist auch das Bestimmungswort »wīn«. – Das Wort ist belegt mhd. wine, ahd. winne (Futter, Weide), im Germanischen vinja (Futter, Weide), aber nur an. vin (Grasplatz, Weideplatz) auch in Ortsnamen. Wir müssen auf altnordischen Zuzug zwischen 300 und 500 schließen, weil das zahlreich vorhandene Wortgut altnordischen Ursprungs nur so zu erklären ist und die nur etwa zwei Kilometer entfernte jüngere Siedlung Graiwerode ebenfalls nur aus dem Altnordischen erklärt werden kann.

Wiemerstock (ŵīmərstokk – m.) = Weinstock besonders der an Hauswänden gezogene. – *Wiemer* (wīmər – m.) = Ranke des am Hause gezogenen Weinstocks. Diese Ranken hängen lange Zeit frei in der Luft und schwanken unstet hin und her. – Das Wort ist belegt mhd. wimelen, wimmen (sich regen), ahd. wiuman (emporstarren, sich schütteln), ist aber im Germanischen unbekannt. Es ist zu vergleichen mit lit. vimščiòti (das ununterbrochene Nicken der Pferde mit dem Kopfe), vim̃burti (schwanken), lett. vim̃bât (hin- und her schwanken), lett. vim̃bâtiês (pendeln). Es liegt also ein vorgerm.-ideur. Erbwort vor, dessen älteste Lautform offensichtlich der mitteldeutschen Grundsprache angehört.

willerig (wiͤlləriͤj – E.) = eklig schmecken. Das Wort wurde nur noch gebraucht, wenn der kochende Saft von Futterrüben oder -runkeln beißend-widerlich schmeckte. – Das in der Gemeinsprache ungebräuchliche Wort ist belegt. md. willen, mhd. wüllen, ahd. willōn, wullōn (Ekel empfinden; Übelsein oder Erbrechen haben) zu ideur. +wel (wälzen) wie gr. willō (herumdrehen, die Augen verdrehend), willigos (Schwindel), welleros (schlecht, böse).

Zettelkraut (zëttəlkrūt – s.) = in Fäden geschnittenes Kraut, dafür in Flarchheim Schorbekraut (geschorbtes Kraut). Ursprünglich mit dem Messer geschnitten, behielt das Kraut den Namen bei, als es mit dem Hobel gehobelt wurde. – Aus ideur. +skhid (spalten, scheiden) entwickelte sich gr. schi̓zō (durchschneiden, scheiden; spalten), toch.A. tät-k (teilen), entlehnt zu lat. scheda und lat. schedula (Papierblättchen). Daraus entwickelte sich die Lautform mlat. cedula und damit unser Wort Zettel. Es ist wortgeschichtlich das gleiche wie unser »schīt = Scheit«, das als Erbwort zu gelten hat.

Zogelicht (zogəliͤcht – s.) = das in einer Blechform gegossene aus Schöpsenfett bestehende kerzenartige Licht. – *Zogelicht* (zogəliͤcht – s.) = bildlich das Schleim»lichtchen« an der Nase kleiner Kinder. »du häst jə ënn zogəliͤchtchən ån dinnər noasən = du hast ja ein Zogelichtchen an deiner Nase!« – Das zur Bedeutung »ziehen« gehörende Dingwort ist ein Beispiel für die Aussagedeutlichkeit der Grundsprache. Denn dieses mhd. zuc, ahd. zug, im Germanischen ags. tyge (Zug) entstammt ideur. +duk (ziehen) und heißt ordnungsgemäß gsp. zog. Jedoch der eine Erkrankung verursachende Luftzug, von dem es in der Gemeinsprache heißt, man habe »einen Zug gekriegt«, entstammt in Wirklichkeit einem ideur. dig (stechen) und wird deshalb von der Grundsprache richtig als »zůg« (zum Unterschied von gsp. zog) bezeichnet, von der Gemeinsprache aber falsch als ebenfalls Zug.

Zöpferchen (zepfərchən – Mhrz.) = geflochtene Dünndarmstückchen, von denen die fettige Schleimschicht noch nicht abgeschabt worden ist. – In der

Grundsprache ist die Verkleinerungsform Zöpfchen von Zopf in die Mehrzahl gesetzt worden. Diese »sprachlichen Bequemlichkeits-Einschiebsel -er« sind weit verbreitet bei Mehrzahlbildungen: Haus/Häuschen – hissərchən, Kind/Kindchen – kiͤngərchən, Pflaumen/Pfläumchen – flīmərchən, Strauß/Sträußchen – štrīßərchən usw. Die Grundsprache setzt richtiger als die Gemeinsprache auch bei Verkleinerungsformen das Wort zuerst in die Mehrzahl und hängt dann die Verkleinerungssilbe -chen an.

Wörterverzeichnis

Schrifttum

Ernst Fraenkel: Litauiscches etymologisches Wörterbuch. Heidelberg 1959 ff.

Johann Friedrich: Hethtitisches Wörterbuch. Heidelberg 1952

Moritz Heyne: Deutsches Wörterbuch. Leipzig 1905/06

Hermann Hirt: Etymologie der neuhochdeutschen Sprache. München 1909

Wolfgang Jacobeit – Rudolf Quietsch: Forschungen zur bäuerlichen Arbeit und Wirtschaft im Institut für deutsche Volkskunde. Berlin. Deutsches Jahrbuch für Volkskunde. Berlin 1965, 59–82.

Heinz Kipper: Wörterbuch der deutschen Umgangssprache. Hamburg 1953

Friedrich Kluge – Alfred Götze: Etymologisches Wörterbuch der deutschen Sprache. Sechzehnte Auflage. Berlin 1953

Friedrich Kluge – Walther Mitzka: Etymologisches Wörterbuch der deutschen Sprache. Berlin 1963

Lutz Mackensen: Deutsche Etymologie. Ein Leitfaden durch die Geschichte des deutschen Wortes. Bremen 1962

Ozolin, Eduard: Lettisch-deutsches und deutsch-lettisches Wörterbuch. Riga 1928

Hermann Paul: Deutsches Wörterbuch: Halle/S. 1956

Erich Röth: Sind wir Germanen? Das Ende eines Irrtums. Bad Langensalza 2006

Erich Röth: Mit unserer Sprache in die Steinzeit. Mitteldeutsches Wortgut erhellt die Ur- und Frühgeschichte. Bad Langensalza 2005

Erich Röth: Lebens- und Jahresfeste in Nordwestthüringen. Bad Langensalza 2017

Erich Röth: Der Bauer als Ackermann, Bad Langensalza 2018

Oskar Schade: Althochdeutsches Wörterbuch. Zweite Auflage. Halle/S. 1882

Gustav Schwantes: Deutschlands Urgeschichte. Stuttgart 1952

Alfred Senn – Anton Saly: Wörterbuch der litauischen Schriftsprachen. Heidelberg 1932/1957

Carl Christian Ullmann: Lettisches Wörterbuch. Riga

Friedrich Weigand: Deutsches Wörterbuch. Gießen 1909/10

Heinrich Wesche: Unsere niedersächsischen Ortsnamen. 1957

Ebenfalls im Verlag Rockstuhl erschienen:

Erich Röth
Bäuerliches Leben um 1900
Lebens- und Jahresfeste in Nordwestthüringen
Band 1

270 Seiten, Taschenbuch
ISBN: 978-3959661997

Erich Röth
Bäuerliches Leben um 1900
Der Bauer als Ackermann
Band 2

220 Seiten, Taschenbuch
ISBN: 978-3-95966-281-9

Ebenfalls im Verlag Rockstuhl erschienen:

Erich Röth
Mit unserer Sprache in die Steizeit
Mitteldeutsches Wortgut erhellt die Ur- und Frühgeschichte

270 Seiten, Taschenbuch
14,9 x 4,6 x 21,2 cm
ISBN: 978-3937135472

Erich Röth
Sind wir Germanen
Das Ende eines Irrtums
2. Auflage

400 Seiten, Taschenbuch
14,9 x 4,6 x 21,2 cm
ISBN: 978-3938997499

Diether Röth
Verlag in zwei Diktaturen
Der Erich Röth Verlag –
eine Dokumentation zur Zeitgeschichte

324 Seiten, gebunden
15,4 x 2,6 x 21,8 cm
ISBN: 978-3959661317